遥感数据质量改善之信息校正

沈焕锋　李慧芳　李星华　张良培　著

科学出版社

北　京

内 容 简 介

在遥感成像过程中,传感器、光照、大气、地表等因素都可能导致影像内部或影像之间出现明显的辐射差异。本书针对以上因素,系统开展遥感影像辐射差异校正方法的研究。针对单幅影像,主要论述线阵扫描传感器影像的相对辐射校正方法、框幅式成像的亮度不均匀校正方法、云雾校正方法、地形辐射校正方法、建筑物阴影校正方法等;针对多时相或多传感器数据,主要探讨高分辨率遥感影像镶嵌中的辐射差异校正方法、多源遥感数据的归一化校正方法等。

本书不仅适合遥感、测绘、信号处理等相关专业的本科生、硕士生和博士生参考阅读,而且对从事遥感信息处理与应用方向的科技工作者也具有较大的参考价值。

图书在版编目(CIP)数据

遥感数据质量改善之信息校正/沈焕锋等著. —北京:科学出版社,2018.6

ISBN 978-7-03-056908-0

Ⅰ.①遥… Ⅱ.①沈… Ⅲ.①遥感数据—数据处理 Ⅳ.①TP751.1

中国版本图书馆 CIP 数据核字(2018)第 049195 号

责任编辑:高 嵘 李亚佩 / 责任校对:董艳辉

责任印制:彭 超 / 封面设计:苏 波

科学出版社 出版

北京东黄城根北街 16 号

邮政编码:100717

http://www.sciencep.com

武汉精一佳印刷有限公司印刷

科学出版社发行 各地新华书店经销

*

开本:787×1092 1/16

2018 年 6 月第 一 版 印张:13 3/4

2018 年 6 月第一次印刷 字数:352 000

定价:138.00 元

(如有印装质量问题,我社负责调换)

前　言

航空航天遥感技术是探测地球表层信息的重要手段,在诸多领域具有广泛的应用。其中,遥感影像及其特征参量产品是空间信息与地学知识的载体,其数据质量直接影响着遥感应用的广度与深度。遥感成像过程极其复杂,传感器、光照、大气、地表等多种因素都可能对数据的辐射质量产生影响,导致遥感信息出现偏差甚至缺失,从而难以实现对地球陆表状况的准确表达与精细刻画。因此,通过遥感数据的质量改善处理,消除降质因素的影响、弥补观测能力的不足、提升数据的应用潜力,是遥感应用中一个重要的基础性问题。

近年来,遥感数据的质量改善研究越来越受到广泛关注,国际摄影测量与遥感学会(ISPRS)第三委员会专门成立了遥感数据质量工作组,电气和电子工程师协会(IEEE)地球科学与遥感协会期刊 *IEEE-JSTARS* 组织了遥感数据质量改善的特刊。国内外学者开展了卓有成效的研究,产出了诸多可喜的研究成果。然而,遥感降质因素多样,大多数研究往往主要针对其中的一种或几种辐射降质问题,这导致目前针对该问题进行全面、系统分析的书籍还未见出版。有鉴于此,作者希望基于多年的研究积累,整理出版一套全面介绍遥感数据辐射质量改善的书籍。我们从遥感降质特点出发,将遥感数据辐射质量改善划分为三个层次,形成《遥感数据质量改善之信息复原》《遥感数据质量改善之信息校正》《遥感数据质量改善之信息重建》三部曲。其中,第一部主要介绍遥感影像中常见的噪声和模糊的复原问题;第二部主要阐述各种原因引起辐射差异的校正问题;第三部主要研究传感器故障、厚云导致地表缺失信息的重建问题。

本书是“三部曲”的第二部,主要研究由传感器因素、光照条件、大气影响、地表形态等导致的辐射差异校正问题。针对线阵扫描传感器影像中的条纹与条带问题，重点讲述面向探元响应不均匀的相对辐射校正方法；针对框幅式成像中传感器与光照因素导致的辐射畸变问题，系统研究遥感影像整体亮度不均匀的校正方法；针对大气条件对遥感成像的辐射不均匀影响，分别探讨遥感影像高保真同态滤波云雾去除方法与空谱自适应暗原色去雾方法；针对山区地形起伏引起的辐射差异问题，研究顾及投射阴影的地形校正方法；针对高分辨率遥感影像中建筑物等地物的阴影，进行阴影检测与修复的深入分析；针对影像镶嵌中的辐射差异问题，系统研究包含辐射配准、接缝线计算与查找、羽化校正的无缝镶嵌方法流程；针对多源遥感数据的辐射不一致问题，重点阐述基于粗分辨率参考的多源遥感数据的归一化处理框架与评价方法。

本书是武汉大学地学感知数据质量改善与融合应用研究室(SendImage)多年研究工作的系统归纳、修订与完善，部分工作已在国内外刊物上发表。本书由沈焕锋主笔与统稿，李慧芳、李星华、张良培合作完成。袁强强、程青、李杰、曾超、岳林蔚等参与讨论并提出了宝贵建议，多名已毕业或在读研究生在前期研究和本书撰写过程中付出了辛勤的劳动，包括甘文霞、张弛、管小彬、罗爽、冯蕊涛、袁全、徐黎明、王晓静、钱研、兰霞、惠念、付云洁、李洪利等，在此表示衷心的感谢。

在本书研究与撰写过程中，得到了多位老师的指导与帮助，包括武汉大学李德仁院士、龚健雅院士、李平湘教授、刘耀林教授、杜清运教授、龚威教授、张洪艳教授、吕锡亮教授、钟燕飞教授、江万寿教授、王密教授，中国科学院西北生态环境资源研究院李新研究员、黄春林研究员，中国科学院遥感与数字地球研究所张兵研究员、张立福研究员、李国庆研究员、柳钦火研究员、仲波副研究员，清华大学洪阳教授、龙笛研究员，美国密西西比州立大学杜谦教授，意大利帕维亚大学 Paolo Gamba 教授，同济大学童小华教授，中山大学黎夏教授、刘小平教授，中南大学吴立新教授，湖南大学李树涛教授，北京师范大学陈晋教授、陈云浩教授，南京大学李满春教授、杜培军教授，香港中文大学黄波教授，香港浸会大学吴国宝教授，中国地质大学王毅教授、王力哲教授，北京市遥感信息研究所周春平研究员等，在此表示诚挚的谢意。

本书的研究与出版得到了多个项目的资助，包括国家自然科学基金优秀青年科学基金项目“遥感信息与应用”(41422108)、面上项目“高分辨率遥感影像的软阴影检测与高保真修复方法研究”(41401396)、国家高技术研究发展计划(863 计划)“星机地综合观测定量遥感融合处理与共性产品生产系统”(2013AA12A301)、“万人计划”青年拔尖人才计划等。

由于作者水平有限，书中不足和疏漏之处在所难免，敬请各位专家、同行不吝指正。关于对本书的任何批评与建议，请发送至作者邮箱：shenhf@whu.edu.cn。

沈焕锋

2018 年 1 月

本书涉及的缩略词

6S:second simulation of the satellite signal in the solar spectrum 一种大气辐射校正模型

ACORN:atmospheric correction now 一种大气辐射校正模型

APDP:automatic piecewise dynamic program 自动分段动态规划查找法

ASTER:advanced spaceborne thermal emission and reflection radiometer (Terra 卫星) 高级星载热辐射热反射探测仪

GDEM V2:global digital elevation model version 2 全球数字高程模型第二版

ATCOR:atmospheric and topographic correction 大气与地形校正模型

ATSR-2:along track scanning radiometer 2 沿轨扫描辐射计二号

AVHRR:advanced very high resolution radiometer 高级甚高分辨率辐射仪

AWiFS:advanced wide field sensor 高级广角传感器

BRDF:bidirectional reflectance distribution function 双向反射分布函数

CCD:charge coupled device 电荷耦合器件

CDWB:cosine distance weighted blending 余弦反距离加权法

CEBRS:china-brazil earth resources satellite 中巴地球资源卫星

CS:cast shadows 投射阴影

CSVF:variational framework considering cast shadows 顾及投射阴影的变分框架

DEM:digital elevation model 数字高程模型

DN:digital number 数字量化值

DOS:dark object subtraction 暗目标大气校正方法

emCAC:evaluation method based on a comparison with atmospherically corrected data 基于大气校正的评价方法

emCMS:evaluation method based on a comparison of the normalized results of multiple sensors 多源数据对比评价方法

emCUS:evaluation method based on a comparison between the upscaled normalized result and the reference data 结果升尺度评价方法

emCV:evaluation method based on the idea of cross-validation 基于交叉验证的评价方法

emOMRI:evaluation method based on the use of only one medium-resolution image 单景数据评价方法

emSCU:evaluation scheme using synchronous coarse-resolution reference data through upscaling 联合采样评价方法

emSMRI:evaluation method based on the use of synchronous medium-resolution images 同步中分辨率数据评价方法

EO-1:earth observing mission 1 (美国)地球观测卫星一号

ETM+:enhanced thematic mapper 增强型专题绘图仪(搭载于美国 Landsat-7 卫星)

FLAASH:fast line of sight atmospheric analysis of spectral hypercubes 一种高光谱快速大气校正模型

FY:feng yun satellite 风云卫星

GCLM:the global cluster-specific linear model 全局类内拟合归一化模型

GF-1:gaofen-1 高分一号卫星

GloLM:the global linear model 全局拟合归一化模型

GOES:geostationary operational environmental satellite 地球静止轨道业务环境卫星

GW:gray world 灰度世界

HSI:hue, saturation, intensity 色调 饱和度 亮度

HCV:hue, chroma, value 色调 色度 明度

HMD:histogram match degree 直方图匹配度

HOT:haze optimized transformation 云雾最优变换

HSV:hue, saturation, value 色调 饱和度 明度

HYDICE:hyperspectral digital image collection experiment 高光谱数字影像采集仪器

IQR:interquartile range 四分位距

IRC:integrated radiometric correction 综合辐射校正模型

LAI:leaf area index 叶面积指数

LCLM:the local cluster-specific linear model 局部类内拟合归一化模型

LEDAPS:landsat ecosystem disturbance adaptive processing system 陆地卫星生态系统干扰自适应处理系统

LMM:local moment matching 区域矩匹配

LOWTRAN:low spectral resolution transmission 低光谱分辨率传输模型

LSQ:least square regression 最小二乘法

LUT:lookup table 查找表

MAD:mean absolute difference 平均绝对误差

MODIS:moderate-resolution imaging spectroradiometer 中分辨率成像光谱仪

MODTRAN：moderate resolution atmospheric transmission　中分辨率大气传输模型
MRD：mean relative difference　平均相对误差
MSE：mean squared error　均方差
MSS：multispectral scanner　多光谱扫描仪
NDVI：normalized difference vegetation index　归一化植被指数
NLSR：non-local regularized shadow removal　非局部正则化阴影去除模型
PSNR：peak signal to noise ratio　峰值信噪比
R^2：coefficient of determination　决定系数
RDMR：relative difference of median radiance　中值相对差异
RMSE：root mean square error　均方根误差
SAVM：spatially adaptive variational method　空间自适应变分方法
SCS：sun-canopy-sensor　太阳-冠层-传感器模型
SCS＋C：sun-canopy-sensor＋C　太阳-冠层-传感器＋C 模型
SD：shadow detection　阴影检测
SEC：statistical empirical correction　统计-经验校正模型
SH：synthetic horizontal images　模拟水平地表
SI：shadow index　阴影指数
SLC：scan line corrector　行校正器
SPOT：systeme probatoire d'observation de la terre　法国的一个地球观测系统
SPOT VEGETATION：systeme probatoire d'observation de la terre vegetation　地球观测系统植被探测器
SR：synthetic real　模拟起伏地表
SR：surface reflectance　地表反射率
SSIM：structural similarity index　结构相似性指数
TM：thematic mapper　专题制图仪
TOA：top of the atmosphere　大气顶层
TV：total variation　全变差
UCF：university of central florida　中佛罗里达大学
VECA：variable empirical coefficient algorithm　变经验系数模型
VFR：variational framework Retinex　变分 Retinex 法
WP：white patch　白板
YIQ：luma，in phase，quadrature　亮度，色彩从橙色到青色，色彩从紫色到黄绿色
ZY-3：ziyuan-3　资源三号卫星

目　录

第 1 章 绪 论

1.1 研究背景与意义

航空航天遥感在成像瞬间往往受到多种内在和外在因素的干扰，包括传感器结构与状态、光照条件、大气分布、地表形态等(图 1.1)(李慧芳，2013；方子岩 等，2011；徐萌 等，2006；Schowengerdt，2006)。不同类型的干扰因素作用于观测过程，经常导致影像内部或影像之间出现明显的辐射差异。影像内部的辐射差异主要指同类地物在同一影像的不同区域表现出辐射不一致的现象，影像之间的辐射差异指多时相或多源影像在辐射表征上出现的时空不一致问题。

图 1.1 遥感成像过程图

如图 1.2 所示，列出了遥感数据中常见的辐射差异表现形式，由传感器、光照、大气、地表等不同因素独立或联合导致而成。

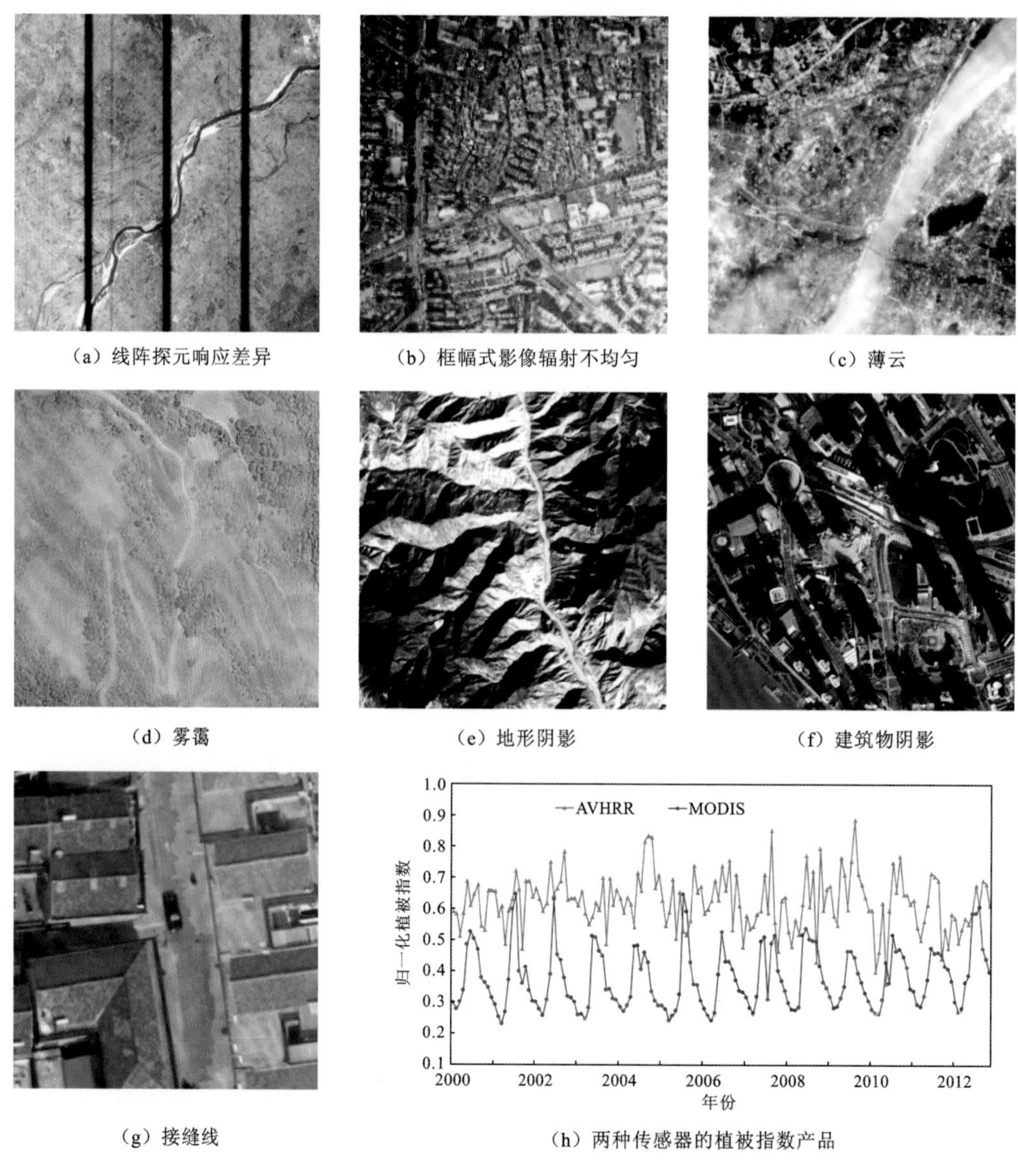

(a) 线阵探元响应差异　(b) 框幅式影像辐射不均匀　(c) 薄云

(d) 雾霾　(e) 地形阴影　(f) 建筑物阴影

(g) 接缝线　(h) 两种传感器的植被指数产品

图 1.2　多类型的信息不均

(1) 线阵扫描传感器的探元响应差异。线阵扫描传感器一般由一定数量行状分布的探测元件构成,每个探测元件对应一个像素(梅安新,2001)。受光学空间响应、电荷耦合元件(CCD)暗电流等因素的影响,不同感光元件对辐射信号的响应存在不一致问题,在影像上也就对应出现如图 1.2(a)所示的条状辐射突变(徐伟伟,2011;赵晓熠 等,2010;Dinguirard et al.,1999;Wang et al.,1997)。

(2) 框幅式相机影像的辐射不均匀。框幅式相机成像受到镜头曝光色散的影响,产生虚光效应,均匀地表的曝光度在成像焦平面的中心最强,离中心越远曝光度越弱,导致成像平面的边缘部分比中心部分亮度值偏低(易尧华 等,2003;朱述龙 等,2000)。此外,成像瞬间的光照条件对影像亮度的影响与CCD的几何分布相关,面阵中心与边缘的光照条件差异显著,从而综合导致影像中出现亮度分布的高低差异(潘俊,2008;胡庆武 等,2004;利尔桑德 等,2003)。两者综合影响产生的辐射不均匀如图1.2(b)所示。

(3) 大气分布导致的薄云与雾霭。当大气中的水汽浓度过于饱和时,水分子就会聚集在微尘等凝结核的周围形成小水滴,并进一步聚集形成云或雾(史俊杰 等;2015;李海巍,2012;沈文水 等,2010;贺辉 等,2009)。源于大气散射效应,受云雾影响较大的影像区域辐射亮度显著增高,与受云雾影响较小的区域形成明显的辐射差异(刘泽树 等,2015;Shen et al.,2014;Li et al.,2012),如图1.2 (c)和图1.2(d)所示。

(4) 地表形态导致的地形和建筑物阴影。在山区,地形起伏会导致阳坡与阴坡之间出现明显的辐射差异,表现形式即为地形阴影(Li et al.,2014,2016;Teillet et al.,1997;Funka-Lea et al.,1995),如图1.2(e)所示;在高分辨率遥感影像的城市区域,建筑物的投射阴影导致局部地表入射能量减弱,信息被削弱且信噪比较低(方涛 等,2016;Zhang et al.,2014;李慧芳,2013),如图1.2 (f)所示。

(5) 综合因素导致的时空不一致。在对多景影像进行镶嵌时,在拼接处如不进行特殊处理往往会出现明显的辐射差异(Mills et al.,2009;卢军,2008;Szeliski,2006),如图1.2(g)所示;另外,多源遥感定量产品也经常呈现明显的参量不一致问题,如图1.2(h)所示,两种传感器获取的归一化植被指数(NDVI)产品差异显著。这两种辐射/参量差异的产生,通常是多种因素共同作用的结果(甘文霞 等,2014;Trishchenko et al.,2002;Teillet et al.,2001;Li et al.,1996;)。

显而易见,以上多种干扰因素导致的辐射信息差异,不但影响数据的视觉效果,也会降低影像的解译精度与定量应用能力。因此,发展高效的信息校正方法,消除影像内部或影像之间的辐射差异,具有重要的研究与应用意义。

1.2 本书研究内容

为了消除遥感数据中辐射差异的影响,需要进行辐射校正处理,主要包括绝对辐射校正与相对辐射校正两大类(武星星 等,2013;丁丽霞 等,2005)。在绝对辐射校正方法中,较为经典的方法是利用LOWTRAN、MODTRAN、6S等辐射传输模型,实现对地表物理量的逼近反演(Kotchenova et al.,2006;Vermote et al.,1997;Berk et al., 1987,1999)。基于辐射传输模型的方法理论严谨,在常规条件下能够获得较高的反演精度,因此在定量遥感中应用广泛(Berk et al.,2005;Acharya et al.,1999)。然而,在一些情况下,基于统计模型的相对辐射校正方法更具优势(张鹏强 等,2006;张友水 等,2006)。首先,辐射传输模型一般适用于大中尺度建模,难以对细微尺度、复杂的辐射过程进行模拟,特别是针对高分辨率遥感影像中的薄云、建筑物阴影等问题,无法进行有效的处理;其次,绝对辐射校正模型往往过程复杂,涉及的参数众多,而有些应用并不需要绝对的地表反射率,这时利用相对辐射校正模型反而更加简单易行。因此,本书主要从相对辐射校正的角度,阐述对多种辐射差异的高精度校正方法。

全书共分 8 章，章节结构如图 1.3 所示，具体内容介绍如下。

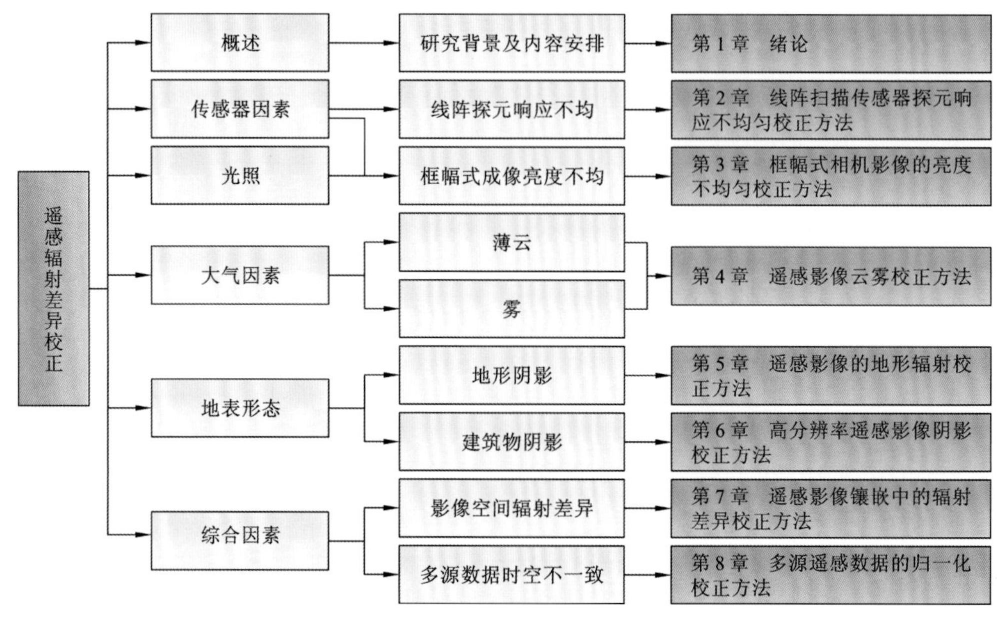

图 1.3　章节结构图

第 1 章，绪论。主要介绍本书的研究背景与意义，归纳遥感数据辐射差异的来源与表现特征，并对本书的组织结构进行概述。

第 2 章，线阵扫描传感器探元响应不均匀校正方法。主要针对线阵扫描传感器探元响应差异导致的辐射不均匀问题，介绍基于定标数据和基于影像自身统计信息的相对辐射校正方法，并结合国产卫星实例进行实验分析。

第 3 章，框幅式相机影像的亮度不均匀校正方法。在航空框幅式相机遥感成像中，面中心投影、光照条件联合会造成能量分布差异，影响真实地表信息的表达。在对传统方法进行介绍的基础上，重点阐述一种空间自适应的变分校正模型，实现对影像亮度分布不均匀的精确校正，并进一步介绍一种快速优化方法，提高计算效率。

第 4 章，遥感影像云雾校正方法。充分分析薄云和雾霭对遥感影像辐射信息的影响，对传统云雾校正方法进行总结与归纳，并分别针对薄云与雾霭降质的空间分布特征提出校正方法：高保真同态滤波云雾去除方法与空谱自适应暗原色去雾方法，并通过大量的实验验证方法的有效性。

第 5 章，遥感影像的地形辐射校正方法。地形起伏造成山体阴影，包括自有阴影与投射阴影，其中高大山体产生的投射阴影常常被忽视。系统总结经典的地形校正模型，并对其校正效果进行验证与比较分析；在此基础上，针对崎岖山地中存在的投射阴影，重点介绍一种顾及投射阴影的地形校正框架，可同时实现对自有阴影与投射阴影的辐射畸变校正。

第 6 章,高分辨率遥感影像阴影校正方法。针对高分辨率遥感影像中的阴影,对现有的检测与去除方法进行系统总结;在充分分析高分辨率影像阴影特点的基础上,建立软阴影检测与空间自适应修复方法,充分顾及阴影的空间异质性和不同地物的辐射差异,在实现辐射补偿的同时,有效保持地物边缘与色彩/光谱信息。

第 7 章,遥感影像镶嵌中的辐射差异校正方法。拼接处的辐射差异大小是评价影像镶嵌的主要指标之一,主要以高分辨率影像为研究对象,从辐射配准、接缝线查找、羽化校正三个方面,依次研究基于局部信息的辐射配准、自动分段动态规划接缝线查找及基于余弦反距离加权的羽化校正方法,以最大限度地消除遥感影像镶嵌中的辐射差异。

第 8 章,多源遥感数据的归一化校正方法。主要针对多传感器数据存在的时间不一致和空间不一致问题,进行深入分析与讨论。为了解决无时空重叠的归一化问题,重点阐述基于粗分辨率参考的多源遥感数据归一化校正框架及其评价准则,介绍一种基于局部类内拟合的归一化方法,并基于不同来源的数据进行比较与分析。

参考文献

丁丽霞,周斌,王人潮,2005. 遥感监测中 5 种相对辐射校正方法研究. 浙江大学学报(农业与生命科学版),31(3):269-276.

方子岩,项仲贞,2011. 遥感传感器类型及构像方程. 2011 交通工程测量技术研讨交流会.

方涛,霍宏,马贺平,2016. 高分辨率遥感影像智能解译. 北京:科学出版社.

甘文霞,沈焕锋,张良培,等,2014. 采用 6S 模型的多时相 MODIS 植被指数 NDVI 归一化方法. 武汉大学学报(信息科学版),39(3):300-304.

贺辉,彭望碌,匡锦瑜,2009. 自适应滤波的高分辨率遥感影像薄云去除算法. 地球信息科学学报,11(3):305-311.

胡庆武,李清泉,2004. 基于 Mask 原理的遥感影像恢复技术研究. 武汉大学学报(信息科学版),29(04):319-323.

李慧芳,2013. 多成因遥感影像亮度不均的变分校正方法研究. 武汉:武汉大学.

李海巍,2012. 单幅遥感影像去薄云方法研究. 长沙:中南大学.

雷宁,李春梅,李涛,等,2013. 线阵 CCD 像元响应不一致性校正方法:中国专利,ZL 20110159297.2.

利尔桑德,彭望琭,2003. 遥感与图像解译. 北京:电子工业出版社.

刘泽树,陈甫,刘建波,等,2015. 改进 HOT 的高分影像自动去薄云算法. 地理与地理信息科学,31(01):41-44.

卢军,2008. 不同分辨率遥感影像镶嵌和色彩均衡研究. 贵阳:贵州师范大学.

梅安新,2001. 遥感导论. 北京:高等教育出版社.

潘俊,2008. 自动化的航空影像色彩一致性处理及接缝线网络生成方法研究. 武汉:武汉大学.

沈文水,周新志,2010. 基于同态滤波的遥感薄云去除算法. 强激光与粒子束,22(1):45-48.

史俊杰,倾明,王宇飞,等,2015. 我国雾霾天气的成因. 广东化工,42(18):137-137.

武星星,刘金国,2013. 大视场多光谱空间相机在轨自动相对辐射校正研究. 仪器仪表学报,34(1):104-111.

徐萌,郁凡,李亚春,等,2006. 6S 模式对 EOS/MODIS 数据进行大气校正的方法. 南京大学学报(自然科学版),42(6):582-589.

徐伟伟,2011.高分辨光学卫星传感器在轨 MTF 检测方法研究.北京:中国科学院研究生院.

易尧华,龚健雅,秦前清,2003.大型影像数据库中的色调调整方法.武汉大学学报(信息科学版),28(03):311-314.

赵晓熠,张伟,谢蓄芬,2010.绝对辐射定标与相对辐射定标的关系研究.红外,31(9):23-29.

张鹏强,余旭初,刘智,等,2006.多时相遥感图像相对辐射校正.遥感学报,10(3):339-344.

张友水,冯学智,周成虎,2006.多时相 TM 影像相对辐射校正研究.测绘学报,35(2):122-127.

朱述龙,张占睦,2000.遥感图像获取与分析.北京:科学出版社.

ACHARYA P K,BERK A,ANDERSON G P,et al.,1999. MODTRAN 4:multiple scattering and bi-directional reflectance distribution function(BRDF) upgrades to MODTRAN. In proceedings of SPIE-the international society for optical engineering,3756:354-362.

BERK A,BERNSTEIN L S,ROBERTSON D C,1987. MODTRAN:a moderate resolution model for LOWTRAN. Spectral sciences,Burlington M A.

BERK A,ANDERSON G P,BERNSTEIN L S,et al.,1999. MODTRAN 4 radiative transfer modeling for atmospheric correction. SPIE-the international society for optical engineering,3756:348-353.

BERK A,ANDERSON G P,ACHARYA P K,et al.,2005. MODTRAN 5:a reformulated atmospheric band model with auxiliary species and practical multiple scattering options:update. Proceedings of SPIE,5806:662-667.

DINGUIRARD M,SLATER P N,1999. Calibration of space-multispectral imaging sensors:a review. Remote sensing of environment,68(3):194-205.

FUNKA-LEA G,BAJCSY R,1995. Combining color and geometry for the active,visual recognition of shadows. ICCV "95 proceedings of the fifth international conference on computer visio",2(3):203-209.

KOTCHENOVA S Y,VERMOTE E F,MATARRESE R,et al.,2006. Validation of a vector version of the 6s radiative transfer code for atmospheric correction of satellite data. Part I:path radiance. Applied optics,45(26):6762-6774.

LI Z,CIHLAR J,ZHENG X,et al.,1996. The bidirectional effects of AVHRR measurements over boreal regions. IEEE transactions on geoscience and remote sensing,34(6):1308-1322.

LI H,ZHANG L,SHEN H,et al.,2012. A variational gradient-based fusion method for visible and SWIR imagery. Photogrammetric engineering & remote sensing,78(9):947-958.

LI H,ZHANG L,SHEN H,2014. An adaptive nonlocal regularized shadow removal method for aerial remote sensing images. IEEE transactions on geoscience and remote sensing,52(1):106-120.

LI H,XU L,SHEN H,et al.,2016. A general variational framework considering cast shadows for the topographic correction of remote sensing imagery. ISPRS journal of photogrammetry and remote sensing,117:161-171.

MILLS A,DUDEK G,2009. Image stitching with dynamic elements. Image and vision computing,27(10):1593-1602.

SCHOWENGERDT R A,2006. Remote sensing:models and methods for image processing. New York:Academic Press.

SHEN H,LI H,QIAN Y,et al.,2014. An effective thin cloud removal procedure for visible remote sensing images. ISPRS journal of photogrammetry and remote sensing,96(11):224-235.

SZELISKI R,2006. Image alignment and stitching:a tutorial. Foundations & trends® in computer graphics & vision,2(1):1-104.

TEILLET P M, STAENZ K, WILLIAM D J, 1997. Effects of spectral, spatial, and radiometric characteristics on remote sensing vegetation indices of forested regions. Remote sensing of environment, 61(1): 139-149.

TEILLET P M, BARKER J L, MARKHAM B L, et al., 2001. Radiometric cross-calibration of the Landsat-7 ETM + and Landsat-5 TM sensors based on tandem data sets. Remote sensing of environment, 78(1): 39-54.

TRISHCHENKO A P, CIHLAR J, LI Z, 2002. Effects of spectral response function on surface reflectance and NDVI measured with moderate resolution satellite sensors. Remote sensing of environment, 81(1): 1-18.

WANG Q, NING Y, GRATTAN K, et al., 1997. A curve fitting signal processing scheme for a white-light interferometric system with a synthetic source. Optics & laser technology, 29(7): 371-376.

ZHANG H, SUN K, LI W, 2014. Object-oriented shadow detection and removal from urban high-resolution remote sensing images. IEEE transactions on geoscience and remote sensing, 52(11): 6972-6982.

VERMOTE E F, TANRÉ D, DEUZE J L, et al., 1997. Second simulation of the satellite signal in the solar spectrum, 6s: An overview. IEEE transactions on geoscience and remote sensing, 35(3): 675-686.

第 2 章 线阵扫描传感器探元响应不均匀校正方法

线阵扫描传感器在成像过程中易受到相机光学空间响应不均匀、各探元响应不同等因素的影响，导致获取的遥感影像经常具有明显的条纹或带状辐射差异现象，干扰影像的后续解译与应用。本章针对此问题展开研究，综合介绍基于定标数据和基于影像自身统计信息的两类相对辐射校正方法，并结合国产卫星数据进行实验分析。

2.1 引 言

卫星传感器是接收、记录地物目标电磁波特征的探测仪器，也是遥感系统的重要组成部分(梅安新，2001)。在成像过程中，传感器将收集的电磁波能量，通过仪器内的光敏元件(探元)转变为电能后，以数字的形式记录下来(方子岩 等，2011)。常见的传感器有线阵扫描传感器和面阵扫描传感器。其中，线阵扫描传感器结构简单，扫描范围较大(图 2.1)，能在低照度条件下工作而被广泛应用于卫星成像系统。然而，受外界因素、数据获取系统等的影响，线阵扫描传感器影像也往往存在辐射畸变。

为了消除或者改正遥感影像的辐射畸变，使其能够正确地反映地物真实辐射状况，就需要进行辐射校正。辐射校正一般分为绝对辐射校正和相对辐射校正(张友水 等，2006)。绝对辐射校正是指消除各种因素的影响，获取地物真实反射率或辐射值的过程，针对仪器影响的辐射校正主要任务是建立数字量化值(digital number，DN)与入瞳处辐射亮度值之间的定量关系，从而对数据进行辐射转换(王志民 等，2001)。绝对辐射校正与遥感数据的定量化应用密切相关，是定量遥感的重要环节。

实际上，在绝对辐射校正之前，通常需要进行相对辐射校正。相对辐射校正是为了消除传感器各探元对信号的响应差异，实现原始 DN 值归一化的处理过程（段依妮 等，2014；赵晓熠 等，2010），又称为传感器探元归一化（Dinguirard et al.，1999）。同一传感器各探元在理想状态下，输出的 DN 值与入射的亮度值成正比，并且具有相同的比例因子（高正清 等，2006）。由于地面测试条件、卫星在轨运行环境及传感器老化等因素的影响（徐伟伟，2011），不同探元的子影像之间通常存在亮度差别，形成遥感影像上的残疵条纹，观测地物信息呈现异常记录（雷宁 等，2013）。相对辐射校正可以有效消除 CCD 探元和电路系统所引起的探元之间的响应非均匀性，是绝对辐射校正的基础（Wang et al.，2013）。

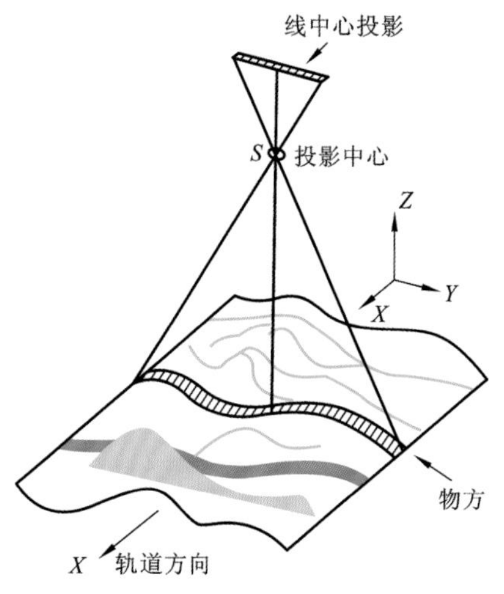

图 2.1　线阵扫描传感器成像示意图（方子岩 等，2011）

需要说明的是，针对线阵传感器的条带去除与相对辐射校正是容易混淆的两个概念，实际上去条带也属于相对辐射校正的范畴，而相对辐射校正的重要目的之一也是消除探元响应不均匀导致的条带问题。一般说来，在卫星数据接收到分发之前，需要经过地面预处理系统进行标准产品的生产，如相对辐射校正通常是对 0 级遥感影像进行的归一化校正处理，生产 1 级产品数据。该过程是利用标准化的方法，对所有数据进行统一处理，但受限于算法通用性、时效性等，地面预处理系统生成的数据仍可能残留部分条带，遥感用户则可采用针对性更强的条带去除方法做进一步处理。本章主要介绍地面预处理系统中常用的相对辐射校正方法，针对更为复杂的条带去除方法，可参见本系列专著《遥感数据质量改善之信息复原》的第 4 章。

2.2　基于定标数据的相对辐射校正

2.2.1　相对辐射校正模型

1. 线性模型

在实际工作中，主要利用积分球（Huang et al.，2013；Zhang et al.，2011）、星上定标灯（Xiong et al.，2007；Trishchenko et al.，2001）和均匀场景（Kumar et al.，2011；Bindschadler et al.，2003；Green et al.，2003）等手段获取定标数据，构建相对辐射校正线性模型，解算传感器各探元间的增益系数和偏置系数，对待校正 CCD 子影像各像元 DN

值通过式(2.1)做转换,消除探元间辐射响应差异,实现相对辐射校正。

$$L_j = a_j \times \mathrm{DN}_j + b_j \tag{2.1}$$

式中:L_j 为相对辐射校正后第 j 号探元的 DN 值;DN_j 为原始第 j 号探元的 DN 值;b_j 为第 j 号探元的偏置系数;a_j 为第 j 号探元的增益系数。

最小二乘法是广泛使用的线性模型拟合方法(陆健,2007),利用偏差的平方和最小作为拟和准则(曾湧 等,2005)。其中,偏差是指检测值与拟合估计值的差,偏差的平方和最小可表示为(陈大羽 等,2007)

$$\sum_{i=1}^{n} \delta_i^2 = \min \tag{2.2}$$

式中:δ 为检测值与拟合估计值的差。在相对辐射校正中,当获得探元 j 在不同辐照度 i 下的多个标准输出值(L_{ji})和实际输出值(DN_{ji})时,绘制函数拟合曲线并构造逼近函数 $L_j = f(\mathrm{DN}_j) = a_j \times \mathrm{DN}_j + b_j$,如图 2.2 所示。

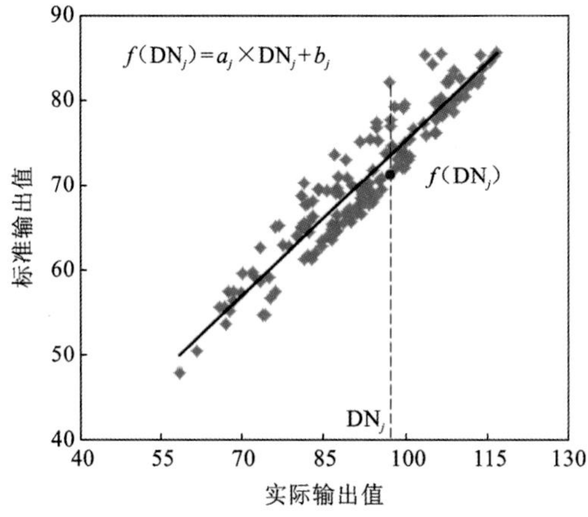

图 2.2　最小二乘拟合图

通过最小化所有样本点的函数值 $f(\mathrm{DN}_{ji})$ 和标准输出值 L_{ji} 的平方和:

$$[a_j, b_j] = \arg\min \sum_{i=1}^{n} \| L_{ji} - f(\mathrm{DN}_{ji}) \|^2 \tag{2.3}$$

获得探元 j 的最优增益系数 a_j 和偏置系数 b_j(王小燕 等,2008):

$$a_j = \frac{N\sum_{i=1}^{N}\mathrm{DN}_{ji}L_{ji} - \sum_{i=1}^{N}\mathrm{DN}_{ji}\sum_{i=1}^{N}L_{ji}}{N\sum_{i=1}^{N}(\mathrm{DN}_{ji})^2 - \left[\sum_{i=1}^{N}\mathrm{DN}_{ji}\right]^2}$$

$$b_j = \frac{\sum_{i=1}^{N}L_{ji}\sum_{i=1}^{N}(\mathrm{DN}_{ji})^2 - \sum_{i=1}^{N}\mathrm{DN}_{ji}\sum_{i=1}^{N}\mathrm{DN}_{ji}L_{ji}}{N\sum_{i=1}^{N}(\mathrm{DN}_{ji})^2 - \left[\sum_{i=1}^{N}\mathrm{DN}_{ji}\right]^2} \tag{2.4}$$

式中：N 为辐照度的档数。

2. 非线性模型

线性模型往往更加适用于探元在中等亮度辐射区域的光电响应关系，但传感器在低亮度和高亮度辐射区域往往呈现出非线性响应特征，线性模型往往带来一定的校正误差。为了补偿传感器非线性误差，国内外研究者提出多项式拟合校正方法（Vijayakumar et al.，1998；Wang et al.，1997；Zhou et al.，1997）。多项式拟合校正法仍然对全局构建一个模型，有时也不能很好地补偿非线性误差；在此情况下，可进一步采用自适应分段拟合方法。

自适应分段拟合方法的基本思路是在光谱输出幅度范围内，将定标数据分组，对每组进行一次或高次多项式逼近拟合，获得相应的定标系数。根据一般传感器的特性，中间段用直线表示，两端用高次曲线表示（朱庆保，2002）。在计算过程中，自适应分段拟合方法可实现多项式形式和分段区间的自适应确定。

假设 $f(x)$ 为传感器的真实输出函数，$p_n(x)$ 为 n 组观测的逼近多项式，则 $p_n(x)$ 是 $[m,n]$ 区间上的 $f(x)$ 最优逼近多项式的充要条件，是在此区间上有 $n+2$ 个轮流的正、负偏差点。以此理论为基础实现定标数据的自适应分段拟合，具体步骤如图 2.3 所示。

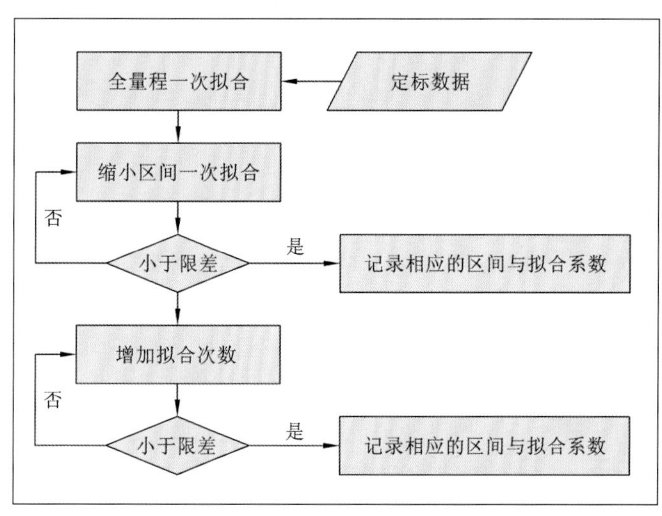

图 2.3 自适应分段拟合流程图

为了在最大区间内得到最佳直线，首先在全量程范围内进行一次多项式拟合。如果拟合误差大于预设限值，缩小区间重新拟合。若区间缩小到一定范围仍不能满足要求，改用高次多项式曲线拟合。如果最大误差小于限差，记录相应的区间和拟合系数。然后对端点区间以逐渐逼近的方式实现最佳拟合，记录相应的区间和拟合系数。当影像数据由多个谱段构成时，对每一谱段按照上述方法循环处理直至所有数据得到校正。

2.2.2 相对辐射校正处理流程

1. 基于积分球数据的相对辐射校正

利用积分球数据是实验室相对辐射校正的主要方法之一(周胜利,1998)。积分球是一个内壁均匀喷涂高反射率漫射材料,内置多个小体积光源的球形腔体,如图 2.4 所示。通过改变内部点亮灯的个数来调节其辐射输出,理论上可以在积分球出光面的任一位置获得均匀的朗伯辐射,积分球原理如图 2.5 所示。

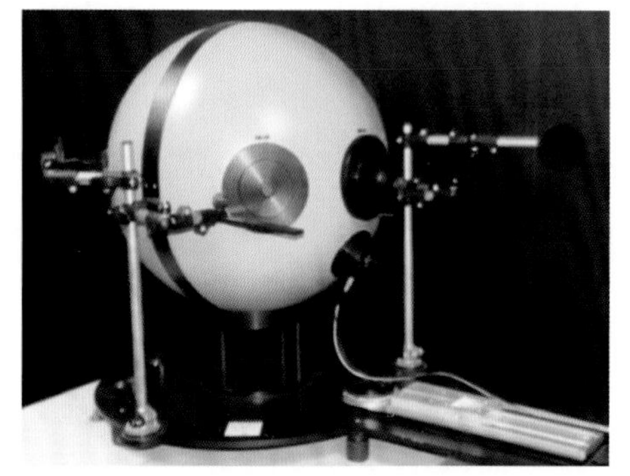

图 2.4 积分球示意图

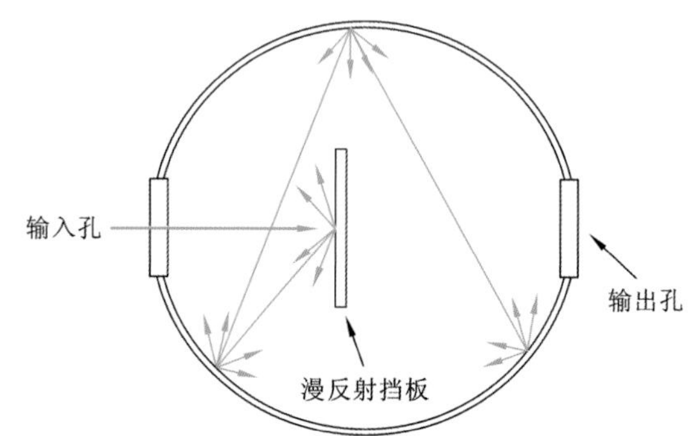

图 2.5 积分球原理图

不断调整 CCD 相机增益档数 p 和亮度档数 q,得到一系列不同增益档数和亮度档数的定标数据 $I_{p,q}^{M,N}$,其中 M 和 N 分别表示行数和列数。利用积分球数据进行相对辐射校正的具体实现过程如下。

(1) 定标数据预处理。数据在获取过程中不可避免地受仪器系统误差、外界因素的影响,导致同一探元响应列出现异常值。为消除误差对相对辐射校正的影响,一般采用统计的方法,对每一定标数据计算每个探元输出列 DN 值的均值,统计所有数据中每个值出现的次数,从两端开始将所有出现次数小于阈值 ε 的点"剔除"掉,然后计算各列的加权均值:

$$\overline{\mathrm{DN}}_{p,q}(i)=\frac{\sum_{k}k\times f(k)}{\sum_{k}f(k)} \tag{2.5}$$

式中:$\overline{\mathrm{DN}}_{p,q}(i)$为定标数据第 i 列的平均计数值;$f(k)$为定标数据某一列 DN 值为 k 的点出现的次数;k 为 DN 值的大小。

(2) 计算整体定标数据 DN 值的均值,作为标准值:

$$\mathrm{DN}_{p,q}^{0}=\frac{1}{N}\times\sum_{i}\overline{\mathrm{DN}}_{p,q}(i) \tag{2.6}$$

式中:$\mathrm{DN}_{p,q}^{0}$为定标数据在增益档数 p 和亮度档数 q 的条件下 DN 值的标准值,即 CCD 在 p 档增益和 q 档亮度下的标准输出。

(3) 将每个 CCD 探元实际输出 DN 值的均值作为 X 坐标，标准输出 $DN_{p,q}^{0}$ 作为 Y 坐标，得到它在 p 档增益下输出的离散数据对应点 $(DN_{p,0}, DN_{p,0}^{0})$，$(DN_{p,1}, DN_{p,1}^{0})$，…，$(DN_{p,q}, DN_{p,q}^{0})$。利用这些离散的点，通过最小二乘法拟合该探元的响应校正曲线，由式(2.3)计算出在 p 档增益下所对应的校正模型参数 a_j、b_j。

(4) 对 CCD 相机的各档增益重复步骤(1)～(3)得到对应增益下的校正系数。根据要求使用式(2.1)实现各探元的相对辐射校正。

为了验证基于积分球数据的相对辐射校正的效果，展示了两组实验结果。第一组实验是对积分球数据校正效果的交叉验证，即利用多个积分球数据求得校正系数，对另一个未参与校正系数计算的积分球数据进行校正，实验结果如图 2.6 所示。图 2.6(a)是校正前的积分球数据，可以明显看到探元响应不一致的现象；图 2.6(b)是校正后的结果，探元响应不一致的现象已经得到很好的抑制。第二组实验则是对遥感影像的校正处理，如图 2.7 所示，利用积分球计算的定标系数对观测的影像[图 2.7(a)]进行处理，得到图 2.7(b)的结果。可以看出，待校正数据中因不同探元响应差异造成的条纹得到校正，CCD 各列响应均匀一致，影像不存在亮度突变，影像质量明显提升。

(a) 原始定标数据

(b) 积分球校正后定标数据

图 2.6　积分球数据的交叉校正结果

(a) 原始影像

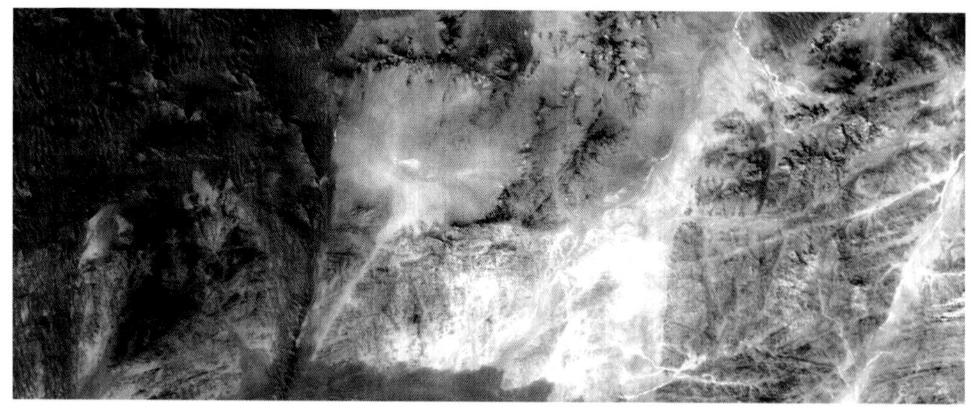

(b) 定标结果

图 2.7　积分球数据对影像的校正结果

2. 基于星上定标灯数据的相对辐射校正

由于卫星发射时的高温和卫星工作时环境温度变化的影响，发射前的相对辐射校正系数可能发生变化，需要更新相对辐射校正系数(查鹏，2006)。利用星上定标灯数据更新相对辐射校正系数是卫星发射入轨后的一种常用方法。卫星正常运行时保持俯视观测姿态，为了得到星上定标灯数据，需要调整卫星传感器观测角度为正视星上定标灯。获取星上定标灯数据后，参照基于积分球的相对辐射校正方法，利用最小二乘法进行相对辐射校正处理。

为了利用星上定标灯数据进行在轨辐射校正，首先需要在地面上对定标灯的光强空间分布进行测量(李晓晖 等，2009)。由于星上使用的定标灯光强空间分布不是一个常数，即照在每个 CCD 探元上的光强有微小的不同，用一个无量纲系数 $R(j)$ 对照射在各个 CCD 探元上的光强进行修正。即

$$R(j)=\frac{A}{\mathrm{DN}_j} \tag{2.7}$$

式中：$R(j)$ 为第 j 个探元无量纲的修正系数；A 为定标灯照射下的平均输出，即

$$A=\frac{1}{A}\sum_{j}\mathrm{DN}_j \tag{2.8}$$

式中：DN_j 为第 j 个探测器的输出计数值。

根据 $R(j)$ 的均方差 D，判断 $R(j)$ 是否符合要求。由定标灯的均匀度设计指标选定一个阈值 δ，若 $D>\delta$，需要重新采集定标灯的影像进行计算。若仍不能满足要求，则需要重新拟合 CCD 探元的校正曲线。

3. 基于均匀场景的相对辐射校正

除了利用星上定标灯数据更新校正系数外，利用均匀场景的校正也是一种可行的途径。基于均匀场景的相对辐射校正要求地物具有良好的均匀特性，一般选择的场景有高

纬度的雪地、大面积沙漠、平静水面或均质人工实验场(谢玉娟,2011)等。根据场地范围的不同,获取校正系数的方法可以分为两类。当选取的均匀场景和传感器探元的“扫描”范围相当时,采用基于积分球数据的解算思路;当选取的均匀场景小于传感器探元的“扫描”范围时,则需要对探元进行分块处理(赵燕 等,2009),主要操作步骤如下。

(1) 根据传感器探元数量合理分块,即把若干探元假想成一个联合探元(曾湧 等,2012),如图 2.8 所示。其中,T_i 为第 i 个联合探元,每一个联合探元 T_i 由多个探元 t_{ij} 组成;j 为每个联合探元包含的探元个数,$j=1,2,3,\cdots$。

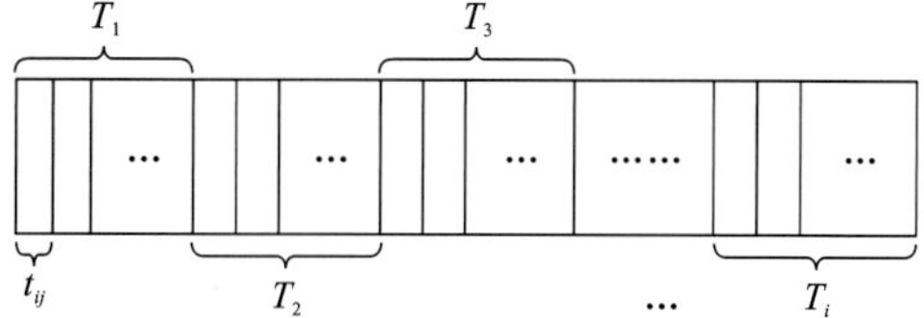

图 2.8　传感器探元分块示意图

(2) 分块后,在每一个联合探元内,利用基于积分球数据的解算步骤得到增益系数 a_j 和偏置系数 b_j。由式(2.1)对分块内的探元阵列实现校正。

(3) 假定 $T_1,T_2,\cdots,T_i$ 联合探元分别是独立的探元,计算相邻联合探元阵列 DN 值的均值 μ_{T_i}、$\mu_{T_{i+1}}$ 和标准差 σ_{T_i}、$\sigma_{T_{i+1}}$。

(4) 由均值和标准差,计算相邻探元间相对辐射校正的增益系数 $a_{T_{i+1}}$ 和偏置系数$b_{T_{i+1}}$:

$$a_{T_{i+1}}=\frac{\sigma_{T_{i+1}}}{\sigma_{T_i}} \tag{2.9}$$

$$b_{T_{i+1}}=\mu_{T_{i+1}}-\frac{\sigma_{T_{i+1}}}{\sigma_{T_i}}\times\mu_{T_i}$$

(5) 根据对应相邻联合探元的增益系数和偏置系数进行相对辐射校正:

$$\mathrm{DN}_P(T_{i+1})=a_{T_{i+1}}\times\mathrm{DN}_P(T_i)+b_{T_{i+1}} \tag{2.10}$$

式中:DN_P 为某个均匀场景 P 的 DN 值。

(6) 对所有相邻探元重复步骤(2)～(5)完成相对辐射校正。

若相对辐射校正的精度要求较高,考虑采用自适应分段线性拟合的方法进行改进,实现方法如 2.2.1 节的“非线性模型”。

2.3　基于影像自身统计信息的辐射校正

基于定标数据的相对辐射校正,是线阵扫描传感器探元响应不均匀校正的最基本方法,能够满足传感器探元响应不均匀校正的一般需求,然而很难满足以下几种情况的需求。其一,为了保证传感器探元响应的精度,传感器探元的设计通常只能保证在有效使用年限内,响应精度符合要求,随着时间的推移,探元老化会造成局部探元响应不一致,出现已有定标系数不准确的现象;其二,在 CCD 子影像拼接处由于 CCD 重叠区探元接受的辐射能量不足,会形成具有一定宽度的条带。对于以上差异,本节将介绍更为有效的基于影像自身统计信息的辐射校正方法(张兵 等,2006)。

2.3.1 局部条带处理

搭载在卫星传感器上的CCD探元，有时会出现暗电流的影响加大、工作转改状态不一致、CCD的光谱响应函数不一致等现象。这些现象反映在遥感影像中就是具有一定宽度的条带，掩藏地物的真实辐射信息，使影像的解译、定量分析等后续工作难以高精度进行。因此，有必要对局部条带进行校正处理。

在遥感影像灰度分布均匀且无典型特征的地物处，各正常探元所对应的子影像之间的DN值相差不大，且灰度均值曲线过渡光滑自然。但是，受到局部条带影响的探元与正常探元所对应的子影像在视觉上有明显的差别。为了降低CCD局部条带现象对影像质量的影响，利用探元之间的相关性对局部条带的子影像进行校正处理，具体步骤如下。

(1) 在已知局部条带的左右边界处(如图2.9所示的 i 列和 j 列)，分别向外扩展一定的列数，找到正常探元所对应的两列(如图2.9所示的 m 列和 n 列)。

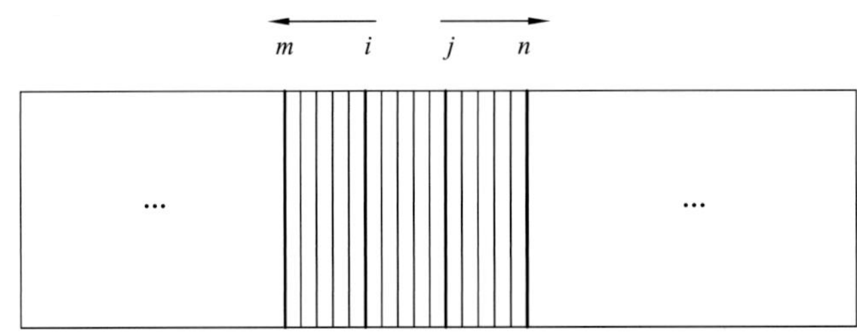

图2.9 局部条带左右外扩示意图

(2) 以选出的两列(m 列和 n 列)作为参考列，分别计算参考列像素DN值的标准差 σ_n、σ_m 和均值 μ_n、μ_m。

(3) 计算参考列之间标准差和均值的列变化量 $\Delta\sigma$、$\Delta\mu$。

$$\Delta\sigma=\frac{\sigma_n-\sigma_m}{n-m}$$
$$\Delta\mu=\frac{\mu_n-\mu_m}{n-m} \tag{2.11}$$

(4) 计算每个局部条带列的标准差、均值的理想统计量：

$$\sigma_x=\sigma_m+\Delta\sigma\times(x-m),\quad x=i,i+1,i+2,\cdots,j$$
$$\mu_x=\mu_m+\Delta\mu\times(x-m),\quad x=i,i+1,i+2,\cdots,j \tag{2.12}$$

(5) 由理想统计量计算局部条带列的增益系数 a_i 和偏置系数 b_i：

$$a_i=\frac{\sigma_x}{\sigma_m}$$
$$b_i=\mu_x-\frac{\sigma_x}{\sigma_m}\times\mu_m \tag{2.13}$$

(6) 对局部条带列中的每个像素列进行校正，实现地物的均匀变化：

$$\mathrm{DN}_m=a_i\times\mathrm{DN}_m+b_i \tag{2.14}$$

对于整幅影像，每遇到一个局部条带区域，重复上述步骤(1)～(6)，直至整幅影像的局部条带区域处理完毕。

当CCD局部条带影像列出现在影像的边缘时，上述方法只能得到一个参考列，另一个参考列则需要从其他的正常列中选取，按照上述步骤进行处理。实验中选取了CCD影像的局部条带区域进行处理，处理前后的对比结果如图2.10所示。图2.10(a)显示了两列暗条带。经过处理之后，图2.10(b)中两列暗条带均已消失(右边缘的暗条带也消失了，处理方法将在2.3.3节中介绍)，有效恢复了遥感影像的固有信息，为高精度定量分析提供精确影像数据。

(a) 局部条带处理前影像

(b) 局部条带处理后影像

图2.10　局部条带处理结果

2.3.2　CCD片间整体校正

完整的一幅遥感影像通常由多个CCD子影像拼接而成，子影像之间因CCD响应不同存在辐射差异。为了使多个CCD子影像灰度均匀分布，根据相邻CCD子影像数据统计特征，以其中一景CCD子影像为标准对它们进行辐射校正。详细实现步骤可参考2.2.2节的基于均匀场景的相对辐射校正方法，对所有CCD进行处理，完成整景影像的校正处理，得到灰度分布均匀的影像。

上述方法需要统计相邻CCD子影像的所有行和列的DN值的标准差和均值，如果待处理影像幅宽较大，不仅计算量会相应增加，而且统计的关系容易出现偏差。而选取相邻CCD影像中地物灰度均匀的多个影像块，利用矩匹配的思想实现辐射差异消除，可以有效改善上述问题(钟耀武 等，2006)。

(1) 在相邻CCD影像上均匀地选取相同数量的影像块，分别统计这些影像块的标准差σ_r、σ_f和均值μ_r、μ_f。

(2) 计算相邻CCD的增益系数a_i和偏置系数b_i：

$$a_i=\frac{\sigma_r}{\sigma_f}$$
$$b_i=\mu_r-\frac{\sigma_r}{\sigma_f}\times\mu_f \tag{2.15}$$

(3) 进一步通过式(2.16)实现 CCD 片间的校正处理：

$$I_{i+1}=a_i\times I_i+b_i \tag{2.16}$$

式中：a_i、b_i 分别为第 $i+1$ 个 CCD 子影像相对于第 i 个 CCD 子影像的增益系数和偏置系数；DN_i、DN_{i+1} 分别为第 i 个、第 $i+1$ 个 CCD 子影像的 DN 值。

(4) 对所有 CCD 影像按步骤(1)～(3)处理，完成整景影像的校正处理，使得影像在视觉上均匀一致，为后续信息提取提供精准影像数据。

本节选取三片 CCD 拼接的遥感影像，截取 18516 列×1000 行，模拟 CCD 色差，并按照上述方法进行 CCD 校正处理，结果如图 2.11 所示。

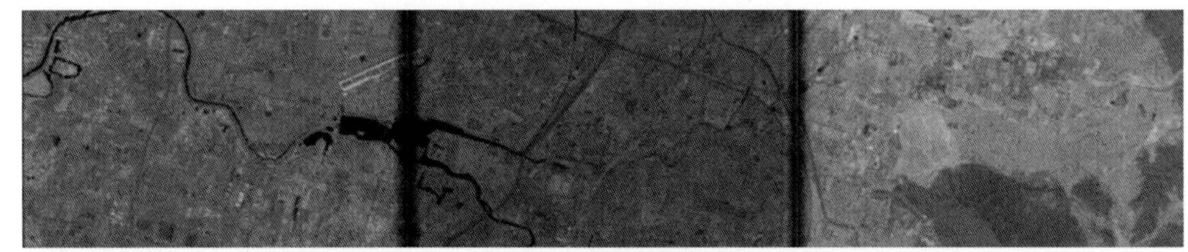

(a) 原始影像

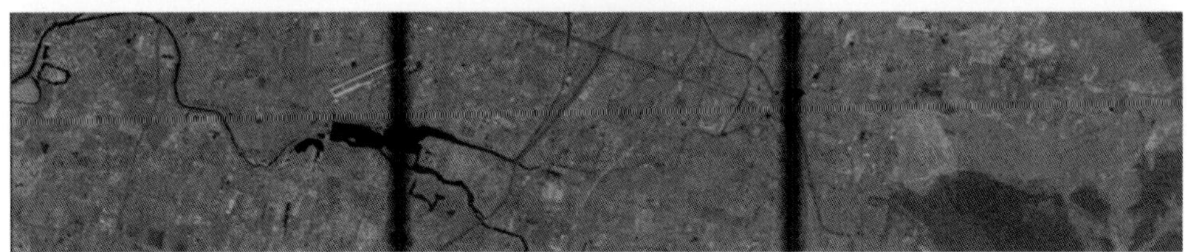

(b) 调色后影像

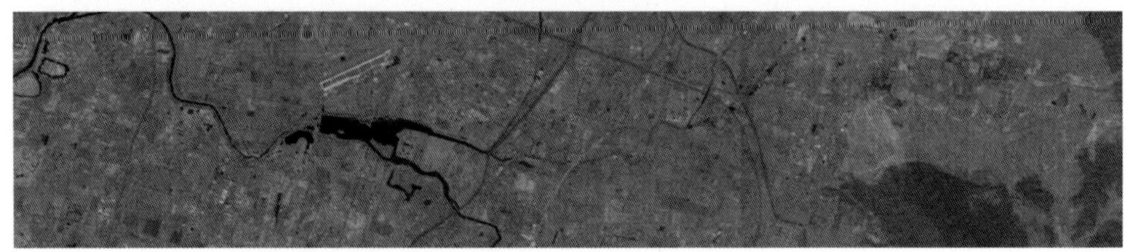

(c) CCD拼接结果

图 2.11　CCD 片间调色结果与拼接结果

传感器的 CCD 响应差异，在成像过程中产生了辐射差异，表现在影像上如图 2.11(a)所示，影像的中间区域明显偏暗，右边的视觉效果明显偏亮。以左边的 CCD 为标准，利用上述步骤得到相对辐射校正参数，对影像进行调色处理，校正结果如图 2.11(b)所示，三片 CCD 的整体辐射达到了一致效果。另外，图 2.11(b)中的两列黑色竖条带，是相邻 CCD 子影像拼接处的重叠区域，在调色处理中不予考虑，具体处理方法将在 2.3.3 节介绍。

2.3.3 CCD 阵列拼接处理

CCD 片间整体校正，有效解决了影像中因 CCD 响应差异造成的辐射不一致问题。在 2.3.2 节的实验结果中看出，相邻 CCD 拼接处规律分布着相同宽度的暗条带。CCD 拼接处的暗条带是探元在拼接处附近对信号响应失真较大造成的（焦彦平 等，2013），如图 2.12 所示。

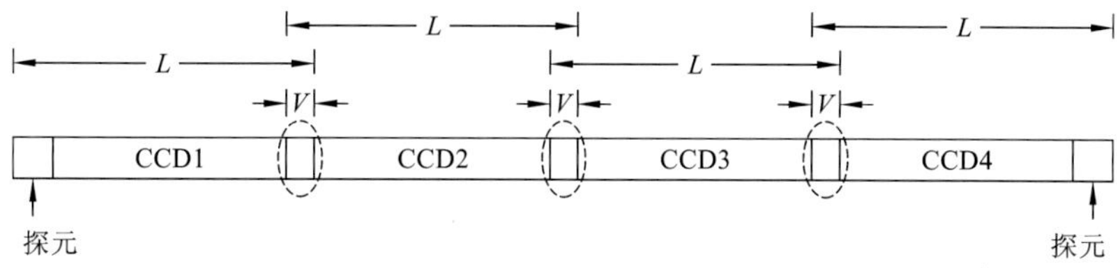

图 2.12　相邻 CCD 分布图

相比于 2.3.1 节的局部条带，CCD 拼接处的暗条带分布规律、宽度相同。但两种情况下形成的影像暗条带机理类似，因此可采用局部条带处理的方法去除拼接处的暗条带。处理后的结果如图 2.11(c)所示。对 CCD 进行拼接处理后，三片 CCD 子影像重叠区域的暗条带被去除了，还原了暗条带覆盖下地物的真实信息。

图 2.13 展示了综合利用以上三个步骤对卫星影像进行相对辐射校正的一个实例。图 2.13(a)为由四个 CCD 组成的原始影像，可以看出，CCD 内部存在明显的影像条带，CCD 之间也存在整体的辐射亮度差异，特别是在 CCD 拼接处存在多列（非零）信息低值。利用前述的局部条带处理、片间整体校正、拼接处理后，得到相对辐射校正结果[图 2.13(b)]。可以看出，经过多个步骤的相对辐射校正处理后，影像整体亮度分布均匀，在 CCD 拼接处也能实现连续过渡。

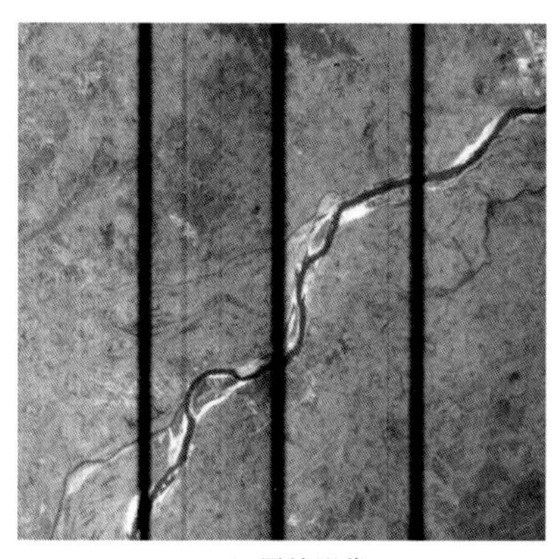

(a) 原始影像

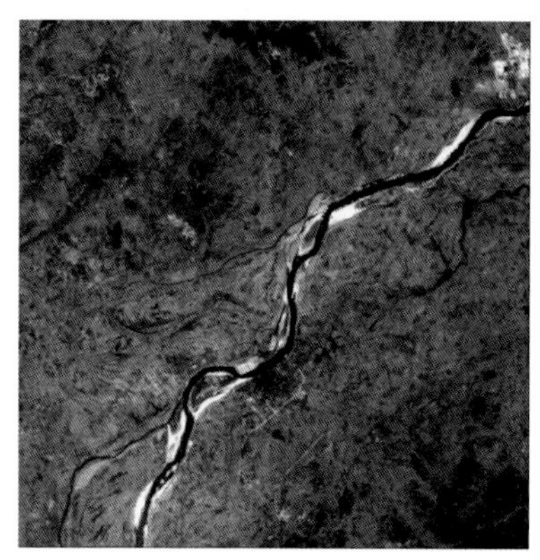

(b) 相对校正后影像

图 2.13　多步骤辐射校正实例

2.4 相对辐射校正的评价方法

在相对辐射校正之后，对其结果进行评价是十分必要的，包括定性评价和定量评价，常用的评价指标包括列均值、标准差、广义噪声等。

2.4.1 列均值与标准差曲线

探元列均值与标准差曲线反映了探元对信号响应的均一性，被广泛用于评价相对辐射校正的效果，列均值的计算公式为

$$\overline{\mathrm{DN}_i}=\frac{1}{n}\sum_{j=1}^{n}\mathrm{DN}_j \tag{2.17}$$

式中：$\overline{\mathrm{DN}_i}$ 为第 i 个探元(列)的均值；DN_j 为第 j 个像素的 DN 值；n 为第 i 个探元(列)的像素总数。

$$\mathrm{DN}_i^{\mathrm{std}}=\sqrt{\frac{1}{n}\sum_{j=1}^{n}(\mathrm{DN}_j-\overline{\mathrm{DN}_i})^2} \tag{2.18}$$

式中：$\mathrm{DN}_i^{\mathrm{std}}$ 为第 i 个探元(列)的标准差。

图 2.14(a)和图 2.14(c)分别为一原始影像(4 个 CCD 拼接)在辐射校正前的列均值曲线与列标准差曲线，可以看出曲线存在明显的由探元响应不一致带来的趋势特征。例如，在后 3 个 CCD 中列均值逐步减小，明显不符合正常地物分布的特征；此外，像元拼接处的统计信息还存在明显的跳跃现象。图 2.14(b)和图 2.14(d)分别为辐射校正处理后的列均值曲线与列标准差曲线，可以看出，整个曲线的趋势较为合理，拼接处的统计特性也能平稳过渡，表明具有较好的相对辐射校正效果。

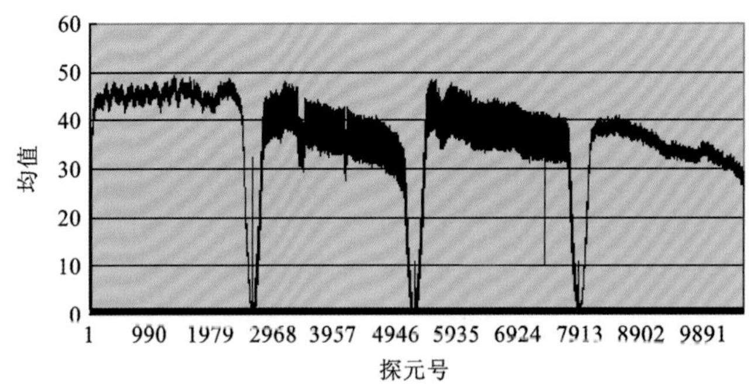

(a) 处理前影像列均值

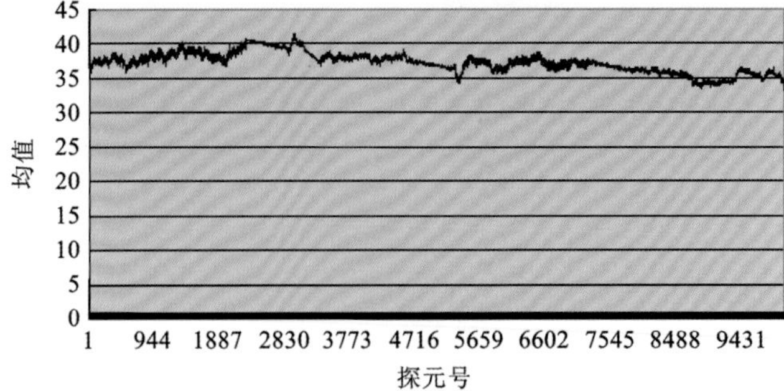

(b) 处理后影像列均值

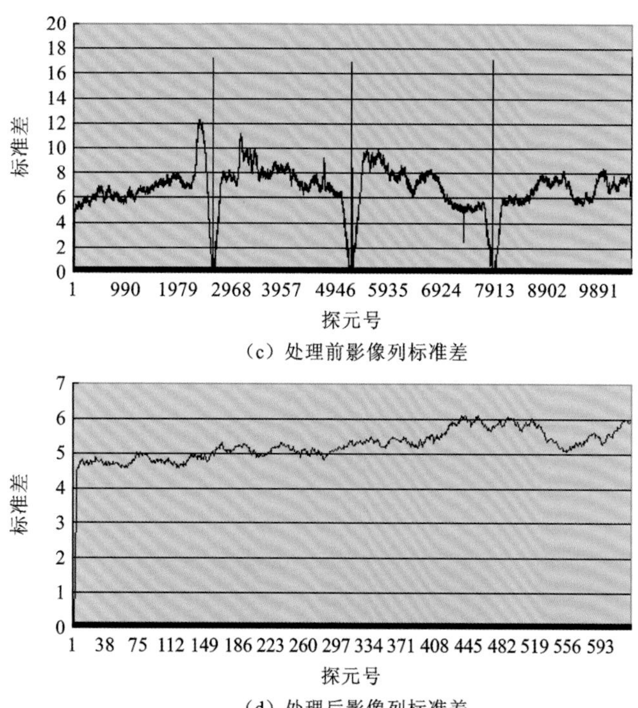

(c) 处理前影像列标准差

(d) 处理后影像列标准差

图 2.14　拼接处理效果统计图

2.4.2　广义噪声

对相对辐射校正后的影像，计算每列影像均值和整幅影像均值，并求两者差值的绝对均值，然后求该值与整幅影像均值的比值，该比值即为影像的广义噪声。为了更客观公正地计算广义噪声，需要从校正后的影像上选取多个不同类型的均匀地物影像块，然后计算其广义噪声的均值，具体方法如下。

(1) 选取经过相对辐射校正并包含均匀地物的遥感影像。

(2) 对若干亮度类型的影像选取 S 行 T 列的均匀影像块 N 个，影像块可以是沙漠、冰、雪地、裸地、植被区、水体等，但分布一定要十分均匀。

(3) 对选取的影像块，首先按式(2.19)计算均值，然后分别用式(2.20)、式(2.21)计算像元的绝对误差和相对误差。

$$\mathrm{Ave}_k=\frac{\sum_{j=1}^{S}\sum_{i=1}^{T}\mathrm{DN}_{ij}}{S\times T}\tag{2.19}$$

$$E_k=\frac{\sum_{j=1}^{S}\left|\sum_{i=1}^{T}(\mathrm{DN}_{ij}/T)-\mathrm{Ave}_k\right|}{S}\tag{2.20}$$

$$\mathrm{RE}_k=\frac{E_k}{\mathrm{Ave}_k}\tag{2.21}$$

式中：DN_{ij} 为经过相对辐射校正的第k个均匀影像块第i行，第j列的像元值；Ave_k 为经过相对辐射校正的第k个均匀影像块的均值；E_k 为经过相对辐射校正的第k个均匀影像块的绝对误差；RE_k 为经过相对辐射校正的第k个均匀影像块的相对误差。

(4) 计算所有影像块的广义噪声：

$$E=\frac{\sum_{k=1}^{N}RE_k}{N}\times 100\% \tag{2.22}$$

为了说明其应用过程，对原始遥感影像进行相对辐射校正，在生成的校正影像中选取16个均匀影像块，如图2.15所示。利用均匀影像块和上述计算公式，求得广义噪声，见表2.1。可以看出，最高广义噪声为0.15%，最低广义噪声为1.45%，平均广义噪声为0.53 %，取得了较高的校正精度。一般说来，为了对某一传感器整体的广义噪声进行验证，往往需要在多幅校正影像中选取尽量多的均匀影像块，使评价过程更具代表性。

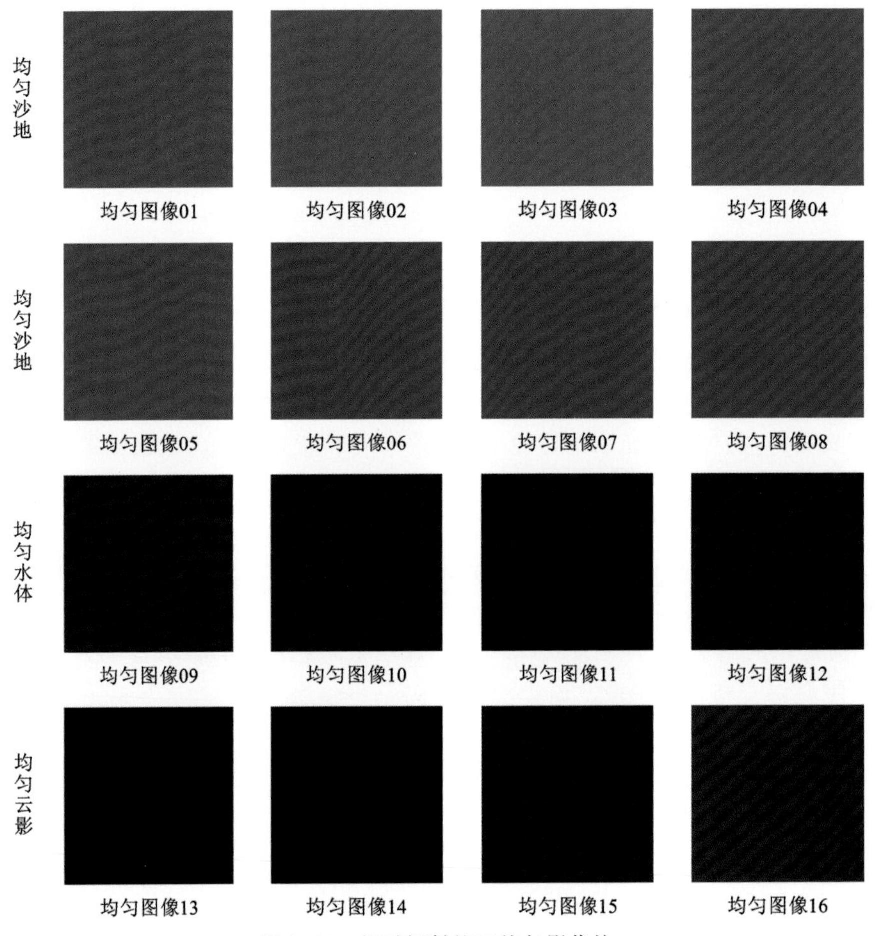

图2.15 相对辐射校正均匀影像块

表 2.1　相对辐射校正定量评价

图像名称	均值	广义噪声/%	平均广义噪声/%
均匀图像 01	99.278 2	0.29	
均匀图像 02	102.005	0.22	
均匀图像 03	102.973	0.28	
均匀图像 04	97.388 3	0.36	
均匀图像 05	97.388 3	0.36	
均匀图像 06	89.603	0.29	0.53
均匀图像 07	89.033 3	0.25	
均匀图像 08	88.780 3	0.28	
均匀图像 09	52.771 9	0.53	
均匀图像 10	45.600 2	0.78	
均匀图像 11	42.093 2	0.15	
均匀图像 12	47.564 2	0.83	
均匀图像 13	37.425	0.82	
均匀图像 14	34.827 5	1.45	
均匀图像 15	45.235 4	0.66	
均匀图像 16	47.615 3	0.88	

2.5　小　　结

针对线阵扫描传感器探元响应不均匀现象，本章介绍了基于定标数据和基于影像自身统计信息的两种校正方法。基于定标数据的方法利用积分球、星上定标灯或均匀场景等方式获得定标数据，解算相对辐射校正的增益系数和偏置系数，达到消除探元间辐射响应差异的目的。当定标数据不可用、不好用的时候，基于影像自身统计信息的方法可以作为有效补充，用于 CCD 内部或 CCD 片间辐射差异的校正。

参考文献

方子岩，项仲贞，2011. 遥感传感器类型及构像方程. 交通工程测量技术研讨交流会.

查鹏，2006. 空间相机星上辐射定标技术的研究. 红外，27(3)：32-38.

陈大羽，吴雁林，2007. 环境一号卫星 CCD 相机相对定标数据处理. 航天返回与遥感，28(2)：21-28.

段依妮，张立福，晏磊，等，2014. 遥感影像相对辐射校正方法及适用性研究. 遥感学报，18(3)：607-617.

高正清，黄学智，杨斌，2006. 相对辐射定标与相对辐射校正场. 重庆：中国遥感遥测遥控学术研讨会.

焦彦平，李唱，2013. 线阵 CCD 卫星图像自适应条带噪声去除. 装备学院学报，24(3)：105-108.

雷宁，李春梅，李涛，等，2013. 线阵 CCD 像元响应不一致性校正方法：中国专利. ZL 201110159297.2.

李晓晖，颜昌翔，2009. 成像光谱仪星上定标技术. 中国光学与应用光学，2(4)：309-315.

陆健，2007. 最小二乘法及其应用. 中国西部科技，(19)：19-21.

梅安新，2001. 遥感导论. 北京：高等教育出版社.

王小燕，龙小祥，2008. 资源一号 02B 星相机相对辐射校正方法分析. 航天返回与遥感，29(2)：29-34.

王志民，闵祥军，顾英圻，等，2001. CBERS-1 卫星 CCD 相机绝对辐射校正试验. 航天返回与遥感，22(4)：16-24.

谢玉娟,2011.基于沙漠场景的 HJ-1 CCD 相机在轨辐射定标研究.焦作:河南理工大学.

徐伟伟,2011.高分辨光学卫星传感器在轨 MTF 检测方法研究.北京:中国科学院研究生院.

曾湧,王文宇,王静巧,2012.基于实验室定标和均匀景统计的相对辐射定标方法.航天返回与遥感,33(4):19-24.

曾湧,张宇烽,徐建艳,等,2005.中巴资源一号卫星 02 星 CCD 相机实验室辐射定标算法分析.航天返回与遥感,26(2):41-45.

张兵,张浩,陈正超,等,2006.一种基于图像统计量的相对辐射纠正算法.遥感学报,10(5):630-635.

张友水,冯学智,周成虎,2006.多时相 TM 影像相对辐射校正研究.测绘学报,35(2):122-127.

赵晓熠,张伟,谢蓄芬,2010.绝对辐射定标与相对辐射定标的关系研究.红外,31(9):23-29.

赵燕,易维宁,杜丽丽,等,2009.基于均匀场地的遥感图像相对校正算法研究.大气与环境光学学报,4(2):130-135.

钟耀武,刘良云,王纪华,等,2006.基于矩匹配算法的山区影像地形辐射校正方法研究.地理与地理信息科学,22(1):31-34.

周胜利,1998.积分球在实验室内用于空间遥感器的辐射定标.航天返回与遥感,19(1):29-34.

朱庆保,2002.传感器特性曲线的自适应分段最佳拟合及应用.传感器与微系统,21(1):34-37.

BINDSCHADLER R,CHOI H,2003. Characterizing and correcting Hyperion detectors using ice-sheet images. IEEE transactions on geoscience & remote sensing 41(6):1189-1193.

DINGUIRARD M,SLATER P N,1999. Calibration of space-multispectral imaging sensors: a review. Remote sensing of environment,68(3):194-205.

GREEN R O,PAVRI B E,CHRIEN T G,2003. On-orbit radiometric and spectral calibration characteristics of EO-1 Hyperion derived with an underflight of AVIRIS and in situ measurements at Salar de Arizaro,Argentina. IEEE transactions on geoscience & remote sensing,41(6):1194-1203.

HUANG C P,ZHQNG L F,FANG J Y,et al. ,2013. A radiometric calibration model for the field imaging spectrometer system. IEEE transactions on geoscience & remote sensing 51(4):2465-2475.

KUMAR R,BHOWMICK S A,BABU K N,et al. ,2011. Relative calibration using natural terrestrial targets: A preparation towards Oceansat-2 scatterometer. IEEE transactions on geoscience & remote sensing 49(6):2268-2273.

TRISHCHENKO A P,LI Z,2001. A method for the correction of AVHRR onboard IR calibration in the event of short-term radiative contamination. International journal of remote sensing,22(17):3619-3624.

VIJAYAKUMAR S,SCHAAL S,1998. Local adaptive subspace regression. Neural processing letters,7(3):139-149.

WANG J N,GU X F,MING T,et al.,2013. Classification and gradation rule for remote sensing satellite data products. Journal of remote sensing,17(3):566-577.

WANG Q,NING Y N,GRATTAN K T V,et al.,1997. A curve fitting signal processing scheme for a white-light interferometric system with a synthetic source. Optics & laser technology,29(7):371-376.

XIONG X,SUN J,BARNES W,et al. ,2007. Multiyear on-orbit calibration and performance of Terra MODIS reflective solar bands. IEEE transactions on geoscience and remote sensing,45(4): 879-889.

ZHANG L F,HUANG C P,WU T X,et al. ,2011. Laboratory calibration of a field imaging spectrometer system. Sensors,11(3):2408-2425.

ZHOU J F,PATRIKALAKIS N M,TUOHY S T,et al.,1997. Scattered data fitting with simplex splines in two and three dimensional spaces. The visual computer,13(7):295-315.

第 3 章　框幅式相机影像的亮度不均匀校正方法

在框幅式相机遥感成像过程中，容易受到成像方式与光照条件共同作用而产生辐射畸变，从而出现影像亮度空间分布不均匀的现象，从而为后续遥感影像解译与判读带来相应的干扰。本章首先对框幅式相机影像亮度不均匀的成因展开分析，介绍几种经典的亮度不均匀校正方法；并进一步结合影像亮度各个分量的物理特性，阐述一种空间自适应的变分亮度校正模型；在此基础上，介绍一种能够显著提高运算效率的快速变分亮度校正算法。

3.1　影像亮度不均匀的成因

框幅式相机通常搭载在航空遥感平台上，采用面中心投影的方式获取地表的遥感影像数据，影像具有较好的几何保真度，辐射信息则受到成像方式的影响而呈现出亮度、色调及反差分布不均匀的现象。这种现象随着图幅的增大越来越显著，将框幅式相机影像的这种亮度、色调及反差的不均匀统称为影像的亮度不均匀，如图 3.1 所示。这种亮度

图 3.1　亮度不均匀的遥感影像

不均匀不仅影响了影像的目视效果，并且会在不同程度上对影像的后续处理及应用产生干扰，如影像拼接、特征提取、目标识别、计算机解译等（Shen et al.，2015；Chen et al.，2014；王密 等，2004）。特别是在大型无缝影像数据库建立时，单幅影像的亮度不均会使镶嵌结果呈现明显的明暗或色彩不一、反差不均等问题（易尧华 等，2003）。

在理想条件下，遥感影像中的亮度差异仅与地物类型相关。在实际情况下，除了地物类型外还有其他因素会影响影像的亮度。对于框幅式相机而言，影响影像亮度分布的因素主要有两个：传感器的曝光色散与成像瞬间的光照条件。其中，传感器的曝光色散是主导因素，与面中心投影方式直接相关；成像瞬间的光照条件是环境因素，其影响程度与CCD的几何分布有关，是亮度不均匀的第二大因素。

1. 传感器的曝光色散

传感器对成像亮度的影响主要是镜头的曝光色散造成的，这种特性是像点与透镜中心的距离不同而引起的焦平面曝光度的不同。均匀地表的曝光度在成像焦平面的中心最强，离中心越远曝光越弱，即成像平面的边缘部分比中间部分亮度值偏低（利尔桑德 等，2003；朱述龙 等，2000）。假设在一个均匀场景中，真实地表亮度相同，如图 3.2 展示了传感器透镜产生的曝光色散。对于来自光轴上的一束光，曝光量 E_0 与透镜孔的面积 A 成正比，与透镜焦距的平方 f^2 成反比；而对于偏离光轴 θ [$\theta\in(0,90°)$]角的点的曝光量 E_θ 由图 3.2 所示的几何关系可知：

（1）有效透镜孔的面积随 $\cos\theta$ 成比例缩小，即 $A_\theta=A\cos\theta$；

（2）透镜中心到焦平面的距离与 $\cos\theta$ 成反比，即 $f_\theta=f/\cos\theta$，因此曝光量与$\cos^2\theta$ 成正比；

（3）胶片面积的有效尺寸随 $\cos\theta$ 成比例缩小，即 $dA_\theta=dA\cos\theta$。

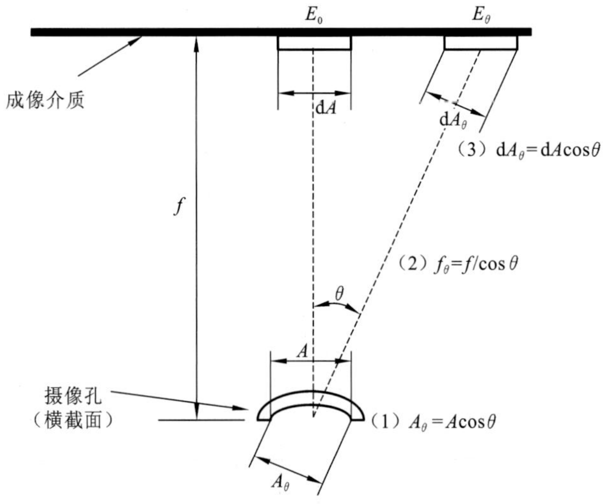

图 3.2 传感器的曝光色散示意图

综合以上影响，偏离光轴 θ 角的点的曝光量 E_θ 的理论计算值为：$E_\theta = E_0 \cos^4\theta$。可见偏离光轴的像点曝光量明显小于光轴上的像点曝光量，从而造成了成像的亮度不均匀。

2. 成像瞬间的光照条件

太阳入射光在到达传感器之前，经过了大气的散射和地表的反射，因此，成像瞬间的太阳高度角、方位角、传感器的视场角及大气的成分与分布都会影响传感器的入瞳辐射值。把以上多种因素的综合称为成像瞬间的光照条件，以下介绍几种典型的光照条件对成像亮度的影响（潘俊，2008）。

（1）大气散射。太阳辐射在传输过程中受到大气散射的干扰，大气散射的辐射能量可以称为环境光，环境光也会对成像的亮度产生影响。如图 3.3(a)所示，场景的四周相对中心受到更多环境光的补偿，因而呈现较高的亮度，并且这种中心与四周亮度的差异随着传感器视场角的增大而增大。

（2）差分散射。大气中分子和粒子的反向散射增加了地表某些区域的亮度。如图 3.3(b)所示，相对 A 区，传感器在 B 区接收到更高的辐射值，从而造成 B 区的亮度大于 A 区。

（3）镜面反射。当地表为水体时，经常发生镜面反射。如图 3.3(c)所示，C 区在可见光影像中会呈现出亮斑，这时观测值不反映地表的任何情况，只是对入射能量的完全反射。通常在处理中以掩膜的形式避免镜面反射的影响，本章的实验区域不涉及水域。

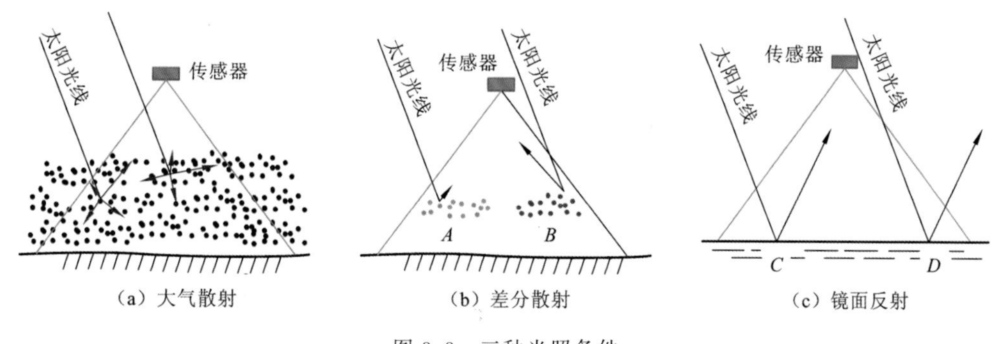

（a）大气散射　（b）差分散射　（c）镜面反射

图 3.3　三种光照条件

综合以上分析，框幅式相机成像的亮度分布是受传感器与环境因素综合影响的。传感器的曝光色散是由面中心投影方式决定的，其影响程度与图幅的大小及观测高度相关，对于不同平台（飞机、无人机等）搭载的框幅式面阵相机，都可能出现曝光色散，从而导致亮度分布不均匀；成像瞬间的光照条件是环境因素，它对影像亮度的影响与 CCD 的几何分布相关，面阵中心与边缘的光照条件差异显著，而线阵不同位置的差异则可忽略。因此，基于框幅式相机影像亮度不均匀的成因，如何对其进行校正，并充分保持影像的光谱与空间特征，是亟待解决的问题。本章对经典的校正方法及空间自适应变分亮度校正方法进行了详细介绍与对比分析。

3.2 影像亮度不均匀校正的经典方法

遥感影像亮度不均匀校正作为影像质量改善领域的重要方向之一，国内外有很多学者在进行相关的研究。目前，比较基本的方法有 Mask 匀光法（李德仁 等，2006；胡庆武 等，2004；王密 等，2004）、Wallis 滤波法（曹彬才 等，2012；李德仁 等，2006；张力 等，1999）、同态滤波法（李洪利 等，2011；张振，2010；郑晓东 等，2009；Nnolim et al.，2008；Seow et al.，2004）等。

3.2.1 Mask 匀光法

Mask 匀光法源自光学相片的晒印技术，把一张模糊的透明正片作为遮光板，将其与反片按照轮廓线叠加，使用硬性相纸晒相，使相片中大反差被减小，小反差被增大，整体反差适中，亮度分布均匀。基于这种硬性相片的晒相技术，有学者提出了针对数字航空影像的 Mask 匀光法（李德仁 等，2006；胡庆武 等，2004；王密 等，2004）。算法假设观测影像由不均匀的光照影像与理想受光均匀影像的和构成，模型表示为

$$I(x,y)=I_0(x,y)+B(x,y) \tag{3.1}$$

式中：(x,y) 为数字航空影像的像素位置；I 为亮度分布不均匀的原始影像；I_0 为光照均匀的影像（即待求影像）；B 为背景影像（包含亮度不均匀信息）。可以看出，亮度分布不均匀的原始影像是光照均匀影像和背景影像的和，原始影像之所以亮度不均匀是含有一个不均匀光照信息的背景影像。如果能很好地模拟出背景影像，并将其从原始影像中减去，即可得到光照分布均匀的结果影像。背景影像只反映影像的全局色调和亮度变化，不涉及细节信息，属于低频信息，因此采用大尺寸的低通滤波对其进行估计。

低通滤波器的选择首先要顾及滤波器的空间域和频率域误差，空间上平稳且频率域误差较小的最佳滤波器是高斯低通滤波器，因此 Mask 匀光法利用高斯低通滤波对原始影像进行处理来模拟背景影像，然后将背景影像从原始影像中减去，并对差值影像进行进一步拉伸处理，最终得到亮度分布均匀的影像，其处理流程如图 3.4 所示。

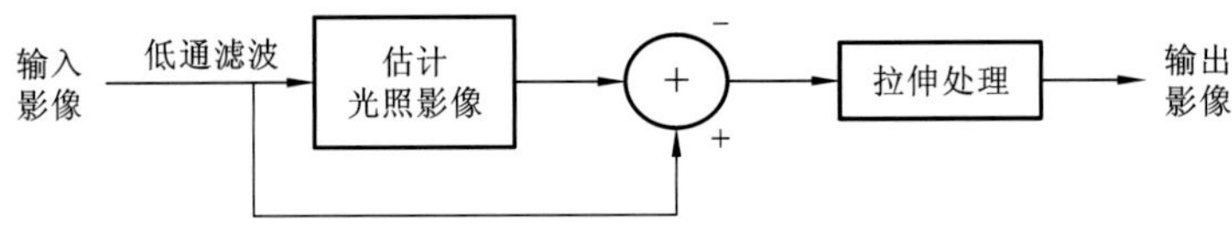

图 3.4 Mask 匀光法流程图

Mask 匀光法的具体处理流程如下。

(1) 对待处理影像进行高斯低通滤波，获取背景影像 $B(x,y)$。高斯低通滤波的传递函数为

$$H(u,v)=\exp\left[\frac{D^2(u,v)}{2\sigma_0^2}\right] \tag{3.2}$$

式中：σ_0 为截止频率；$D(u,v)$为距离傅里叶变换原点的距离。高斯低通滤波器的反傅里叶变换即为空间域中的高斯滤波器，因此高斯低通滤波器不会带来振铃效应。σ_0 的大小与影像内容相关，会直接影响背景影像的估计。在实际应用中，σ_0 的取值通常基于用户的经验。

(2) 将待处理影像与背景影像进行相减处理，即除去光照不均匀部分：

$$I_0(x,y)=I(x,y)-B(x,y)+\text{offvalue} \tag{3.3}$$

式中：offvalue 为偏移常量，是为了使处理后的影像的整体灰度值保持影像本身的平均灰度值。偏移量的取值决定结果影像的平均亮度，与影像整体灰度的分布范围相关，通常情况下，该值取原始图像的平均亮度值。

(3) 对相减后的影像做拉伸处理，相减运算会使影像灰度值的动态范围变小，减小影像的总体反差，因此需要进行拉伸处理以增大影像的总体反差。

Mask 匀光法基于加法的观测模型，简单易操作，且计算效率较高。然而，该方法有两个明显的缺陷，一是涉及较多的经验参数，且这些参数完全靠经验获得，对最终结果的影响较大；二是影像的基本假设与成像的物理机制不完全符合，将背景影像看作独立于影像内容的变量，忽略了地物与入射光照之间的交互作用，因此会导致处理结果出现局部模糊或者色彩失真的现象(李慧芳，2013)。

3.2.2　同态滤波法

同态滤波法基于光照-反射率模型，该模型认为一幅影像 $I(x,y)$是由光照分量 $L(x,y)$与反射分量 $R(x,y)$的乘积组成(Voicu et al.，1997；Kaufman et al.，1993)，即

$$I(x,y)=R(x,y)\cdot L(x,y) \tag{3.4}$$

式中：光照分量 $L(x,y)$主要包含影像的低频信息，而反射分量 $R(x,y)$则对应影像的细节，即高频信息。基于乘法的观测模型相较于式(3.1)的加法模型更加符合成像过程，能够在一定程度上反映地物与入射能量之间的关系。3.3.4 节介绍的空间自适应的变分亮度校正方法也是基于乘法的观测模型。

对于存在亮度不均匀现象的影像而言，亮度不均匀信息是变化相对缓慢的低频信息，同态滤波法就是利用高通滤波器，增强高频信息，减弱低频信息，从而达到对影像进行亮度不均匀校正的目的。同态滤波法的理论推导如下。

(1) 为了方便计算，通常先对式(3.4)两端进行对数变换，将乘法模型转化为加法模型，即

$$\ln I(x,y)=\ln R(x,y)+\ln L(x,y) \tag{3.5}$$

(2) 为了加快处理效率，一般在频率域对影像进行滤波处理，所以对式(3.5)两端进行傅里叶变换，得

$$F\{\ln I(x,y)\}=F\{\ln R(x,y)\}+F\{\ln L(x,y)\} \tag{3.6}$$

(3) 在频率域,利用高通滤波器 $H(u,v)$进行处理,用于增强高频部分,抑制低频部分,即

$$R(u,v)=F\{\ln I(x,y)\}H(u,v) \tag{3.7}$$

(4) 经过高通滤波处理后,将影像从频率域变换到空间域:

$$\ln(\hat{I}(x,y))=F^{-1}(R(u,v)) \tag{3.8}$$

(5) 最后,作指数变换,得到最终的处理结果:

$$\hat{R}(x,y)=e^{F^{-1}(R(u,v))} \tag{3.9}$$

针对影像亮度不均匀这一问题,同态滤波法使用的高通滤波器可以为多种形式,如指数型高通滤波器,该滤波器表达形式为

$$H(u,v)=(\lambda_H-\lambda_L)(1-e^{-c(D^2(u,v)/D_0^2)})+\lambda_L \tag{3.10}$$

式中:$D(u,v)$为点(u,v)到傅里叶变换中心的距离;D_0 为截止频率;常数 c 为锐化参数;λ_H 为高频增强参数;λ_L 为低频增强参数,且满足 $\lambda_H>1$,而 $\lambda_L<1$(张振,2010)。这四个参数($D_0,C,\lambda_H,\lambda_L$)可以在实验中依据不同的影像具体设定,从而获得最佳的亮度不均匀校正效果。基于该理论推导,同态滤波算法的具体操作步骤参见 4.3 节。

同态滤波法基于影像的光照-反射率模型,理论上更加符合影像的物理成像机制,对影像的亮度不均匀性也有较好的平衡效果,但是可以看出,该方法中的高通滤波器设计涉及过多参数,参数的选定依赖经验和大量的实验验证,方法的自动化程度不高。

3.2.3 Wallis 滤波法

Wallis 滤波器是一种特殊的滤波器,它可以达到增强影像反差和抑制噪声的目的,而且还可以大大增加影像中不同尺度的影像纹理模式。Wallis 滤波法使用 Wallis 滤波器将待校正影像的灰度均值和方差映射到给定的比较合理的灰度均值和方差。该滤波器其实是一种局部影像变换,使得影像在不同位置处的灰度方差和灰度均值近似相等,即影像反差小的区域反差增大,影像反差大的区域反差减小,从而使得影像中灰度的微小变化信息得到增强,对低反差影像和反差亮度不均匀的影像有特殊的作用(张力 等,1999)。该滤波器在计算影像的局部灰度均值和方差时使用平滑算子,所以能在增强影像有用信息的同时抑制噪声,提高影像的信噪比。对于 Wallis 滤波器而言,预先给定的均值和方差对结果的影响很大,且尽管滤波过程中使用了平滑算子,但影像的对比度过度增强仍会带来噪声。

Wallis 滤波器的定义如下:

$$\begin{gathered} I_f(x,y)=I(x,y)r_1+r_0 \\ r_1=\frac{c\sigma_{I_f}}{c\sigma_I+(1-c)\sigma_{I_f}}, \quad r_0=b\mu_{I_f}+(1-b-r_1)\mu_I \end{gathered} \tag{3.11}$$

式中:$I(x,y)$为待处理影像;$I_f(x,y)$为经 Wallis 滤波器处理后的影像;r_1 为乘性系数;r_0 为加性系数,可以明显看出当 $r_1>1$ 时,此变换为一高通滤波,当 $r_1<1$ 时,此变换为一低

通滤波；μ 和 σ 分别为以当前像素点(x,y)为中心区域的均值和标准差；μ_{I_f} 为影像均值的目标值，它一般应为影像动态范围的中值；σ_{I_f} 为影像标准差的目标值，该值是反映影像方差的重要指标，一般情况下取值越大越好；c 为影像反差扩展常数，它的取值范围是$[0,1]$，该系数应随着处理窗口的增大而增大；b 为影像亮度系数，它的取值范围和 c 一样，当 $b\to1$ 时，影像的均值被强制到 μ_{I_f}，当 $b\to0$ 时，影像的均值被强制到 μ_I，因此，为了尽量保持原始影像的灰度均值，应该用较小的 b 值。通常情况下，为了回避噪声，会在计算均值和标准差时附加一个平滑算子，即原始影像的均值为

$$\mu_I(x,y)=\sum_{x'=-M}^{M}\sum_{y'=-N}^{N}h(x',y')I(x+x',y+y') \tag{3.12}$$

标准差为

$$\sigma_I(x,y)=\left\{\sum_{x'=-M}^{M}\sum_{y'=-N}^{N}h(x',y')\left[I(x+x',y+y')-\mu_I(x,y)\right]^2\right\}^{\frac{1}{2}} \tag{3.13}$$

式中：$\sum_{x'=-M}^{M}\sum_{y'=-N}^{N}h(x',y')=1,h(x',y')>0$。局部窗口的尺寸为$(2M+1)(2N+1)$，窗口的大小与需要增强的特征的尺寸相关。

典型的 Wallis 滤波流程如下。

(1) 将待处理的影像切割为互不重叠的矩形区域。

(2) 计算各个矩形区域的均值和标准差。设定目标均值和标准差，并利用式(3.11)计算每一个矩形区域中心像素的调整系数 r_1 和 r_0。

(3) 对于每一个矩形区域，利用双线性内插法计算出矩形区域内所有像素的调整系数 r_1 和 r_0，然后利用转换方程计算出所有像素校正后的亮度值，直到计算完所有的矩形块，最后得到一幅完整的校正后的影像。

可以发现，Wallis 滤波能够增加局部对比度和纹理及调整影像整体亮度分布。然而，Wallis 滤波基于地物的整体均一性假设，当观测范围内不同区域间存在显著的地物差异时，相同的目标均值与方差则不能达到理想的校正效果，会导致局部的欠校正或过校正。另外，针对单幅影像的 Wallis 滤波需要进行分块操作，块与块之间的调整系数存在差异，因此在整幅影像的滤波结果中会出现明显的分界线。

3.3 基于 Retinex 理论的亮度不均匀校正

3.3.1 Retinex 理论

Retinex 是视网膜“retina”和大脑皮层“cortex”的合成词，又称视网膜大脑皮层理论，是一种典型的基于感知的图像处理理论。该理论最先由 Land 和 McCann 提出，用来描述人类视觉系统对色彩的认知模式(Land et al.,1971)。Retinex 理论认为人类视觉系统具有色彩恒常性，具体而言，就是影像上某点射入人眼的亮度值是该点的反射值与光照值

的乘积，但是经过视网膜和大脑皮层的认知处理后，最后由人眼感受的是仅有每一个点的反射值组成的影像。人眼感知到的物体的色彩在不同的光照条件下，可以保持恒常性(Zosso et al.,2015；李慧芳 等，2010)。因此，可以基于 Retinex 理论对具有不均匀光照的影像进行校正。

Retinex 理论的观测模型与同态滤波类似，认为一幅影像可以由光照分量和反射分量的乘积构成，其理论模型可写为

$$I(x,y)=R(x,y)\cdot L(x,y) \tag{3.14}$$

式中：(x,y)为像素点位置；I 为原始影像；R 为反射分量；L 为光照分量。光照分量是环境的相关量，与地物无关；而反射分量是地物的相关量，与环境无关。基于 Retinex 理论的影像处理算法旨在排除光照分量的影响，使影像能够真实反映地表的物理特性，充分抑制同物异谱现象，实现色彩恒常(Ng et al.,2011；Morel et al.,2010)。

目前，很多学者已经提出了很多基于 Retinex 理论的影像处理算法，这些算法的不同之处在于如何估算光照分量 L(或如何直接估算反射分量 R)。其中包含经典的随机路径法(Land et al.,1971)、变分 Retinex 法(Kimmel et al.,2003)和空间自适应的变分亮度不均匀校正方法(Li et al.,2012)等。后两种算法是在对数域进行展开的，对数域 Retinex 算法的整体流程如图 3.5 所示。原始 Retinex 理论模型为乘法模型，为了简化计算，首先通过对数运算将乘法模型转换为加法模型，即

$$i=r+l \tag{3.15}$$

式中：i、r 和 l 分别为 I、R 和 L 的对数域。模型中只有观测值 i 是已知的，光照分量 l 和反射分量 r 都是未知的，因此求解反射分量前先对光照分量进行估计，继而从影像中排除不均匀光照的影响获得校正后亮度均匀分布的结果影像。

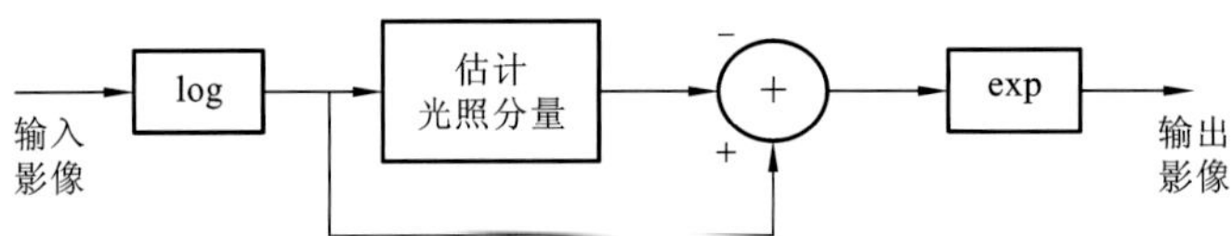

图 3.5 对数域 Retinex 方法流程

3.3.2 随机路径法

经典的随机路径法在 Retinex 理论的基础上，通常包括以下四个步骤(Bertalmío et al.,2009；Cooper et al.,2004；Land,1977,1983；Horn,1974)。

(1) 比值。模拟人眼对相对亮度的敏感性，以相邻区域或者像素的比值来衡量亮度。

(2) 序列相乘。将沿某一路径上的序列比值相乘，获得路径起点与终点的对比亮度，如图 3.6 所示，在黑白 Mondrian 板上的一条路径，路径起点的亮度值为 75，终点的亮度值为 12，路径自上而下的比值乘积为$\frac{75}{43}\times\frac{43}{53}\times\frac{53}{20}\times\frac{20}{58}\times\frac{58}{12}\times\frac{12}{36}\times\frac{36}{28}=2.68$。

(3) 重置。当序列相乘的结果大于 1 时即重新设置路径起点，目的是寻找最大辐射

值，即白板(white patch，WP)，路径上白板的辐射值设为参考值，图 3.6 中起点不变，该路径上的参考亮度为 75。

(4) 均值。以多条随机路径上起点与白板的比值的均值作为校正后的反射值。

一般情况下，校正后的反射分量可以表示为

$$R(x,y)=\frac{\left[\sum_{k=1}^{N}\frac{I(x,y)}{I(x_{\mathrm{H}k},y_{\mathrm{H}k})}\right]}{N} \tag{3.16}$$

式中：k 为路径；N 为路径总数；$(x_{\mathrm{H}k},y_{\mathrm{H}k})$ 为路径 k 上的具有最大亮度值的像素点。随机路径法可以有效提升原始影像中较暗的像素亮度值，但不能降低较亮的像素亮度值，这是因为随机路径法是在影像中至少存在一个最亮点的假设之上构建的，通过不断重置最亮值的方式搜索最亮点，校正后的像素亮度值不小于原始亮度值。所以该方法会整体提升影像的亮度值，不利于校正高亮像素，往往会出现局部校正过度的现象(李慧芳，2013)。

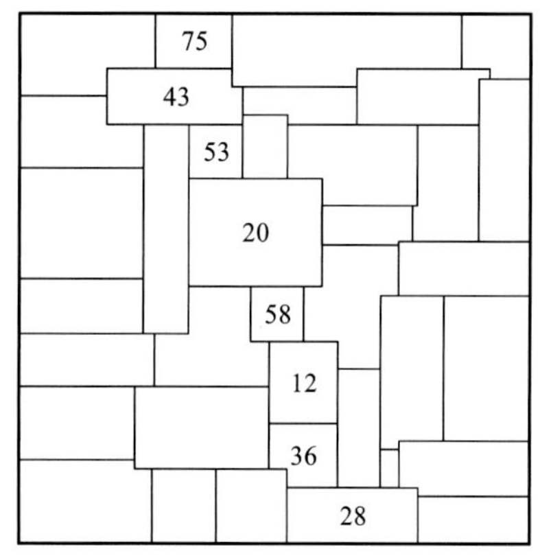

图 3.6　经典 Retinex 的路径示意图

3.3.3　变分 Retinex 法

变分法是研究泛函的极大值和极小值的方法，它与函数的微分相对应(王宜举 等，2012；老大中，2007；陆文端，2003)，其目的是寻求函数向量空间中使泛函取得极大值或极小值的极值函数。基于变分的影像处理方法已经广泛发展，因为其在影像处理领域的独特优势，变分法已经成为一个十分具有吸引力的研究方向，大量与变分相关的研究成果出现(Cheng et al.，2014；Yuan et al.，2012a，2012b；Zhang et al.，2012；Chan et al.，2011；Xu et al.，2011；Osher et al.，2003)。将变分法应用于影像处理之前，需要先建立能量泛函，一般影像的能量泛函由两部分构成：数据规整项和数据先验项，即

$$E(u)=\lambda\,\|Au-f\|_{L^p(\Omega)}^{p}+\int_{\Omega}\kappa(u)\,\mathrm{d}x \tag{3.17}$$

式中：$L^p(\Omega)$ 为一族巴拿赫空间，其上范数的定义为 $\|u(x)\|_{L^p(\Omega)}=\left(\int_{\Omega}|u(x)|^p\mathrm{d}x\right)^{\frac{1}{p}}$。式(3.17)中的第一项为数据规整项，用于保证恢复后的影像 u 与观测影像 f 之间主要特征的相似性，以 L^p 范数为约束；第二项为先验约束项，也称正则项，根据待恢复影像的特征采用适合的先验约束，同时也保证了能量泛函的极小值问题是良态的；$\lambda>0$ 是正则化参数，用于平衡规整项与先验项的权重。使得以上泛函取得最小值的 u 即为最终要求的目标影像。

变分 Retinex(variational framework Retinex，VFR)法是在变分法的框架下，通过构建能量函数的方式，对能量函数进行最优化求解来估计光照分量，进而求解反射分量(Kimmel et al.，2003)。基于光照分量和反射分量的实际物理意义，变分 Retinex 法有如下假设。

(1) 光照分量反映影像全局的亮度分布，具有空间平滑性。

(2) 空间域的反射分量 R 的取值范围被限制为[0,1]，这意味着 $L>I$，对数函数是单调递增的，所以在对数域有 $l>i$。

(3) 在全局色调上，光照分量与原始影像相近。

(4) 反射分量反映地物的真实特征，应具有一定的局部空间平滑性，以抑制噪声。

(5) 在影像边界，光照分量是持续光滑的。

基于以上假设，变分 Retinex 法的能量函数可写为

$$l=\arg\min_{l}\sum_{\Omega}\left(|\nabla l|^2+\alpha(l-i)^2+\beta|\nabla(l-i)|^2\right),\ \text{s.t.}\ l\geqslant i \tag{3.18}$$

式中：Ω 为影像坐标区域；惩罚项 $|\nabla l|^2$ 用于约束光照分量具有空间平滑性；$\alpha(l-i)^2$ 用于约束光照分量与原始影像相近；$\beta|\nabla(l-i)|^2$ 用于约束反射分量具有空间平滑性；α 和 β 为两个非负参数，分别用于控制模型后两项的权重。

对式(3.18)进行最优化，得到的 l 即为估算的光照分量。然后再通过式(3.19)作变换，求得最终的空间域的反射分量：

$$R=\exp(i-l) \tag{3.19}$$

变分 Retinex 法假设反射分量具有空间平滑性，这与反射分量的实际情况并不相符。反射分量是地表地物的真实反映，通常包含多种信息，既有平滑区域也有边缘区域，所以单一的假设反射分量具有空间平滑性是不合理的。此外，变分 Retinex 法的处理结果往往也会出现局部过度曝光现象。

3.3.4 空间自适应的变分亮度校正方法

针对以上两种 Retinex 法存在的问题，空间自适应的变分亮度校正方法(spatially adaptive variational method，SAVM)充分考虑光照分量的平滑性和反射分量的空间分布复杂性，并基于灰度世界假设构建整体亮度校正模型，通过直接对反射分量进行约束最优化求解的方式实现亮度校正(Li et al.，2012)。该方法仍然以 Retinex 理论为基础，根据观测模型中各分量的性质施加相应的约束，相较 3.3.3 节中介绍的变分 Retinex 法更加符合各分量的物理特性。在空间自适应的变分亮度校正方法中，各分量约束所基于的假设如下。

(1) 与基础的变分 Retinex 法相同，光照分量反映全局亮度分布，具有空间平滑性。

(2) 反射分量是地表地物的真实反映，包含多种信息，边缘信息和非边缘信息同时存在。为了保证这特性，模型用 H^1 半范和全变差(TV)的混合先验对反射分量进行约束，并根据影像的区域性质选取对应的先验，在边缘区域选取 TV 先验，在平滑区域选用 H^1 半范先验。

(3) 在空间域，根据反射率的特性，反射分量 R 被限制在 0～1，所以对数域的反射分量 $r\leqslant 0$，即 $l\geqslant i$。

(4) 空间域的反射分量 R 满足灰度世界假设(GW)。灰度世界假设认为影像每个波

段的亮度平均值为中间亮度值。例如，一幅影像的灰度值变化范围为[0,1]，那么在灰度世界假设下，影像波段的平均灰度值为中间亮度值 0.5。在该模型中，可用约束项 $(R-1/2)^2$ 对反射分量 R 进行约束，转化到对数域即为 $(e^r-1/2)^2$。

基于以上几种假设，空间自适应的变分亮度校正模型可以表示为

$$r=\arg\min_r F(r)=\arg\min_r\sum_\Omega\left(|\nabla(r-i)|^2+\lambda_1|\nabla r|^t+\lambda_2(e^r-1/2)^2\right),\quad \text{s.t. } r(x)\leqslant 0$$

$$t=\begin{cases}1, & \text{if } x\in \text{edges}\\ 2, & \text{if } x\in \text{non-edges}\end{cases} \tag{3.20}$$

式中：x 为对应像素位置；λ_1 和 λ_2 为非负参数，分别控制式(3.20)中后两项的权重。对于如何确定模型中像素的边缘归属问题，采用这样的方法：假设观测影像 i 的梯度影像为 I_G，影像的边缘百分比为 p，若在 I_G 的累计灰度直方图中，边缘百分比 p 对应的灰度值为 I_{Gp}，则对于任意像素 x，如果 $I_G(x)<I_{Gp}$，则认定 x 为非边缘点，反之，则认定 x 为边缘点。

在对最优化求得的对数域反射分量 r 进行指数变换后，即可求得最终的反射分量 R。空间自适应的变分亮度校正方法通过综合运用 H^1 半范和 TV 先验实现对反射分量的自适应约束，同时采用基于灰度世界准则的假设约束影像的整体亮度分布，该方法对影像的亮度不均匀进行有效校正，增强影像对比度的同时保持原始色度。与变分 Retinex 法相比，该方法具有整体和局部约束的合理性，能够有效避免曝光过度和曝光不足，实现影像的双向校正(李慧芳，2013)。

最小化 $F(r)$ 可视为一种最优化求解问题，式(3.20)的欧拉-拉格朗日方程可写为

$$\delta F(r)=\frac{\partial F}{\partial r}=-\Delta(r-i)-\lambda_1\left(\nabla\left(\frac{\nabla r_1}{|\nabla r_1|}\right)+2\Delta r_2\right)+\lambda_2\cdot 2e^r(e^r-1/2)=0 \tag{3.21}$$

式中：Δ 为拉普拉斯算子，可用一个线性卷积 $\begin{pmatrix}0 & 1 & 0\\ 1 & -4 & 1\\ 0 & 1 & 0\end{pmatrix}$ 代替。用最速下降法求解式(3.21)，问题转化为

$$\frac{\partial r}{\partial t}=-\delta F(r) \tag{3.22}$$

对于参数 t，式(3.22)的离散形式可写为

$$\frac{r^{k+1}-r^k}{\Delta t}=\Delta(r-i)+\lambda_1\left[\nabla\left(\frac{\nabla r_1}{|\nabla r_1|+\xi}\right)+2\Delta r_2\right]-\lambda_2\cdot 2e^r(e^r-1/2) \tag{3.23}$$

式中：Δt 为设定的固定步长，且为非负；ξ 为正的小的常量，避免分母为 0。由此最速下降法的迭代方程可写为

$$r^{k+1}=r^k+\Delta t\cdot G \tag{3.24}$$

$$G=\Delta(r-i)+\lambda_1\left[\nabla\left(\frac{\nabla r_1}{|\nabla r_1|+\xi}\right)+2\Delta r_2\right]-\lambda_2\cdot 2e^r(e^r-1/2) \tag{3.25}$$

依迭代方程逐次进行迭代，直到迭代终止条件得以满足。但是空间自适应的变分亮度校正模型是非线性的，使用最速下降法求解时，步长往往比较小，导致处理效率较低。

3.3.5 实验结果与分析

1. 模拟实验

图 3.7(a)为一亮度分布均匀的原始影像,来自 HYDICE 传感器获取的华盛顿地区数据,大小为 307 像素×280 像素,亮度分布均匀且无噪声干扰。对该影像进行水平降质后的影像如图 3.7(b)所示,降质后的影像存在左边偏暗右边偏亮的亮度分布不均现象。接下来使用 Mask 匀光法、VFR 及 SAVM 分别对水平降质影像进行处理,不同方法的处理结果如图 3.7(c)~(e)所示。可以看出,三种方法的校正结果都能有比较均匀的亮度分布,但是从整体目视上看来,VFR 和 SAVM 的处理结果要比 Mask 匀光法好,Mask 均光法的处理结果在移除背景影像后是模糊的,这是因为 Mask 匀光法将背景影像看成独立于影像内容的变量,忽略了地物与入射光照之间的交互作用。另外可以发现,图 3.7(e)的整体亮度低于图 3.7(d),且更接近于原始影像图 3.7(a),这是因为 SAVM 中的数据规整项约束使结果的均值逼近灰度中间级,避免了过度曝光。由于 H^1 半范的平滑性约束,结果图 3.7(d)较模糊,对比度不高;结果图 3.7(e)则由于 TV 先验的参与而呈现较高的对比度和清晰度。

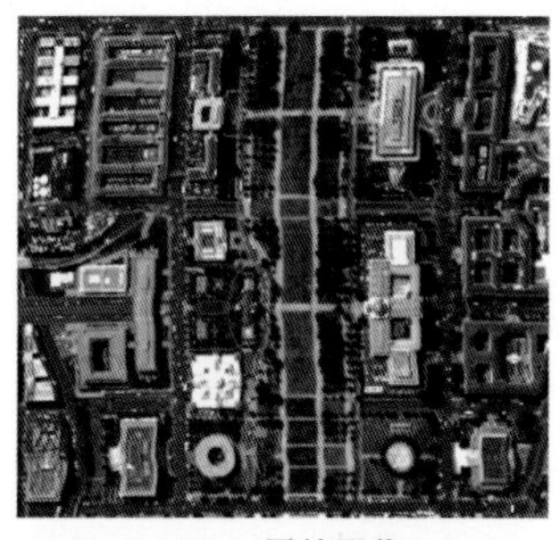
(a) 原始影像

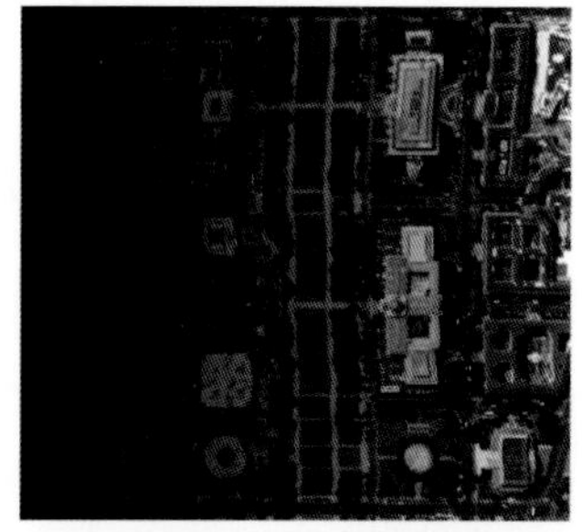
(b) 水平降质影像

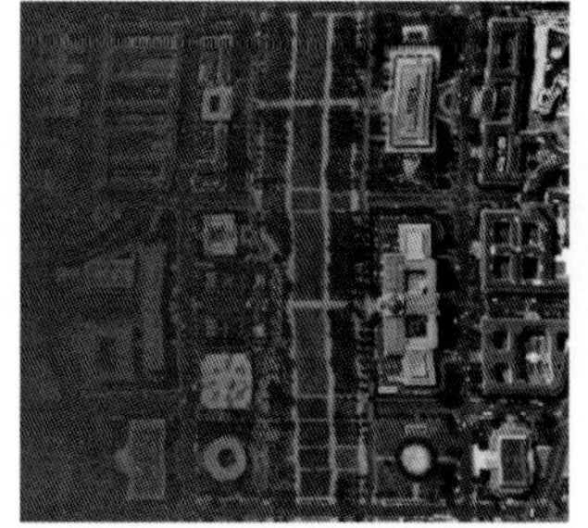
(c) Mask 匀光法校正结果

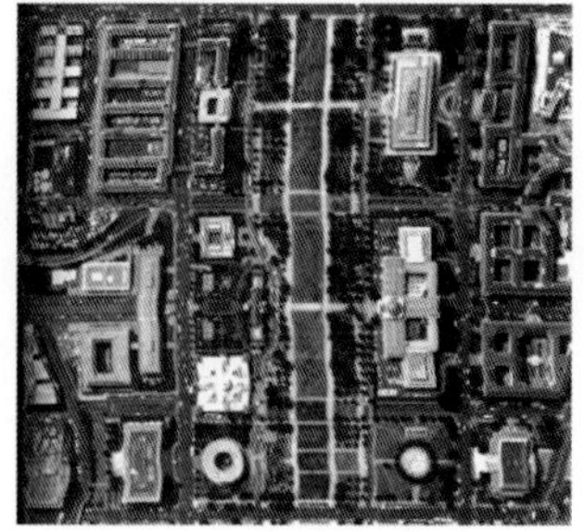
(d) VFR 校正结果

(e) SAVM 校正结果

图 3.7 实验数据与校正结果

为了对影像校正结果进行客观评价,本实验选取了以下五个精度指标进行定量评价。

(1) 均方差(mean square error,MSE),是指估计值与真实值之间误差的平方的期望,其定义为

$$MSE=E((\hat{I}-I)^2) \tag{3.26}$$

式中：$\hat{I}$ 为估计值；I 为真实值。实验中真实值为降质前的影像，估计值为校正后的影像。MSE 越小，表示实验结果越接近真实值，越理想；反之，越不理想。

（2）峰值信噪比（peak signal to noise ratio，PSNR），用于衡量校正后影像的品质。PSNR 越大，影像品质越高，其定义为

$$PSNR=10\times \lg\left(\frac{255^2}{MSE}\right) \tag{3.27}$$

（3）均值（mean），反映影像整体的亮度信息，其定义为

$$\hat{\mu}=\frac{1}{N}\sum_{x=1}^{N} I_x \tag{3.28}$$

式中：N 为影像中像素总数；I_x 为第 x 个像素的灰度值。均值为像素的灰度均值。校正后影像均值越接近于原始影像，则校正效果越好。

（4）梯度（gradient），其定义为

$$\text{gradient}=\frac{1}{N}\sum \sqrt{(G-G_{H})^2+(G-G_{V})^2+(G-G_{D})^2+(G-G_{rD})^2} \tag{3.29}$$

式中：G_H、G_V、G_D 和 G_{rD} 分别为水平、垂直、对角和逆对角方向的梯度，而 G 为四个方向梯度值的最大值，即 $G=\max(G_H,G_V,G_D,G_{rD})$。校正的过程是将空间平滑的光照分量从降质影像中移除，并且对校正结果自适应地施加基于影像内容的先验约束，因此结果影像的梯度值应介于最大梯度与最小梯度。梯度值越高，则校正后影像的细节信息保持越好。

（5）直方图匹配度（histogram match degree，HMD），定义为

$$HMD=\frac{1}{N}\sum_{I=0}^{255}|H(\hat{I})-H(I)| \tag{3.30}$$

式中：$H(\cdot)$ 为影像的直方图，实验中将影像离散到[0,255]计算直方图匹配度。HMD 越小，表示校正结果与真实影像越接近，反之则越失真。

原始影像、降质影像、Mask 校正后影像、VFR 校正后影像和 SAVM 校正后影像的定量评价列于表 3.1，对比可以发现，SAVM 的结果较 VFR 和 Mask 的结果有更低的 MSE、更高的 PSNR 和梯度值，且其均值更接近于原始影像；结合视觉判断，三种校正方法在去除低频的不均匀光照后，Mask 的处理结果出现了模糊现象，VFR 和 SAVM 均能增强影像的对比度，而 SAVM 的定性和定量评价均优于 VFR，这验证了 SAVM 对影像进行校正的效果优势。

表 3.1　模拟实验定量评价

影像	MSE	PSNR	mean	gradient	HMD
原始影像	0	+∞	94.04	81.97	0
降质影像	4 202.10	11.90	46.08	40.78	0.904
Mask 校正后影像	1 217.41	17.27	86.87	40.47	0.668

续表

影像	MSE	PSNR	mean	gradient	HMD
VFR 校正后影像	441.54	21.68	107.46	84.40	0.371
SAVM 校正后影像	300.28	23.36	104.26	88.04	0.297

2. 真实实验

图 3.8 展示了第一组真实航空影像的校正结果，其中，图 3.8(a)为原始真实航空遥感影像，尺寸为 1 000 像素×1 000 像素，可以看出由于光照分布不均，场景左上角的建筑物亮度明显高于右下角的建筑物亮度。接下来用 VFR 和 SAVM 对这幅真实数据进行校正，校正后的结果如图 3.8(b)和图 3.8(c)所示。目视判读可以发现，两种校正方法均提高了右下角的亮度同时降低了左上角的亮度，而图 3.8(b)的右上角和左下角均出现了曝光过度的现象，图 3.8(c)则较好地调整了亮度的整体分布。为了对实验结果进行客观评价，图 3.9 展示了图 3.8 中三幅影像红光波段对应的灰度直方图，两种方法校正后的影像的直方图较原始影像更加平坦，表明亮度分布更加均衡。图 3.9(b)的尾端出现了一个明显的阶跃，即对应图 3.8(b)中出现的曝光过度像素，而图 3.9(c)与高斯分布有很大的相似性，呈现了均衡的灰度分布。以上主观和客观评价的结果表明，空间自适应变分亮度校正模型中的数据规整项能够很好地控制影像整体亮度的分布，避免曝光过度，取得良好的目视效果。

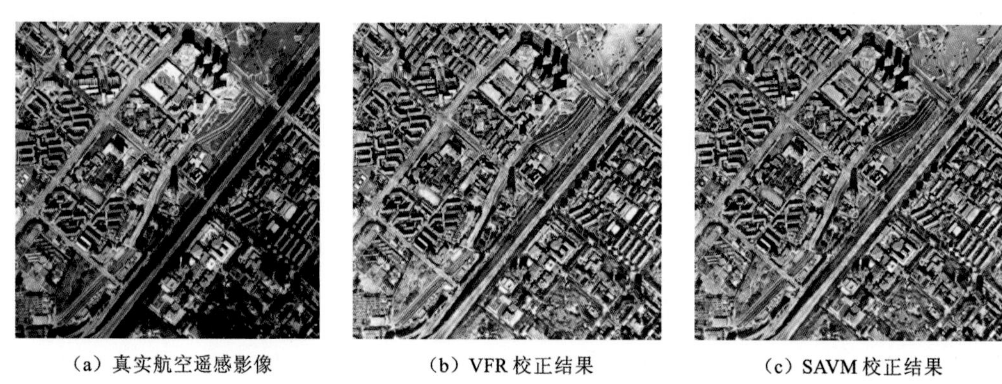

(a) 真实航空遥感影像　　(b) VFR 校正结果　　(c) SAVM 校正结果

图 3.8　第一组实验数据及其处理结果

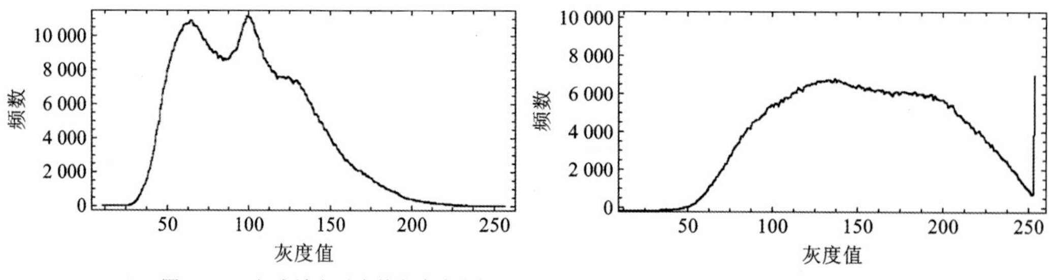

(a) 图 3.8 (a) 红光波段对应的灰度直方图　　(b) 图 3.8 (b) 红光波段对应的灰度直方图

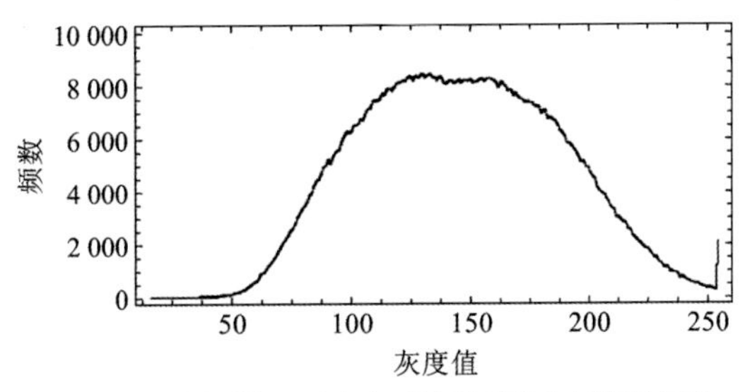

(c) 图 3.8 (c) 红光波段对应的灰度直方图

图 3.9　图 3.8(a)～(c)红光波段分别对应的灰度直方图

为了能够定量地评价真实实验的结果，从原始影像中选取了 6 个代表性区域，如图 3.10(a)所示，计算 6 个区域的归一化均值来衡量影像的整体亮度均衡性。图 3.10(b)中恒值为 1 的黑色直线标示出校正后最理想的均值；另外的 3 条平行线自下而上分别表示原始影像、SAVM 结果影像和 VFR 结果影像的均值。直线周围的散点标示的是 6 个区域在不同影像上的均值，散点到相应均值直线的距离可以表征影像中亮度分布的波动性和均衡性。观测图 3.10(b)可以发现，原始影像中散点到均值直线的距离最大，亮度分布不均；VFR 结果影像的整体亮度偏高，个别散点到均值直线的距离较大；SAVM 结果影像的均值最接近 1，且散点到均值直线的距离最短，因此亮度分布最均衡。

(a) 6 个代表性子区域

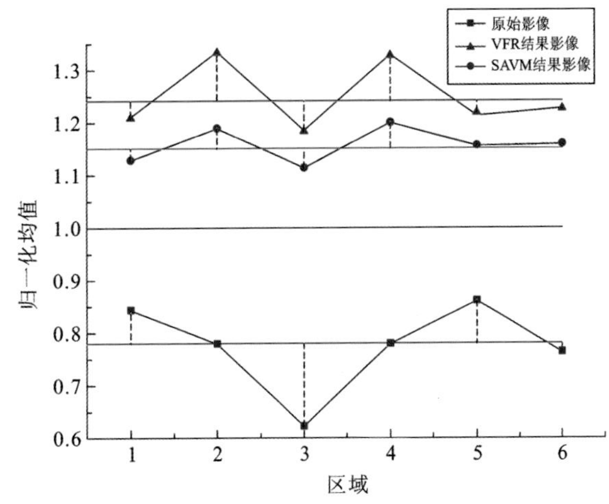

(b) 图 3.8 中三幅图对应 6 个区域的均值折线图

图 3.10　6 个子区域及其均值

第二幅航空影像尺寸为 950 像素×600 像素，如图 3.11 所示。图 3.11(a)的右边区域亮度明显高于左边区域；从图 3.11(b)看出，VFR 提升了原始影像左边区域的亮度，但对于右边的高亮区域的抑制效果不明显；而图 3.11(c)的整体亮度更加均衡。对比局部放大图 3.12 中第二列和第三列的实验结果可以发现，SAVM 的整体和局部校正效果均优于 VFR，原始影像中的高亮区的亮度得到了降低，低亮区的亮度得到了提升，同时对比度得到了增强。

综合以上模拟实验和真实航空影像的实验可以得出以下结论，VFR 能够调节影像的

(a) 真实航空遥感影像

(b) VFR 校正结果

(c) SAVM 校正结果

图 3.11 第二组真实数据和处理结果

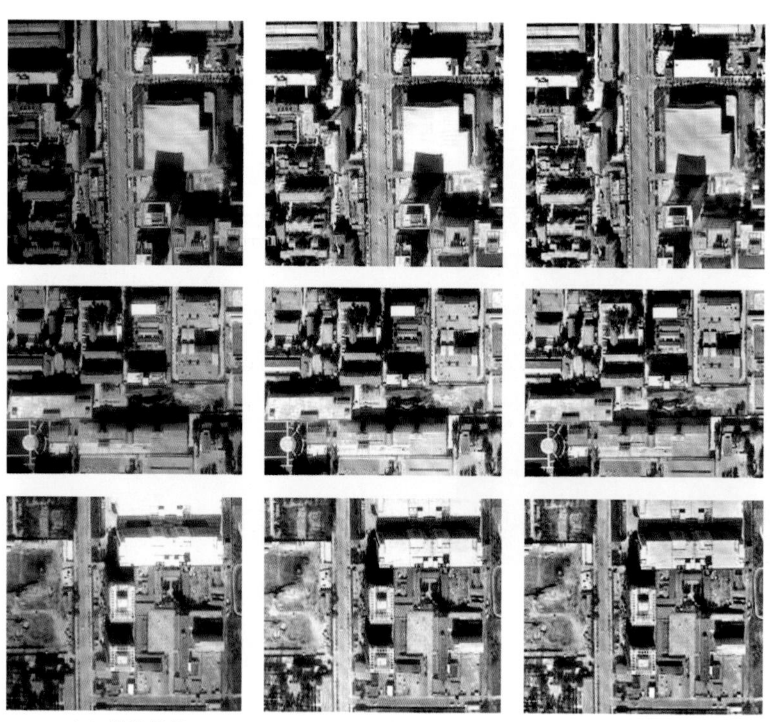

(a) 原始影像 (b) VFR 校正结果 (c) SAVM 校正结果

图 3.12 图 3.11 中(a)～(c)的局部放大图

整体亮度,但由于数据规整不足和先验约束不当,结果影像的整体亮度偏高,且局部对比度不佳;而 SAVM 方法的自适应先验和基于 GW 的数据规整能够更好地均衡影像亮度,并提高局部对比度。

3.4　快速变分亮度校正方法

通过 3.3 节的实验表明，SAVM 模型能够有效地消除影像中存在的亮度不均匀现象，并且能增加影像的对比度，有效避免曝光过度和曝光不足的问题，是一种处理效果很好的亮度不均匀校正模型。但是，该模型混合了 TV 先验与 H^1 半范先验，为非线性模型，使用最速下降法求解非线性模型时，计算效率很低。为此，本节引入快速变分亮度校正方法，旨在保持校正效果与 SAVM 模型相当的前提下，尽可能地提升计算效率(Li et al.,2016)。

在变分模型中，当待求解变量具有平滑特性时，多尺度模式能够有效提升计算效率。基于 Retinex 理论的观测模型中，光照分量 l 具有显著的全局平滑特性，适合通过多尺度运算进行加速。因此，基于观测模型 $i=l+r$，快速变分亮度校正模型将 SAVM 中的待求解变量 r 变换为光照分量 l，即模型中的 r 被替换为 $i-l$。另外，为了进一步提升效率，使模型更简单，快速模型舍弃了对反射分量的混合先验约束，将约束项 $\lambda_1 \ |\nabla r|^t$ 简化为单一的 TV 先验约束项 $\lambda_1 \ |\nabla r|^1$，这种方式会在模拟实验的定量评价中损失一定的校正精度，但校正结果不会有显著的目视差异。

综合以上简化方式，快速变分亮度校正模型可以表示为

$$l = \arg\min_{l} \sum_{\Omega} (|\nabla l|^2 + \lambda_1 \ |\nabla(i-l)|_1 + \lambda_2 \ (\mathrm{e}^{(i-l)} - 1/2)^2), \quad \mathrm{s.t.}\ i(x) \leqslant l(x) \tag{3.31}$$

对式(3.31)最优化得到的光照分量 l 做如下变换，即能得到最后的反射分量 R：

$$R=\exp(i-l) \tag{3.32}$$

与标准的空间自适应的变分亮度校正模型不同，快速变分亮度校正模型是通过间接求解光照分量来获取最终的校正结果，这主要是为了利用多尺度计算来提升计算效率。另外，快速变分亮度校正模型对混合先验的去除，可以采取更快速的数值算法对式(3.31)进行优化求解，如分裂 Bregman 方法等。综上所述，快速变分亮度校正方法联合多尺度与快速数值算法两种策略，来实现对模型计算效率的提升。

3.4.1　高斯金字塔框架

多尺度分析使用一系列不同分辨率的子影像来描述原始影像，经常被用于影像表达及影像处理(Mitchell,2010;Adelson et al.,1984)。目前，已有的一些多尺度分析结构包含高斯金字塔(Adelson et al.,1984)、拉普拉斯金字塔(Adelson et al.,1984)及基于小波变换的多尺度影像表达(Mallat,1989)等。其中，高斯金字塔是一种针对变分模型的有效加速策略(Kimmel et al.,2003)，本节详细介绍如何利用高斯金字塔实现对快速变分亮度校正模型的加速求解。

对高斯金字塔而言，假设有这样的一个原始影像 I，该影像可以被分解为一系列的子影像 $I_k, k\in\{1,2,3,\cdots,N\}$，$I_k$ 是原始影像 I 在尺度为 k 时的近似影像。影像 I 的高斯金字塔的最底部为 I_0，是影像 I 本身。当尺度为 0 时，对应的影像为 I_0；当尺度为 k 时，对应的近似影像 I_k 为

$$I_k = \text{REDUCE}(I_{k-1}) \tag{3.33}$$

式中:REDUCE 为一降尺度函数,在高斯金字塔中将高分辨率影像向低分辨率影像转化,其定义如下:

$$\text{REDUCE}(x) = [\omega * x]_{\downarrow 2} \tag{3.34}$$

$$\omega = \begin{pmatrix} \frac{1}{16} & \frac{1}{8} & \frac{1}{16} \\ \frac{1}{8} & \frac{1}{4} & \frac{1}{8} \\ \frac{1}{16} & \frac{1}{8} & \frac{1}{16} \end{pmatrix} \tag{3.35}$$

式中:ω 为高斯平滑滤波算子;$[\cdot]_{\downarrow 2}$ 为以 2∶1 的比率对影像进行降采样。

假设需要构建的高斯金字塔的层数为 N(包含原始影像),那么需要将 REDUCE 函数依次执行 $N-1$ 次。反过来,在高斯金字塔中,将低分辨率影像向高分辨率影像转化,使用 EXPAND 函数,其定义为

$$\begin{aligned} I_{k-1} &= \text{EXPAND}(I_k) \\ \text{EXPAND}(x) &= [x]_{\uparrow 2} \end{aligned} \tag{3.36}$$

式中,$[\cdot]_{\uparrow 2}$ 为以 1∶2 的比率对影像进行升采样。

上述为建造高斯金字塔的构建过程,在此基础上,运用高斯金字塔多尺度模式(图 3.13)求解快速变分亮度校正模型的具体流程如下。

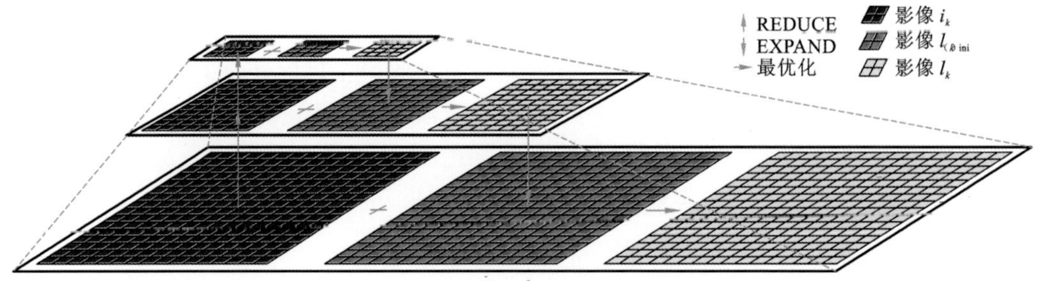

图 3.13　高斯金字塔多尺度模式

(1) 输入原始影像 i,并设定参数。

(2) 利用 3.4.1 节叙述的流程创建影像 i 的 N 层高斯金字塔。

(3) 假设当前层为第 k 层。在这里,将影像 i_{k-1} 看成是一幅独立的需要进行亮度不均匀校正的影像,并用式(3.31)中的模型对影像 i_{k-1} 进行校正得到在 k 层的光照分量 l_{k-1}。

(4) 如果 $k>0$,用 EXPAND 函数对光照分量 l_{k-1} 进行升采样,升采样后的结果影像作为下一层的迭代初始影像 $l_{(k-2)\text{ini}}$。

(5) 更新 $k=k-1$,重复步骤(3)和(4)。如果 $k=0$,那么该层的结果影像 l_0 即为最终需要求得的光照分量。

(6) 最后,利用式(3.32)求得最终的反射分量 R。

综上所述，多尺度模式求解快速变分亮度校正模型的流程如图 3.14 所示，其中高斯金字塔多尺度模式如图 3.13 所示。

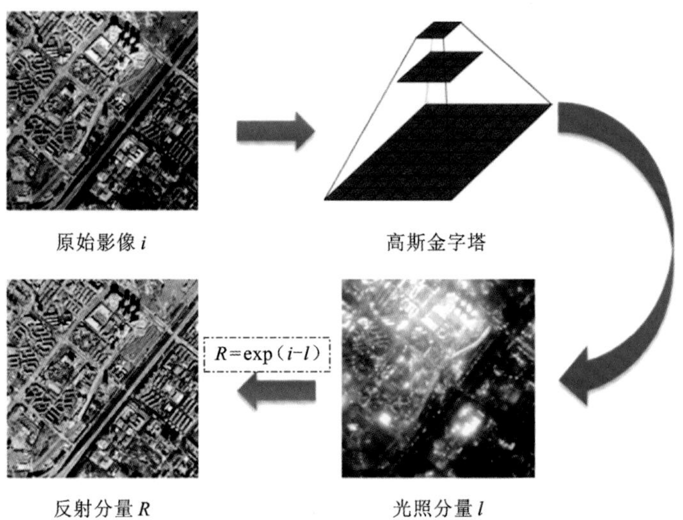

图 3.14　使用高斯金字塔模式求解快速变分亮度校正模型的流程

3.4.2　分裂 Bregman 求解

在图像处理领域，分裂 Bregman 法最先由 Osher 引入并推广，用于快速求解含有 L1 正则化约束项的最优化问题。该方法最先被运用于 TV 去噪模型，具有迭代速度快、编程简单、数值解稳定的优点（Ma et al., 2012; Getreuer, 2012a; Ng et al., 2011; Goldstein et al., 2009）。后来又被很多学者用于各种图像处理模型中，如影像重绘（Getreuer, 2012）、影像重建（Cai et al., 2010）、影像盲复原（Li et al., 2012）、高光谱影像去噪（Yuan et al., 2012）等。快速变分亮度校正模型采用 TV 先验对影像进行约束，该模型符合使用分裂 Bregman 进行迭代求解的条件。因此，采用分裂 Bregman 迭代对多尺度模式中每一层的模型进行最优化。

采用分裂 Bregman 求解快速变分亮度校正模型，首先引入一个变量 d，令 $d=\nabla(i-l)$，则原变分模型可转化为如下形式：

$$\arg\min_{l,d}\sum_{\Omega}(|\nabla l|^2+\lambda_1|d|_1+\lambda_2(\mathrm{e}^{(i-l)}-1/2)^2),\quad \text{s.t.}\ d=\nabla(i-l) \tag{3.37}$$

使用 Bregman 迭代对式(3.37) 进行迭代求解有

$$\begin{cases}(l^{k+1},d^{k+1})=\arg\min\limits_{l,d}\sum\limits_{\Omega}(|\nabla l|^2+\lambda_1|d|_1+\lambda_2(\mathrm{e}^{(i-l)}-1/2)^2+\dfrac{\lambda_3}{2}|d-\nabla(i-l)-b^k|^2)\\ b^{k+1}=b^k+\nabla(i-l^{k+1})-d^{k+1}\end{cases} \tag{3.38}$$

l 和 d 之间互不耦合，式(3.38)中变量 l 和 d 可分为两个子问题交替求解，那么使用分裂 Bregman 求解的最终过程为

$$\begin{cases}\text{步骤 1}:l^{k+1} = \arg\min\limits_{l}\sum\limits_{\Omega}(|\nabla l|^2 + \lambda_2(\mathrm{e}^{(i-l)} - 1/2)^2 + \dfrac{\lambda_3}{2}|d^k - \nabla(i-l) - b^k|^2) \\ \text{步骤 2}:d^{k+1} = \arg\min\limits_{d}\sum\limits_{\Omega}(\lambda_1 |d|_1 + \dfrac{\lambda_3}{2}|d - \nabla(i - l^{k+1}) - b^k|^2) \\ \text{步骤 3}:b^{k+1} = b^k + \nabla(i - l^{k+1}) - d^{k+1}\end{cases} \tag{3.39}$$

式(3.39)中 l 的求解为可微分最优化问题，可采用高斯-赛德尔迭代法进行求解；d 可使用收缩算子 shrink 进行计算，其定义如下：

$$\begin{cases}d^{k+1} = \mathrm{shrink}(\nabla(i - l^{k+1}) + b^k, \lambda_1/\lambda_3) \\ \mathrm{shrink}(x,\gamma) = \dfrac{x}{|x|}\cdot\max(|x| - \gamma, 0)\end{cases} \tag{3.40}$$

当残差满足条件 $\| l^{k+1} - l_k \| / \| l_k \| < \delta$ 或者迭代达到最大次数后，终止迭代，得到对数域光照分量 l。

可以看出，分裂 Bregman 法通过引入变量 d，将模型中的 L2 部分和 TV 部分分裂开来，并将原始的复杂的最优化问题，简化成三个易于求解的子问题的求解过程（王晓静 等，2014；Lan et al.，2014）。这三个子问题的求解速度，决定了分裂 Bregman 求解模型的高效性。

3.4.3 实验结果与分析

1. 模拟实验

在模拟实验部分，通过人工方法对原始亮度分布均匀的影像进行降质，利用快速变分亮度校正方法对影像进行处理，并利用定量评价指标 PSNR 对校正结果进行定量评价。实验选取了一幅大小为 512 像素×512 像素的亮度分布均匀的影像，作为原始影像，如图 3.15(a)所示。采用高斯核构建降质光照，基于乘法观测模型对原始影像进行处理得到高斯降质影像，如图 3.15(b)所示，经过高斯降质后的影像，中间亮四周暗，影像存在明显的亮度不均匀现象。利用快速变分亮度校正模型式(3.31)对降质影像进行处理，分别采用最速下降法、分裂 Bregman 法、多尺度最速下降法和多尺度分裂 Bregman 法对模型进行求解。其中，两种多尺度方法的层数均设为 4，每种方法均选用最优参数。

(a) 原始影像

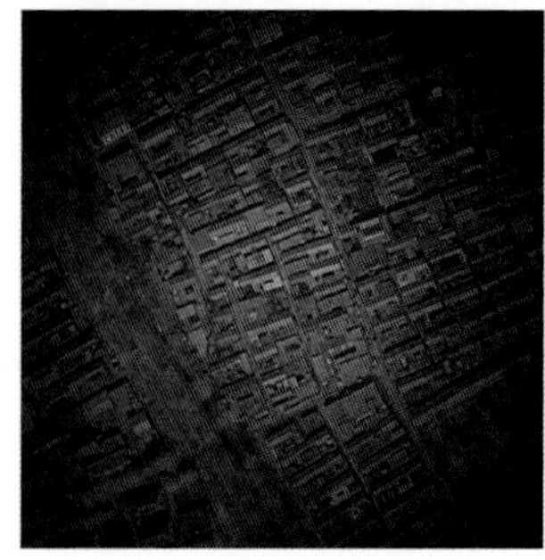
(b) 高斯降质影像

(c) 最速下降法校正结果

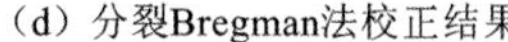

(d) 分裂Bregman法校正结果

(e) 多尺度最速下降法校正结果

(f) 多尺度分裂Bregman法校正结果

图 3.15　原始影像及其降质影像

不同方法对应的实验结果如图 3.15 所示，从目视效果而言，四种解法都能很好地校正高斯降质影像中存在的中间亮四周暗的亮度分布不均现象，实现了影像整体光照的均匀分布。为了更公平地对比不同校正结果的运行时间，实验在四种解法达到近似的 PSNR 的前提下对比其运行时间，见表 3.2。由表 3.2 可以看出，在四种校正结果的 PSNR 都为 29.1 左右时，分裂 Bregman 法的处理时间为 33.80 s，耗时仅为最速下降法的 1/7，这证明分裂 Bregman 法可实现对模型的加速。多尺度最速下降法的处理时间为 18.22 s，为最速下降法耗时的 1/13，说明了多尺度模式具有明显的加速效果。多尺度分裂 Bregman 法的处理时间为 3.90 s，为最速下降法耗时的 1/60，为分裂 Bregman 法用时的 1/9。综上所述，分裂 Bregman 法与多尺度模式都可以实现对快速变分亮度校正模型的加速求解，而且两者的结合可以进一步大幅提高模型的运算效率，最终可得到一种快速的遥感影像亮度不均匀校正方法。

表 3.2　高斯降质实验不同方法对应的 PSNR 和时间

参数和时间	最速下降法	分裂 Bregman 法	多尺度最速下降法	多尺度分裂 Bregman 法
λ_1	0.001	0.001	0.001	0.05
λ_2	0.04	0.05	0.12	0.09
λ_3	—	0.01	—	0.01
Δt	0.075	—	0.075	—
PSNR	29.19	29.17	29.14	29.10
时间/s	240.58	33.80	18.22	3.90

注：—表示当前列对应的方法不存在当前行对应的参数

2. 真实实验

为进一步验证快速变分亮度校正方法在效果和效率上的有效性，本节展示了两组真实航空影像的校正结果。对图 3.8(a)所示的真实航空遥感影像分别选定四种方法的最优参数，并对快速变分亮度校正模型进行求解，每种方法的最优参数和运行时间见表 3.3，不同方法对应的实验结果如图 3.16 所示。可以明显看出，从目视效果而言，四种方法的结果在目视上光照都分布均匀，说明这四种方法都能很好地实现对影像整体光照分布不均的校正。此外可以看出，多尺度最速下降法与多尺度分裂 Bregman 法运用了多尺度模式的处理结果，在阴影区域和植被区域光谱保持得更好一些，而且结果影像的整体对比度要强一些，整体视觉效果也更自然。在能够达到这样的处理效果的前提之下，对比四种方法的处理时间，见表 3.3。分裂 Bregman 法的处理时间为 417.86 s，耗时仅为最速下降法的 1/7，与之前模拟实验一样，可说明分裂 Bregman 法具有明显的加速效果。多尺度最速下降法的处理时间为 377.92 s，为最速下降法耗时的 1/8，这进一步验证多尺度模式可以较大幅度地提高模型的运算效率。多尺度分裂 Bregman 法的处理时间为 46.61 s，为最速下降法耗时的 1/66，为分裂 Bregman 法用时的 1/9。综上所述，在保证得到良好的亮度不均匀校正效果的前提下，分裂 Bregman 法与多尺度模式相比最速下降法而言，都可以实现对快速变分亮度校正模型进行加速的效果。而且，多尺度模式的运用会使处理结果的色彩保持度更高，对比度更强。简而言之，多尺度分裂 Bregman 法不仅可以大幅提高求解快速变分亮度校正模型的计算效率，并能得到具有较高色彩保持度的亮度不均匀校正效果。

表 3.3　第一组真实数据不同方法对应的参数和运行时间

参数和时间	最速下降法	分裂 Bregman 法	多尺度最速下降法	多尺度分裂 Bregman 法
λ_1	0.001	0.001	0.001	0.001
λ_2	0.01	0.01	0.01	0.01
λ_3	—	0.01	—	0.01
Δt	0.075	—	0.05	—
时间/s	3 075.33	417.86	377.92	46.61

注：—表示当前列对应的方法不存在当前行对应的参数

(a) 最速下降法校正结果

(b) 分裂Bregman法校正结果

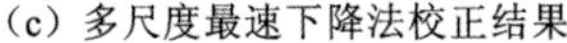

(c) 多尺度最速下降法校正结果

(d) 多尺度分裂Bregman法校正结果

图 3.16　第一组真实数据及不同方法校正结果

第二组实验选用图 3.11(a)所示的真实航空影像，并分别用四种方法对第二幅真实数据进行处理。在之前的实验中，发现对于真实数据，一定范围内不同的参数组合对实验结果的影响并不大，所以第二组真实数据的不同方法的参数设置和第一组真实数据一样，即参见表 3.3 中的参数设置。第二组真实数据的不同方法对应的处理结果如图 3.17 所示，可以看出四种方法都可以很好地对第二组真实数据中存在的亮度不均匀现象进行校正，而且两种多尺度方法的目视效果要更好，色彩保持度更高，对比度更强。同第一组真实实验一样，两种多尺度方法的处理结果在植被及阴影区域都保持得更好。第二组真实数据不同方法的运行时间见表 3.4，对比该组真实数据不同方法的运行时间，再结合对应的实验结果，可以得到与第一组真实实验一致的结论：在保证得到较好的亮度不均匀校正效果

(a) 最速下降法校正结果

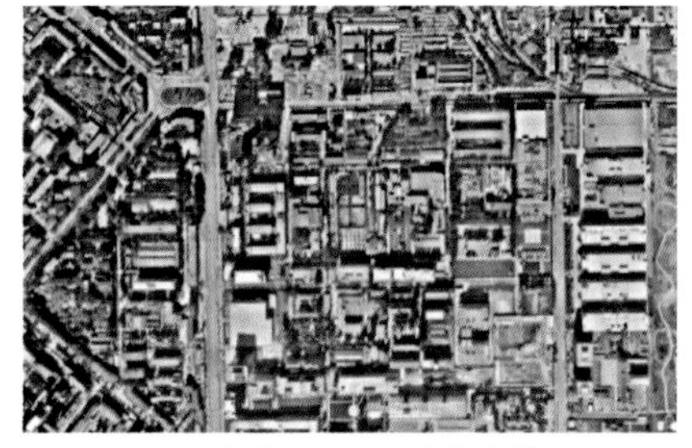

(b) 分裂 Bregman 法校正结果

(c) 多尺度最速下降法校正结果

(d) 多尺度分裂 Bregman 法校正结果

图 3.17　第二组真实数据不同方法校正结果

的前提下，分裂 Bregman 法与多尺度模式相比单尺度最速下降法而言，都可以实现对快速变分亮度校正模型进行加速的效果；而且，多尺度模式的运用会使得处理结果的目视效果更好，色彩信息更丰富；多尺度分裂 Bregman 法可以最大幅度地提高快速变分亮度校正模型的计算效率，不失为一种快速的航空遥感影像亮度不均匀校正方法。

表 3.4　第二组真实数据不同方法对应的运行时间

第二组真实数据	最速下降法	分裂 Bregman 法	多尺度最速下降法	多尺度分裂 Bregman 法
时间/s	1 649.59	216.95	145.86	19.73

3.5　小　　结

本章主要针对框幅式相机影像的亮度不均匀问题，介绍了国内外的一些经典的校正模型，并重点阐述了一种空间自适应的变分亮度校正方法，该方法能够有效地消除影像中存在的亮度不均匀现象，并且同时增强影像对比度，避免传统方法曝光过度或曝光不足的问题。另外，针对实际应用中的效率需求，进一步介绍了一种多尺度优化的快速变分亮度校正模型，采用多尺度高斯金字塔模式和分裂 Bregman 法进行联合加速计算，能够有效提升计算效率，满足大幅影像的快速处理需要。模拟实验和真实实验表明，多尺度变分处理方法在提升计算效率的同时，能够更好地保持影像的色彩信息，获得亮度均一、细节清晰、色彩丰富的校正结果影像。

参考文献

曹彬才，朱宝山，李润生，等，2012. 用于单幅影像匀光的 Wallis 算法. 测绘科学技术学报，29(5)：373-377.

胡庆武，李清泉，2004. 基于 Mask 原理的遥感影像恢复技术研究. 武汉大学学报(信息科学版)，29(4)：319-323.

老大中，2007. 变分法基础. 北京：国防工业出版社.

李德仁，王密，潘俊，2006. 光学遥感影像的自动匀光处理及应用. 武汉大学学报(信息科学版)，31(9)：753-756.

李洪利，沈焕锋，杜博，等，2011. 一种高保真同态滤波遥感影像薄云去除方法. 遥感信息，(1)：41-44.

李慧芳，2013. 多成因遥感影像亮度不均的变分校正方法研究. 武汉：武汉大学.

李慧芳，沈焕锋，张良培，等，2010. 一种基于变分 Retinex 的遥感影像不均匀性校正方法. 测绘学报，39(6)：585-591＋598.

利尔桑德，彭望琭，2003. 遥感与图像解译. 北京：电子工业出版社.

陆文端，2003. 微分方程中的变分方法. 北京：科学出版社.

潘俊，2008. 自动化的航空影像色彩一致性处理及接缝线网络生成方法研究. 武汉：武汉大学.

王密，潘俊，2004. 一种数字航空影像的匀光方法. 中国图象图形学报，9(6)：744-748.

王晓静，李慧芳，袁强强，等，2014. 采用分裂 Bregman 的遥感影像亮度不均变分校正. 中国图象图形学报，19(5)：798-805.

王宜举，修乃华，2012. 非线性最优化理论与方法. 北京：科学出版社.

易尧华,龚健雅,秦前清,2003.大型影像数据库中的色调调整方法.武汉大学学报(信息科学版),28(3):311-314.

张力,张祖勋,张剑清,1999. Wallis滤波在影像匹配中的应用.武汉测绘科技大学学报,24(1):24-27.

张振,2010.光学遥感影像匀光算法研究.郑州:解放军信息工程大学.

郑晓东,王永强,许增朴,等,2009.基于同态滤波彩色图像亮度不均校正方法.微计算机信息,(34):114-116.

朱述龙,张占睦,2000.遥感图像获取与分析.北京:科学出版社.

ADELSON E H,ANDERSON C H,BERGEN J R,et al.,1984. Pyramid methods in image processing. RCA engineer,29(6):33-41.

BERTALMÍO M, CASELLES V, PROVENZI E, 2009. Issues about retinex theory and contrast enhancement. International journal of computer vision,83(1):101-119.

CAI J-F,OSHER S,SHEN Z,2010. Split Bregman methods and frame based image restoration. Multiscale modeling & simulation,8(2):337-369.

CHAN S H,KHOSHABEH R,GIBSON K B,et al.,2011. An augmented Lagrangian method for total variation video restoration. IEEE transactions on image processing,20(11):3097-3111.

CHEN C,CHEN Z J,LI M C,et al.,2014. Parallel relative radiometric normalisation for remote sensing image mosaics. Computers & geosciences,73:28-36.

CHENG Q, SHEN H F, ZHANG L Q, et al., 2014. Inpainting for remotely sensed images with a multichannel nonlocal total variation model. IEEE transactions on geoscience and remote sensing,52(1):175-187.

COOPER T J,BAQAI F A,2004. Analysis and extensions of the Frankle-McCann Retinex algorithm. Journal of electronic imaging,13(1):85-92.

GETREUER P, 2012a. Rudin-Osher-Fatemi total variation denoising using split Bregman. Image processing on line,2(1):74-95.

GETREUER P,2012b. Total variation inpainting using split Bregman. Image processing on line,2(1):147-157.

GOLDSTEIN T,OSHER S,2009. The Split Bregman method for L1 regularized problems. SIAM journal on imaging sciences,2(2):323-343.

HORN B K P,1974. Determining lightness from an image. Computer graphics and image processing,3(4):277-299.

KAUFMAN H J,SID-AHMED M A,1993. Hardware realization of a 2D IIR semisystolic filter with application to real-time homomorphic filtering. IEEE transactions on circuits and systems for video technology,3(1):2-14.

KIMMEL R, ELAD M, SHAKED D, et al., 2003. A variational framework for Retinex. International journal of computer vision,52(1):7-23.

LAN X,SHEN H F,ZHANG L P,et al.,2014. A spatially adaptive retinex variational model for the uneven intensity correction of remote sensing images. Signal processing,101:19-34.

LAND E H,1977. The retinex theory of color vision. Scientific America,237(6):108.

LAND E H,1983. Recent advances in retinex theory and some implications for cortical computations: color vision and the natural image. Proceedings of the national academy of sciences,80(16):5163-5169.

LAND E H,MCCANN J J,1971. Lightness and retinex theory. Journal of the optical society of America,

61(1):1-11.

LI H F,WANG X J,SHEN H F,et al.,2016. An efficient multi-resolution variational retinex scheme for the radiometric correction of airborne remote sensing images. International journal of remote sensing, 37(5):1154-1172.

LI H F, ZHANG L P, SHEN H F, 2012. A perceptually inspired variational method for the uneven intensity correction of remote sensing images. IEEE transactions on geoscience and remote sensing, 50 (8):3053-3065.

MA W, OSHER S, 2012. A TV Bregman iterative model of Retinex theory. Inverse problems and imaging, 6(4):697-708.

MALLAT S G, 1989. A theory for multiresolution signal decomposition: the wavelet representation. IEEE transactions on pattern analysis and machine intelligence, 11(7):674-693.

MITCHELL H B, 2010. Multi-resolution analysis, image fusion: theories, techniques and applications. Heidelberg: Springer Berlin Heidelberg.

MOREL J M, PETRO A B, SBERT C, 2010. A PDE formalization of retinex theory. IEEE transactions on image processing, 19(11):2825-2837.

NG M K, WANG W, 2011. A total variation model for retinex. SIAM journal on imaging sciences, 4(1): 345-365.

NNOLIM U, LEE P, 2008. Homomorphic filtering of colour images using a Spatial Filter Kernel in the HSI colour space. IEEE instrumentation and measurement technology conference (imtc), Victoria, Canada: 1738-1743

OSHER S, SOLÉ A, VESE L, 2003. Image decomposition and restoration using total variation minimization and the H1. Multiscale modeling & simulation, 1(3):349-370.

SEOW M J, ASARI V K, 2004. Homomorphic processing system and ratio rule for color image enhancement. IEEE international joint conference on neural networks, budapest, Hungary, 4:2507-2511.

SHEN H F, LI X H, CHENG Q, et al., 2015. Missing information reconstruction of remote sensing data: a technical review. IEEE geoscience and remote sensing magazine, 3(3):61-85.

VOICU L I, MYLER H R, WEEKS A R, 1997. Practical considerations on color image enhancement using homomorphic filtering. Journal of electronic imaging, 6(1):108-113.

XU L, LU C W, XU Y, et al., 2011. Image smoothing via L0 gradient minimization. ACM transactions on graphics, 30(6):1-12.

YUAN Q Q, ZHANG L P, SHEN H F, 2012a. Hyperspectral image denoising employing a spectral-spatial adaptive total variation model. IEEE transactions on geoscience and remote sensing, 50(10): 3660-3677.

YUAN Q Q, ZHANG L P, SHEN H F, 2012b. Multiframe super-resolution employing a spatially weighted total variation model. IEEE transactions on circuits and systems for video technology, 22(3): 379-392.

ZHANG L, SHEN H, GONG W, et al., 2012b. Adjustable model-based fusion method for multispectral and panchromatic images. IEEE transactions on systems, man, and cybernetics, part B (cybernetics), 42(6):1693-1704.

ZOSSO D, TRAN G, OSHER S J, 2015. Non-local retinex-A unifying framework and beyond. SIAM journal on imaging sciences, 8(2):787-826.

第4章　遥感影像云雾校正方法

光学遥感成像易受大气条件干扰，特别是云、雾等天气现象在很大程度上影响了遥感影像对地表信息的真实表达。本章首先对国内外常用的云雾校正方法进行系统总结与归纳，根据处理思路的不同将这些方法进行分类阐述；在此基础上，重点介绍两种新的云雾校正方法，即高保真同态滤波校正方法和空谱自适应暗原色校正方法，分别展示其在薄云和雾影像上的应用实例，进行对比分析与评价。

4.1 引　　言

云雾通常是由大气中分子的核化形成的，当大气中水汽浓度过饱和时，水分子便会聚集在微尘等凝结核的周围形成小水滴，而随着小水滴在空中大量聚集，便形成了云（李海巍，2012；贺辉 等，2009）。雾也是空气中过饱和的水汽与悬浮颗粒凝结成小水珠的自然现象，但相较于云而言，雾霭的分布高度较低，底部通常与地表接触，空间分布更加广泛（刘泽树 等，2015；史俊杰 等，2015；沈文水 等，2010）。

云雾对遥感成像过程势必会产生一定的影响作用，这种影响主要取决于其强度大小。一般来说，在厚云覆盖条件下，地表反射辐射无法透过厚云进入传感器，导致地表信息完全丢失，一般需要借助辅助数据来重建云覆盖区的地表信息，不在本章讨论范围之内（Shen et al.，2015；Cheng et al.，2014；梁栋 等，2012；李炳燮 等，2010）。而在薄云和雾霭情况下，部分地表反射辐射可透过薄云和雾霭参与成像，影像中地表信息可见，此时可通过辐射传输模型或统计模型进行校正处理。在遥感影像中，薄云和雾霭在空间分布上存在一定的差异，相对而言薄云的影响区域相对聚集[图 4.1(a)]，雾霭在空间上呈大面积全局分布[图 4.1(b)]，但很多时候两者也易混合或难以区分。

（a）薄云影像

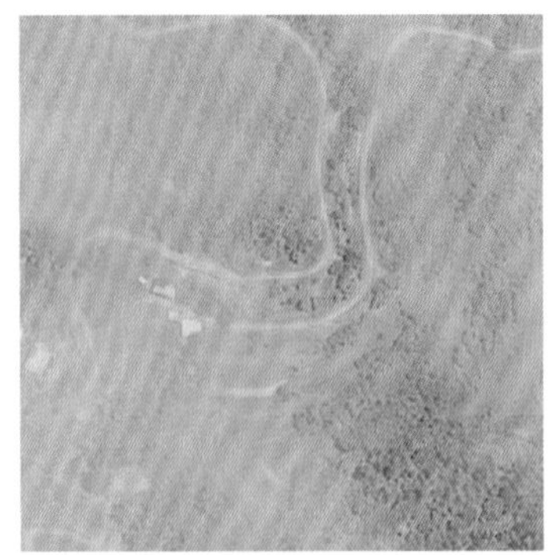
（b）雾霭影像

图 4.1　受薄云和雾霭影响的遥感影像

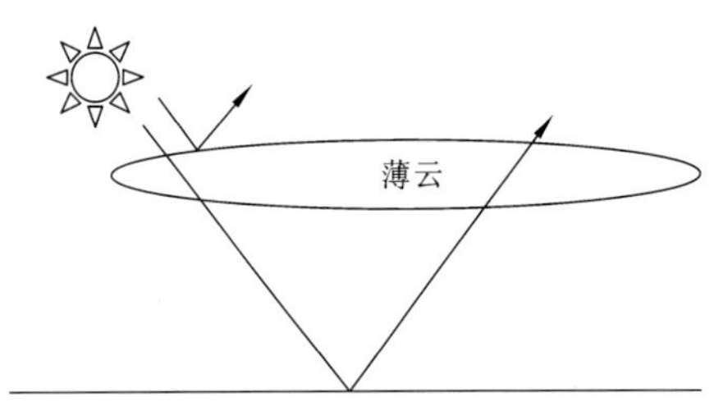

图 4.2　薄云的影像成像示意图

在云雾环境下，遥感影像的成像过程可简化为如图 4.2 所示，传感器接收的辐射主要由两部分构成：一部分是由太阳辐射经地表反射并穿过云雾层最终到达传感器的辐射；另一部分则是太阳辐射未到达地表，经过云雾反射后直接进入传感器的辐射（吴炜 等，2013；袁金国 等，2009；徐萌 等，2006；王润 等，2005）。因此，在受云雾影响的遥感影像中，薄云和雾霭覆盖的区域不仅包含了地表信息，同时也包含了云雾信息。云雾对地表信息的反映产生了显著干扰，主要表现在两个方面（Asmala et al.，2014；Narasimhan et al.，2002）。一方面，云雾具有高反射特性，其覆盖区域在遥感影像中往往呈现高亮度特征，导致该区域动态范围减小、影像对比度降低及色彩发生偏移，直接影响了影像的可视性（宋晓宇 等，2006）。另一方面，在云雾覆盖区域，传感器接收到的辐射中大气光辐射参与成像的比重有所增加，而地表反射辐射则相应地被削弱，造成云雾覆盖区域地物光谱信息失真，地表真实信息表达不准确，这使得遥感影像难以满足定性和定量分析的应用需求（Feng et al.，2015；Bissonnette，1992）。

因此，针对上述遥感影像中云雾带来的辐射异常与光谱失真问题，建立相应的校正方法消除云雾的影响，对提高遥感数据的质量与利用率具有重要意义（Tian et al.，2016；王时震，2011）。一般来说，云雾校正的效果主要体现在两个方面：一方面是降低云雾区域的亮度，提高对比度，进而增强影像的细节特征；另一方面是消除云雾造成的光谱畸变，校正地表目标在不同波段的辐射值，使得遥感数据能够更加真实地反映地表辐射信息（沈小乐 等，2013；于钺 等，2010）。

4.2　遥感影像薄云与雾霭校正的典型方法

自 20 世纪 90 年代，遥感影像中薄云和雾霭的去除方法就成为一个比较活跃的研究领域(徐佳垚，2015)，到目前为止，国内外已经有了较多的探讨。然而对是否区分薄云和雾霭来分别校正并没有明确的论述，鉴于两者在遥感影像上的辐射表现是相似的，大部分方法可以互相通用。总的来说，现有的云雾校正方法可归结为三类：基于物理模型的校正方法、基于半物理模型的校正方法和基于统计模型的校正方法。

基于物理模型的校正方法是指在辐射传输方程的基础上，充分考虑不同环境因素对辐射传输过程的影响，并对传输过程进行模拟，以获得地表反射率进而达到云雾校正的目的。由于考虑了不同的影响因素和适用范围，发展出了较多可供选择的校正模型，常用的模型有 6S 模型、LOWTRAN 模型和 MODTRAN 模型等。6S 模型由法国大气光学实验室和美国马里兰大学地理系联合研制，该模型采用了最新的近似和逐次散射算法来计算辐射的散射和吸收，使其更接近实际大气环境，具有较高的校正精度；LOWTRAN 模型由美国空军地球物理实验室所提出，它是一种低分辨率的大气辐射传输模型，目前常用的为 LOWTRAN 7 模型；MORTRAN 模型是在 LOWTRAN 模型的基础上改进而来，主要提高了模型计算的光谱分辨率，目前常用的 FLAASH 大气校正模型便是基于 MORTRAN 模型的改进方法(孙毅义 等，2004)。基于物理模型的方法能较为客观地描述大气对辐射传输的影响，具有较为明确的物理意义。然而，该类方法需要的多个参数经常难以获取，并且难以适用于精细尺度的处理(如中高分辨率影像中的小块薄云)，导致其普适性受到限制(Makarau et al.，2016)。

一些学者提出了基于半物理模型的校正方法，通过对复杂的辐射传输模型进行适当简化，减少参量需求，并且利用统计方法来估算其余参量，进一步降低了对辅助参数的依赖，较好地解决了参数难以获取的问题(Lv et al.，2016)，针对典型数据取得了较好的处理结果。这类方法目前研究相对较少，但非常具有前景，在模型简化策略、普适性提升等方面仍具有较大的发展空间。

相对而言，基于统计模型的云雾校正方法不需依赖多余的辅助数据和复杂的物理模型，仅通过遥感影像的自身信息便能消除云雾影响，具有更加广泛的应用。因此，本章重点介绍该类方法，其大致可以分为以下四类：基于多源或多时相信息的云雾校正方法、基于特征提取的云雾校正方法、基于先验假设的云雾校正方法、基于波段融合的云雾校正方法。接下来将对以上四种基于统计模型的云雾去除思路做详细阐述，并说明它们在遥感影像实际校正处理中的应用方法。

4.2.1　基于多源或多时相信息的云雾校正方法

该类方法充分利用多源、多时相影像之间的互补性，利用其他无云雾影响的辅助影像对云雾区域进行替换或更复杂的某种计算处理，从而实现云雾去除的目的(刘洋 等，2008；Du et al.，2002)。

1. 基于多时相信息的云雾校正方法

同一传感器的不同时相影像，其空间分辨率、覆盖范围等往往差异不大，但其受云雾影响的空间分布很可能是不同的，在这种情况下，就可以将多时相影像中对应像素做替换、回归、拟合等处理，去除云雾干扰(Zhang et al.,2010)。这种方法简单易行，但选用的多时相影像的时间间隔不可过大，否则对应地物的信息会发生较大改变，容易导致处理后的影像出现失真等问题。此外，如果采用的多时相辅助影像仍有云雾重叠，则无法实现云雾的校正(曹爽，2006)。

2. 基于多源信息的云雾校正方法

与基于多时相信息的云雾校正方法类似，基于多源信息的云雾校正方法是利用多种传感器的影像数据进行云雾校正处理(江兴方，2007)。多源数据的成像时间不会完全重叠，因此其本身就包含了多时相的概念，其基本思想与多时相校正是相似的，即选取不同传感器覆盖于相同区域的影像，待处理影像在目标区域上存在云雾影响，参考影像在目标区域上无云雾覆盖，对两幅影像进行配准并消除辐射差异后，用参考的无云雾影像替换被云雾遮盖影像的局部区域。

总体而言，基于多源或多时相信息的云雾校正方法通用性较强，甚至可以适用于厚云的处理(张明源 等，2007)，但在薄云、雾霭的去除方面也存在诸多制约，特别是引入新的数据之后，往往需要考虑几何配准、辐射归一化等过程，地物变化通常会给结果带来较大的不确定性，替换区域的边界也往往比较难以处理。

4.2.2 基于特征提取的云雾校正方法

基于特征提取的云雾校正方法一般是利用某种变换，通过构建特征突出云雾与地物的差异性，从而提取出云雾的分布信息，在此基础上针对性地对受云雾影响的区域进行增强，最终实现影像的云雾校正(刘泽树 等，2015；Zhang et al.,2002)，具体方法包括缨帽变换法、波段比值法、色彩空间变换法、同态滤波法等。

1. 缨帽变换法

缨帽变换法常用于 Landsat MSS、TM (ETM+)影像的处理，通过分析多波段遥感影像数据的信息结构，从而确定一种正交线性变换，而云雾成分存在于缨帽变换得到的第4分量中，因此在缨帽变换后舍弃第4分量，然后对其他分量做逆变换，便可以得到去云结果。该方法不足之处在于进行云雾校正后，原始影像的各波段只能得到 $n-1$ 个波段，与原始波段之间的对应关系不明确(冯春 等，2004)。

2. 波段比值法

遥感影像中成像谱段波长越短，受云雾的影响越大(Shen et al.,2014)。例如，在Landsat ETM+影像中，1、2、3 可见光波段，波长较短，穿透云雾能力弱，经常容易受到云雾的影响，而 4、5、7 的红外波段，波长较长，对云雾的穿通能力较强，通常不会存在薄云，因此对 1、4 波段做比值处理可以突出薄云的影响，再对比值影像进行影像分割，即能划分出云区（Liang et al.，2001）。对 4、5、7 波段的合成影像进行分类，由于不存在云雾影响，容易划分出各类地物。将无云区的各类地物反射率作为标准，匹配云区的地物反射率，就可以校正影像中薄云的影响。该方法是基于同一个研究区域内每一类地物的反射情况相同的假设之上进行处理的，其实现步骤如下。

（1）对 1 和 4 波段作比值处理，生成比值影像。

（2）对比值影像进行影像分割，划分出云区和非云区。

（3）因为 4、5、7 波段的波长较长，受云雾影响比较小，所以使用这三个波段的合成影像进行 K-均值聚类，目的是利用其结果对真实的地表进行类型划分。

（4）假设处在同一研究区域中，同一类的地物具有相同的反射情况，使用未受云雾影响的地物平均反射率来代替受云雾影响的该类地物反射率。

该方法能取得较好的云雾校正效果，但其局限性在于如果影像的波段信息不足时，该方法就无法使用（刘洋 等，2008）。

3. 色彩空间变换法

HIS 变换（H，hue，色度；I，intensity，亮度；S，saturation，饱和度）是一种比较常见的色彩空间变换法。对于一幅彩色影像，通过 HIS 变换，将其亮度分量与色彩信息分开，可以增强影像的表现能力和信息综合能力（贾永红，2001）。该方法对影像中云雾进行处理的基本思路是：首先，对多波段影像进行 HIS 变换，分别获取影像的色度、亮度和饱和度三个分量的信息，其中色度和饱和度主要反映地物的光谱特征，亮度主要反映影像中地物的亮度信息；其次，相较于普通地物，云雾的亮度较高，云雾影响几乎集中分布在亮度分量上，因此只需要对包含有云雾信息的亮度分量进行处理，保留色度和饱和度两个分量的信息，一般对亮度分量可以采用高通滤波增强细节特征；最后，将处理后的亮度分量与色度和饱和度两个分量重新合成，逆变换到 RGB 彩色空间，即可得到云雾校正后的结果（曹爽，2006）。

4. 同态滤波法

在 3.2.2 节中已经对同态滤波原理进行了详细的阐述。对于一幅云雾影像，其云雾信息主要集中在光照分量，而地面反射分量主要反映地物细节信息（赵忠明 等，1996）。云雾具有平缓变化的特点，因此其在频率域内主要表现为低频特征，而地物信息往往变化比较明显，在频率域内主要表现为高频特征。同态滤波法去云雾的基本原理就是在频率域中抑制低频信息的同时增强高频信息，从而去除影像中云雾的影响（李洪利 等，2011）。但是在实际操作中，采用同态滤波法对不同的云雾影像进行校正，需要选择合适的滤波器。然而，没有一组固定的滤波器适用所有影像，因此该方法无法做到自动化程度较高的处理，这个局限性也在很大程度上影响了同态滤波法的实际应用价值（Shen et al.，2014）。本章将在 4.3 节对同态滤波法的具体操作过程进行详细说明并就上述问题给出相应的改进方案。

4.2.3 基于先验假设的云雾校正方法

基于先验假设的云雾校正方法的思路是，首先总结归纳无云雾影像的某些共性，然后根据这些共性推导出先验条件和假设，最后利用这些先验条件将云雾影像进行校正处理(He et al.,2011;Tan et al.,2008)。此类思想的代表性方法有：暗目标减法(dark object subtraction,DOS)、云雾最优变换法(haze optimized transformation,HOT)、暗原色先验法等。

1. 暗目标减法

暗目标减法是较为经典的云雾校正方法。该方法认为在遥感影像中总是存在一些反射率为零或者很低的像元，这类像元称为暗目标(梁顺林,2009)。而受云雾影响的影像中暗目标的值往往不为零，且非零辐射主要是大气散射效应所致。因此可以通过统计整幅影像中各波段上最暗像元的像素值，将此像素值视为整幅影像中云雾在各波段上的干扰值，然后将其从影像各波段减去，即可除去云雾对影像的干扰。

然而，一些学者认为逐波段地统计云雾干扰值并校正对应波段的策略没有顾及云雾影响在波段间的物理联系，会造成云雾校正不彻底。为此提出通过引入基于散射模式的策略对暗目标减法进行改进，即以某一波段上的云雾干扰值为基准，通过散射模型约束各波段间云雾干扰值的相对关系以计算其余波段的校正值，从而对影像进行校正(Jr,1988)。

暗目标减法操作较为简单，对去除影像中均匀分布的云雾能有良好的校正效果，但影像中云雾的分布很多情况下为不均匀状态，此时该方法往往不能取得满意的云雾去除效果。

2. 云雾最优变换法

云雾最优变换法(haze optimized transformation,HOT)主要针对 Landsat TM (ETM+)影像而设计，其原理与 Landsat TM (ETM+)的波段特性有关(Zhang et al.,2002)。Zhang等发现，在晴朗无云的天气条件下，TM 影像中的红光波段和蓝光波段有着高度相关性。在分别以蓝光波段和红光波段为横纵轴的散点图上，点的分布基本集中在一条直线上，这条直线即为晴空线，如图 4.3 所示。当影像受到云雾影响时，红光波段和蓝光波段的像元值均有一定增加，但蓝光波段相较于红光波段受到的影响更大，因此其 DN 值具有更大的增量。所以受云雾影响的像元相对晴空线向右上方偏移。HOT 值即为这种偏移量的定量描述，其表达式如下：

$$\mathrm{HOT}=b_1\sin\alpha-b_3\cos\alpha \tag{4.1}$$

式中：b_1、b_3 分别为蓝光波段、红光波段的 DN 值；α 为晴空线与横坐标的夹角。

HOT 影像代表了云雾的分布情况，从而实现了云雾的自动检测。一般来说，得到的 HOT 值越大，则表明像元偏离晴空线越远，代表其受云雾影响越严重。

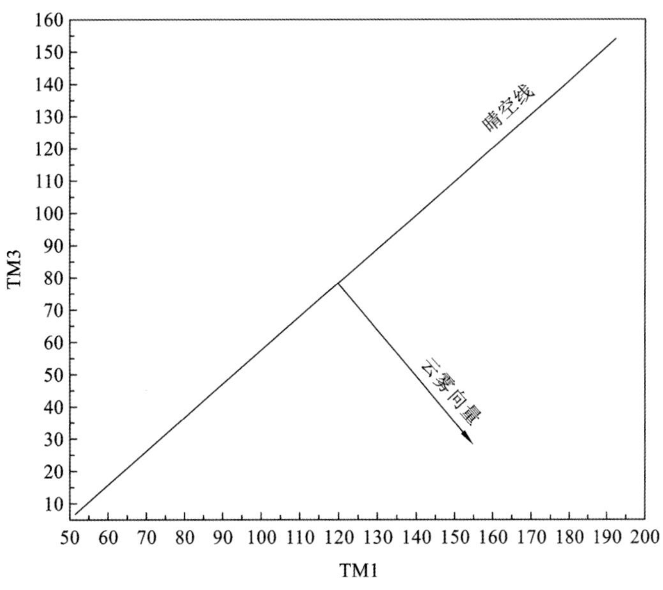

图 4.3　影像晴空线图(Zhang et al.,2002)

利用 HOT 法去除 Landsat TM 影像的云雾主要包含以下几个关键步骤。

(1) 手动选择无云区域,运用回归模型计算蓝光波段和红光波段间 DN 值的相关系数,由此得出晴空线与横坐标的夹角 α。

(2) 对原始影像进行 HOT 变换,得到相应的 HOT 分布图。

(3) 根据 HOT 分布图,对原始影像进行分层,然后利用直方图计算每层各个波段的最小像元值。

(4) 以无云区域各波段直方图的最小像元值为基准,确定不同波段的改正值,再利用暗目标减法获得去雾后的影像。

如上所述,该方法需要人工手动选取无雾区域,如果区域选取合适则能取得较好的云雾校正效果,但若无雾区域选取不恰当则会造成校正不彻底及颜色畸变的现象;另外,HOT 法还需要进行分类等操作,无法做到全自动处理,自动化程度不高;该方法在处理 Landsat 以外的其他传感器的影像时,经常会发生色彩明显畸变的问题,其普适性还有待提升。

3. 暗原色先验法

暗原色先验理论是通过对户外无雾影像进行数学统计,发现除去天空区域外,对于户外无雾影像中的绝大部分局部区域,红、绿、蓝三个颜色通道上存在趋近于 0 的像元值(He et al.,2011)。

在云雾影像模型(hazy image model)中,认为辐射由两部分组成,一部分是地表反射辐射,另外一部分是大气环境光的干扰辐射,这两部分分别占有一定的权重,且权重之和为 1 (Long et al.,2014)。以暗原色理论为先验条件并结合云雾影像模型,分别求解出无雾场景和环境光所占的权重，从而求解出无雾影像。

暗原色先验法能有效检测并消除云雾影响，但当场景目标的亮度与大气光相似时（如大片的高亮区域），原始的暗原色先验方法将失效，本章将在 4.4.2 节探讨这一问题的改进方案。

4.2.4 基于波段融合的云雾校正方法

在多光谱遥感影像中，薄云和雾霭对可见光波段有显著影响，在近红外及其他长波段上表现并不明显，因此可以结合可见光波段的光谱信息和红外波段的梯度信息，基于波段融合的思想实现云雾的去除（Li et al.,2012）。

Li 等考虑了可见光波段与红外波段的相关性和互补性，由于薄云和雾霭一般只对红光、绿光、蓝光三波段有影响，而红外波段几乎没有受到薄云和雾霭的干扰，利用可见光波段和红外波段之间的互补信息，构建一个梯度逼近项，即将参考影像（红外波段影像）的梯度信息融入结果影像中。另外，为了保持恢复影像的光谱信息与原始影像之间的光谱信息一致，进一步构建一个色彩保真项。根据梯度逼近项和色彩保真项，合并组成基于波段融合的变分模型，用于多光谱遥感影像的云雾去除（兰霞，2014）。

虽然波段融合的方法能够比较高效地去除云雾的干扰，但是该方法在云雾校正的过程中，需要利用其他波段的信息，因此只适用于包含中红外波段的多光谱遥感影像。如果待处理影像没有近红外等波长较长波段的信息，该方法就不再适用。

4.3 基于同态滤波的高保真去薄云方法

通常而言，在遥感影像中薄云的覆盖范围较小，在局部区域的厚度变化较大，因此在影像中呈现明显不均匀的分布（Zhu et al.,2007）。根据无云区域往往梯度变化明显，而薄云区域内部变化平缓的特征，两者在频率域上分别表现为高频信息和低频信息，因此采用同态滤波法能够实现对薄云的检测和去除。

本节主要针对同态滤波法做详细介绍，并就传统同态滤波处理遥感影像时出现的非云区辐射信息保真度较差、水体区域变暗、截止频率自动化程度低等问题进行改进，在此基础上介绍一种基于同态滤波的高保真去薄云方法。

4.3.1 传统同态滤波的云雾去除方法

在 4.2 节中，已对同态滤波（赵忠明 等，1996）进行了详细的介绍。如式（4.2）所示，一幅影像 $I(x,y)$ 可认为是由光照分量 $L(x,y)$ 和反射分量 $R(x,y)$ 组成，而云雾信息主要集中在光照分量。因此利用同态滤波去云雾的主要原理是将影像转换到频率域中，削弱云雾所在的低频区域 $L(x,y)$ 的信息，增强地物所在的高频区域 $R(x,y)$ 的信息。从而抑制影像中的云雾影响，增强影像的对比度，重点突出地物的信息。

$$I(x,y)=L(x,y)\cdot R(x,y) \tag{4.2}$$

利用传统的同态滤波法去除遥感影像中的薄云，具体操作流程如下。

(1) 对云雾影像进行取对数处理。

(2) 利用傅里叶变换，将影像由空间域转换到频率域。

(3) 在频率域内选用合适的高通滤波器，对低频信息进行抑制，对高频率信息进行增强。

(4) 经过滤波之后，进行傅里叶逆变换，将影像由频率域转换回空间域。

(5) 将影像转换到空间域后，进行逆对数处理，即指数变换。

(6) 经过傅里叶变换与逆变换后的影像，亮度范围与原图有很大的差别，需要进行线性拉伸，使亮度范围变换到原来的范围。

$$g(x,y)=a+\frac{b-a}{b'-a'}[u(x,y)-a'] \tag{4.3}$$

式中：$[a,b]$和$[a',b']$分别为原始影像 $I(x,y)$与指数变换后影像 $u(x,y)$的亮度范围；$g(x,y)$为经同态滤波去薄云处理后的影像。

传统同态滤波法去薄云的处理流程，如图4.4所示。

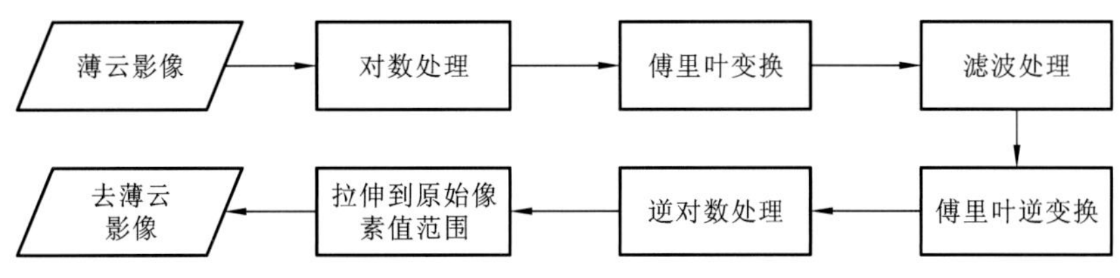

图4.4 同态滤波法去薄云流程图

4.3.2 高保真同态滤波云雾去除方法

在实际应用中，利用同态滤波对影像进行云雾校正处理时，往往会存在一定的限制。首先，滤波器的选择对同态滤波的处理效果有很大的影响，即便是传统的频率域滤波，薄云校正效果还依赖于滤波器截止频率的设定，如果截止频率设置过低，则无法有效地将薄云去除，如果截止频率设置过高，虽能有效地去除薄云，但容易对其他地物产生过度增强效果(Shen et al.,2010；Li et al.,2007)。其次，对于影像中的每个波段，都需设置不同的截止频率以达到最好的云雾校正效果，而现有方法中，各波段截止频率的设定主要依赖于使用者的经验，自动化程度低，往往需要多次试验以获得最佳值。最后，同态滤波对影像处理的方式为全局处理，在抑制云区低频信息的同时会不可避免地改变非云区的辐射信息，而且当影像中存在非云的低频信息时，也会造成该区域信息的丢失，如江面在处理之后亮度值都明显低于原始影像，这些不足限制了同态滤波法的应用(韩念龙 等,2012)。

本节介绍的高保真同态滤波云雾去除方法，将针对以上不足提出可行的改进方案。其改进主要体现在以下四个方面：①影像中云像元与非云像元的分离处理；②滤波器截止频率的半自动化确定；③影像中非云低频区域的色彩信息保真处理；④云区与非云区的无缝拼接。

1. 云像元和非云像元的分离处理

传统同态滤波法针对单幅影像进行薄云校正处理时，不参考其他影像，也不考虑波段特性，具有简单普适的特点，是一种比较常用的遥感影像薄云校正方法。然而，该方法在对云像元进行校正的同时，会改变非云像元的辐射信息。

在同态滤波处理的过程中，高通滤波器能够抑制低频信息，增强高频信息。经过傅里叶逆变换和整体线性拉伸后，高频区域的亮度会有所增加，低频区域的亮度则会有所降低。而无云区域的地物信息往往位于频率域的高频部分，因此在实际处理过程中，薄云被去除的同时，非云像元的亮度会增加，改变了原有的辐射信息。为了保持非云像元的辐射信息，较为简单的处理方法是以滤波后影像灰度值的变化作为判断条件，进行单像元比较替换，云像元采用滤波结果，非云像元则保留原始灰度值(曹爽，2006)。具体操作如下。

对于任一像元(x,y)，假设它在原始影像中的灰度值为$f(x,y)$，处理后影像中的灰度值为$g(x,y)$，经过条件判断替换处理后的灰度值为$F(x,y)$，则

$$F(x,y)=\begin{cases}f(x,y), & f(x,y)\leqslant g(x,y)\\ g(x,y), & f(x,y)>g(x,y)\end{cases} \tag{4.4}$$

然而，这种单像元比较替换法并不稳定。虽然理论上处理后云像元的亮度会降低，但各种干扰因素的影响，如噪声与计算误差，并不是所有像元都符合这个条件，因此单像元替换法在判断云像元时会存在一定的误差，它将不可避免地把部分非云像元判定为云像元，从而改变其辐射特性。

薄云在空间上具有分布范围广变化平缓的特点，因此可以将其视为一个连续的区域，当中心像元为云像元，那么其周围的像元也很有可能为云像元；若某个像元的周围像元都受云雾影响，那么它也一定为云像元。因此在进行实际处理时，考虑云分布的空间特性，采用区域窗口来判断像元的属性，如图 4.5 所示，令$z(x,y)=f(x,y)-g(x,y)$，窗口大小为 3 像元×3 像元，可根据实际情况进行调整，与单像元替换法不同，基于窗口的判别方法中，只有当窗口内中心像元周围所有像元的$z(x,y)$都大于零时，才认定中心像元属于云像元。通过以上窗口的滑动运算，能够对影像中的非云像元和云像元做准确的分离，为后续处理提供基础(李洪利 等，2011)。

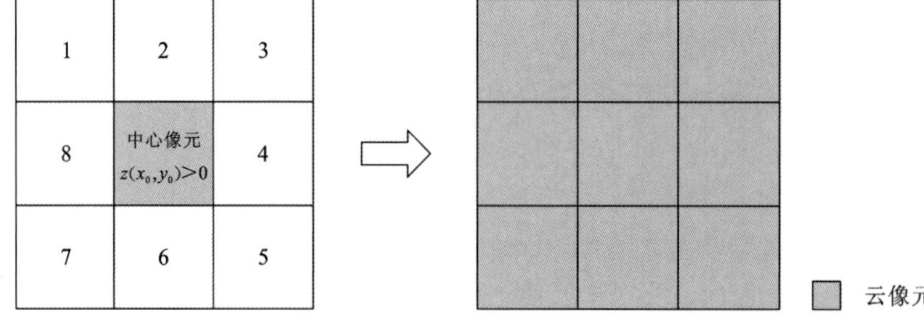

图 4.5　云像元判别示意图

傅里叶逆变换后影像的灰度范围与原始影像有着很大的不同，为了得到最终处理结果，需要将影像恢复到原有的亮度范围，传统方法通过统计反变换影像与原始影像的最大亮度值和最小亮度值，对每个波段进行线性拉伸来恢复影像亮度范围。设 a 和 b 分别表示原始影像的最小亮度值和最大亮度值，即 $a=\min(f(x,y))$，$b=\max(f(x,y))$，然而，云像元具有高亮的特点，因此这里选定的最大值很有可能为云像元灰度值，导致拉伸后的结果偏亮。

为了解决这个问题，需要统计非云像元的最大亮度值。利用前面步骤中的判别结果，可得到非云像元的集合，在非云像元中统计得到最大值，即 $b=\max(f_{\text{非云像元}}(x,y))$，以此作为灰度范围的上限进行线性拉伸，可以在校正云像元的同时，得到更准确的拉伸结果，更好地保持影像中非云像元的辐射信息。

2. 滤波器截止频率的半自动化确定

滤波器的选择对同态滤波法的处理效果有很大的影响，巴特沃思高通滤波器具有平滑过渡的优点，不会产生截断处理和明显的边界效应，能够对影像实现良好的滤波效果（陈彦，2007），适用于薄云的去除。

n 阶巴特沃思高通滤波器的传递函数可以表示为

$$H(u,v)=\frac{1}{1+(D_0/D(u,v))^{2n}} \tag{4.5}$$

它的剖面图如图 4.6 所示。

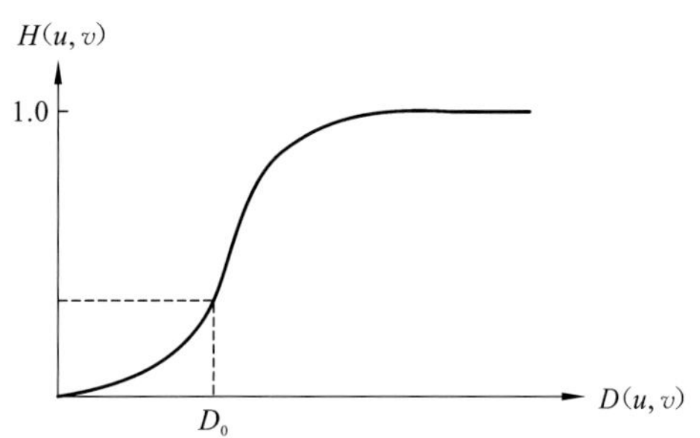

图 4.6　巴特沃思高通滤波器剖面图

巴特沃思高通滤波器中，$D(u,v)$ 表示频谱 (u,v) 到频谱中心的欧氏距离，由 $D(u,v)=\sqrt{u^2+v^2}$ 求得。D_0 为滤波器的截止频率，通过在频域中调整 D_0 的值，可以改变滤波器的滤波特性，以达到不同的滤波目的。滤波器的截止频率对增强结果有显著的影响。如果高通滤波器的截止频率设置过低，则无法有效地去除薄云；反之如果设置得过高，薄云可以被有效的去除，但是对其他地物产生过强的增强效果。只有设置合适的截止频率，才可以在消除薄云影响的同时保持非云像元的辐射信息。

同态滤波法在处理过程中是逐波段进行的，因此待处理的遥感影像所需的截止频率在个数上与波段数相同。薄云对每个波段的影响都不相同，一般来说，随着波长的增大，穿透能力就越强，受薄云影响的程度也会越低，如图 4.7 所示（Yuan et al.，2015）。薄云区域在影像上具有亮度高、模糊且对比度低的特点，相对地，无云区的地物细节丰富，具有较高的对比度。影像的平均梯度是反映影像对比度与清晰度的一个显著指标，平均梯度越大，影像层次越多，也就越清晰，反之则表示影像更加模糊。因此，平均梯度能够在一定程度上反映薄云影响程度，它在波段之间的变化能够反映截止频率在波段之间的变化。那么，如果能够找到截止频率与平均梯度的关系，则能够实现截止频率的自动选定。

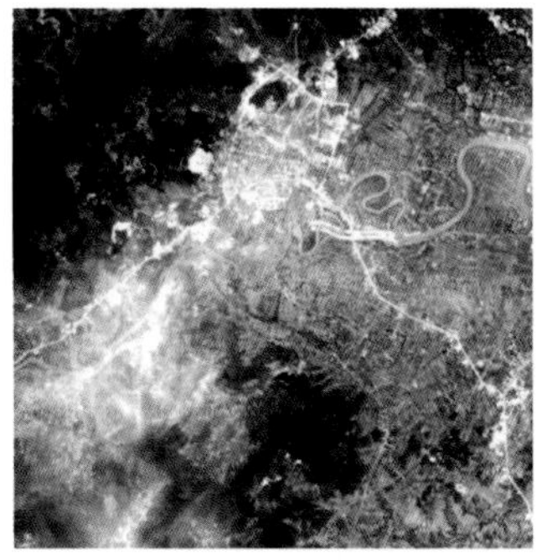

(a) 第1波段

(b) 第2波段

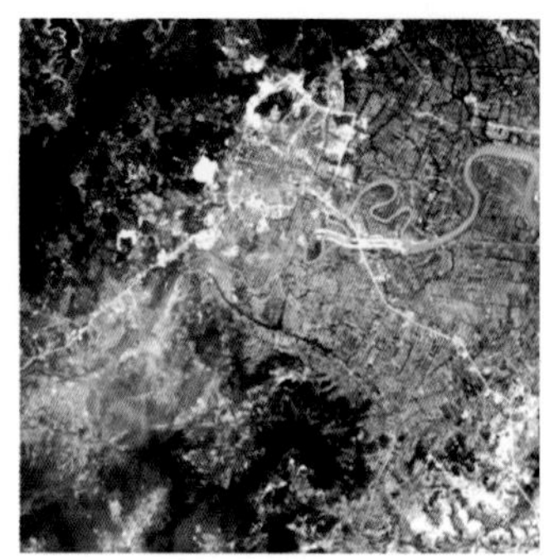

(c) 第3波段

图 4.7　Landsat ETM+影像第 1 波段～第 3 波段

如果将影像看成是一个二维离散函数，梯度就是这个二维离散函数的导数(李刚 等，2007)。对于影像中的第 i 个波段，该波段平均梯度 $\overline{G}$ 的计算公式如下：

$$\overline{G}=\frac{1}{(m-1)\times(n-1)}P \tag{4.6}$$

其中，P 的求解过程为

$$P=\sum_{x=1}^{m-1}\sum_{y=1}^{n-1}\sqrt{\frac{[I_i(x,y)-I_i(x+1,y)]^2+[I_i(x,y)-I_i(x,y+1)]^2}{2}} \tag{4.7}$$

式中：$I_i(x,y)$为影像的第 x 行、第 y 列的灰度值；m 和 n 分别为影像的总行数和总列数。

对多幅 Landsat ETM+影像在可见光波段的平均梯度进行统计见表 4.1。需要说明的是，平均梯度与影像的绝对亮度值相关，而云雾影响程度不同，各波段的整体亮度存在差异，因此，在统计平均梯度时需要对各波段的梯度值进行归一化。

表 4.1　四幅影像对应的最佳截止频率与平均梯度

影像	波段	最佳截止频率 D	平均梯度 $\overline{G}_N$	$D\cdot\overline{G}_N=C$
影像 1	波段 1	20	1.688	33.76
	波段 2	16	2.088	33.408
	波段 3	11	3.307	36.377
影像 2	波段 1	13	2.669	34.697
	波段 2	10	3.666	36.66
	波段 3	6	5.812	34.872
影像 3	波段 1	15	1.475	22.125
	波段 2	11	1.844	20.284
	波段 3	7	3.124	21.868
影像 4	波段 1	8	1.704	13.632
	波段 2	6	2.389	14.334
	波段 3	3	4.132	12.396

表 4.1 中的平均梯度以第 1 波段平均亮度为参考，对各波段的梯度值进行归一化。假设待处理影像的平均亮度为 B_i，参考影像的平均亮度为 B_r，那么归一化后平均梯度 $\overline{G}_{N,i}$ 的表达式为

$$\overline{G}_{N,i}=\frac{B_r}{B_i}\times\overline{G}_i,\quad i=1,2,3,\cdots \tag{4.8}$$

通过表 4.1 可以发现，对同一幅影像而言，随着波长的增加，平均梯度的值也随之增大，也就是影像更加清晰，因此薄云影响程度随波长增加而减弱。这充分验证了平均梯度对薄云影响程度的敏感性表征。为了进一步寻找平均梯度与截止频率之间的关系，通过对大量遥感影像进行实验，人工选择最佳截止频率 D，如表 4.1 第 3 列所示，最佳截止频率随波长增大而减小，与平均梯度随波长的变化规律相反，即最佳截止频率与平均梯度间存在负相关关系。统计各波段平均梯度与截止频率的乘积，如表 4.1 最后一列所示，对于同一幅影像，平均梯度与最佳截止频率的乘积在波段间的变化不大，可以认为是一个常数（Shen et al.，2014），即

$$D_1\cdot\overline{G}_{N,1}\approx D_2\cdot\overline{G}_{N,2}\approx D_3\cdot\overline{G}_{N,3}=C \tag{4.9}$$

第 i 波段的平均梯度是统计获得的，那么，当常数 C 已知时，该波段的最佳截止频率 D_i 即可获得。因此，在滤波过程中，只需人工设定某一波段的最佳截止频率，那么其他波段的截止频率即可通过式(4.9)中的反比例关系获得，从而实现了截止频率的半自动化确定。

3. 非云低频区域的色彩信息保真

同态滤波法通过抑制影像中的低频信息来削弱薄云的影响，然而影像中往往存在未受云雾影响的低频信息。例如，影像中常见的大范围水面，由于信息在同态滤波法中被削弱，水面在处理后往往会整体变暗；特别是当水质较浑浊，或泥沙悬浮较多时，其辐射值较高，这种情况下同态滤波对其辐射信息的削弱就更加明显。为此，可以首先对此类水域进行识别提取，然后采用矩匹配的方式对水域辐射信息进行校正。

1）大范围水域识别

由于水域具有典型的光谱特征，本节利用监督分类的方法，采用光谱角匹配准则对大范围水域进行识别提取。光谱角是指像元光谱与样本参考光谱之间的夹角，它可以用于估计目标像元的光谱曲线与参考光谱曲线之间的相似性。光谱角计算原理是将光谱视作一个 N 维空间上的矢量，N 为实验时选取的波段数。在这个 N 维空间中，光谱矢量之间形成的夹角就叫光谱角（王旭红 等，2008），它的计算公式如式(4.10)所示。光谱矢量的长度由影像亮度决定，而光谱角考虑的是光谱矢量的方向而不是光谱矢量的长度，因此光谱角 θ 对影像的亮度不敏感，也就不易受地形和光照的影响：

$$\theta=\cos^{-1}\frac{\boldsymbol{T}\cdot\boldsymbol{W}}{|\boldsymbol{T}||\boldsymbol{W}|} \tag{4.10}$$

式中：θ 为目标像元光谱与参考光谱之间的夹角，其变化范围为[0，π/2]，代表了目标像元与参考像元之间的光谱相似性；$\boldsymbol{T}$ 为目标像元光谱；$\boldsymbol{W}$ 为参考像元光谱。

在多光谱遥感影像中，水体的光谱特征显著，尤其在红外波段具有很强的吸收特性，这为基于光谱角的识别提供了有利条件。图 4.8(a) 展示了一幅武汉地区的 ETM＋真彩色影像，其中贯穿影像的长江水面与裸土的色彩相似，且局部被薄云覆盖。图 4.8(b) 是利用光谱角提取得到的影像中江面区域的结果，可以看出，影像中的江面区域能够被准确地提取出来。

(a) 受薄云影响的江面

(b) 利用光谱角提取江面的结果

图 4.8　Landsat ETM＋真彩色影像

获取于 2002 年 10 月 13 日，湖北地区

水面上同时存在云像元与非云像元，为了最大程度地保持非云像元的辐射信息，需要对水面上的云像元与非云像元进行区分。对于一片平滑的水域，云像元的一个显著特征是高亮度。假设在第 i 波段，任一未知像元的亮度值为 DN_i，非云像元的平均亮度为 $\overline{\mathrm{DN}}_{\mathrm{W},i}$。如果该像元在所有波段上的亮度值均大于非云像元的平均亮度，即 $\mathrm{DN}_i > \overline{\mathrm{DN}}_{\mathrm{W},i}$，那么该像元为云像元；相反，如果小于等于平均亮度，即 $\mathrm{DN}_i \leqslant \overline{\mathrm{DN}}_{\mathrm{W},i}$，那么该像元为非云像元；否则，该像元被标记为不确定像元。对水面辐射信息的校正将区别对待这三类像元，分别采用不同的方法进行处理。

2）水面亮度校正

同态滤波会显著削弱低频区域的亮度，平滑的水面又同时包含云像元、非云像元和不确定像元三类，因此校正方法基于对水域像元类别的划分，分别采用相应的处理方法。

对于水面的非云像元，保持它们的原始亮度值。

对于水面的云像元，采用矩匹配的方法进行校正。矩匹配方法假设待处理目标与参考对象之间具有统计一致性，特别适用于匀质区域的处理。以水面的非云像元为参考，基于其统计信息，包括均值与标准差，对所有云像元的亮度进行相应的调整，即

$$\mathrm{DN}'_{\mathrm{W},i} = \frac{\sigma'_i}{\sigma_i}(\mathrm{DN}_{\mathrm{W},i} - \mu_i) + \mu'_i \tag{4.11}$$

式中：$\mathrm{DN}'_{\mathrm{W},i}$ 为校正后像元在第 i 波段的亮度值；μ_i 和 σ_i 分别为水面云像元的均值和标准差；μ'_i 和 σ'_i 分别为水面非云像元的均值与标准差。

对于不确定像元，则采用对原始亮度与矩匹配亮度加权的方式确定其最终的输出亮

度，即

$$F_{W,i} = t \cdot DN_{W,i} + (1 - t) \cdot DN'_{W,i} \tag{4.12}$$

式中：t 用于平衡变量 $DN_{W,i}$ 和 $DN'_{W,i}$ 的关系，假设影像有 N 个波段，那么当在 n $(n \leqslant N)$ 个波段上满足 $DN_i \leqslant \overline{DN}_{W,i}$ 时，$t = n/N$。因此，当像元为非云像元时，$t = 1$；若像元为云像元时，$t = 0$。

利用以上方法，能够实现对大范围水域辐射信息的有效校正，在保持非云像元辐射信息的同时，有效降低云像元和不确定像元的亮度，从而整体保持水面的辐射特征。

4. 云区与非云区的无缝拼接

在遥感影像上，薄云通常集中分布于某一局部区域，不会覆盖整幅影像。那么如果对整幅影像都做处理，将会使得处理效率变低，且影响非云区的辐射信息。因此，高保真同态滤波云雾去除方法仅对云区进行处理，然后将处理后的云区影像与原始的非云区影像进行拼接。这种方式具有效率高且最大限度地保持非云区辐射信息的特点，但是处理后的云区影像整体辐射信息发生了改变，因此在与非云区拼接后会产生明显的接缝线，影响整幅影像的处理效果。

为了保证整幅影像的平滑过渡，实现云区与非云区的无缝拼接，高保真同态滤波云雾去除方法采用缓冲区过渡的方式对接缝线进行处理。通常，对于云区与非云区拼接后的影像而言，有四条显著的拼接缝，包括两条垂直线和两条水平线。当拼接缝为垂直方向时，缓冲区调整方向为水平向；反之，调整方向则为垂直向。本节以水平接缝线为例对调整方法进行具体说明，如图 4.9 所示。首先设定需要缓冲区的宽度为 L，这个参数可以根据处理影像的实际情况进行调整，那么在经去云处理后的云区中，所有到接缝线距离小于 L 的像素灰度都需要进行调整，距离大于等于 L 的像素灰度则保持不变。图 4.9 中，假设某一位置像元(x, y) 到拼接缝的距离为 d，且 $d \leqslant L$，那么该像元的灰度采用距离加权的方式进行调整，调整后的像素灰度 F_M 可以表示为

$$F_M = \lambda F + (1 - \lambda) f \tag{4.13}$$

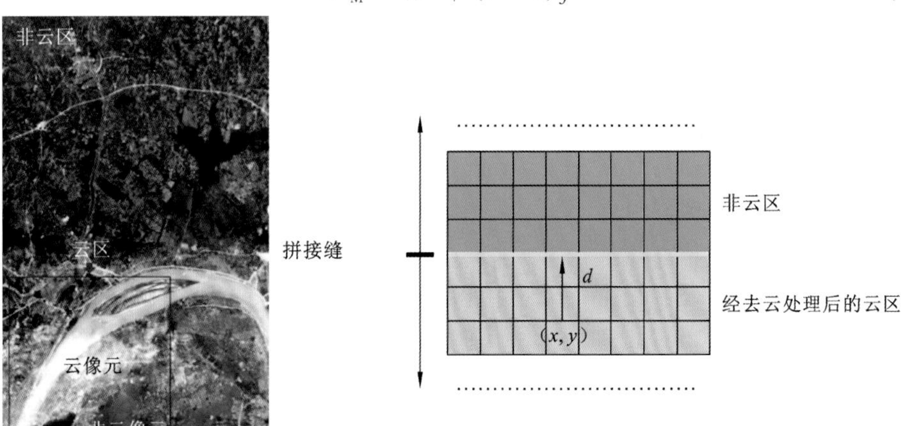

图 4.9　云区、非云区位置关系与水平拼接缝调整的示意图

式中：f 为原始灰度；F 为薄云校正后的灰度；$\lambda = d/L$ 为权重，用于衡量校正后灰度值的比重。从该校正公式可以看出，待处理像元距离拼接缝越远，调整后的灰度值应该越接近薄云校正的灰度值；反之，距离越近，调整后的灰度值越逼近原始像素的灰度值。

该接缝线处理方式简单快捷，通过对云区四个边缘拼接缝的处理，最终可以得到过渡平滑的整景没有薄云的影像，既能够实现对云区辐射的校正，也能够有效保持非云区的信息。

综上所述，高保真同态滤波云雾去除方法的流程图如图 4.10 所示，其相对于原始的同态滤波，主要做了以下四点改进。

（1）对于原始同态滤波全局处理影像时导致非云像元辐射信息改变的问题，采用基于区域的云像元判别和剔除云像元影响的拉伸处理，相较于原始同态滤波能够在去除薄云的同时有效保持非云像元的原有辐射信息。

（2）为避免原始同态滤波器截止频率设置自动化程度低的问题，采用一种半自动化截止频率设定方法，根据影像中各个波段的最佳截止频率与影像中各波段的平均梯度信息成显著的反比例关系这一规律，只要确定遥感影像中某一波段的最佳截止频率，便可以自动计算和获取其他几个波段的最佳截止频率。

（3）针对同态滤波往往削弱非云像元低频信息（如大范围水域）的问题，利用光谱角提取低频区域，然后利用矩匹配对这些低频区域做去薄云处理，从而还原出低频地物的真实辐射信息。

（4）为了改善原始同态滤波方法处理效率较低的缺点，高保真同态滤波云雾去除方法只处理云区，然后将处理后的云区与原始影像中的非云区进行无缝拼接，从而提高薄云去除的效率。

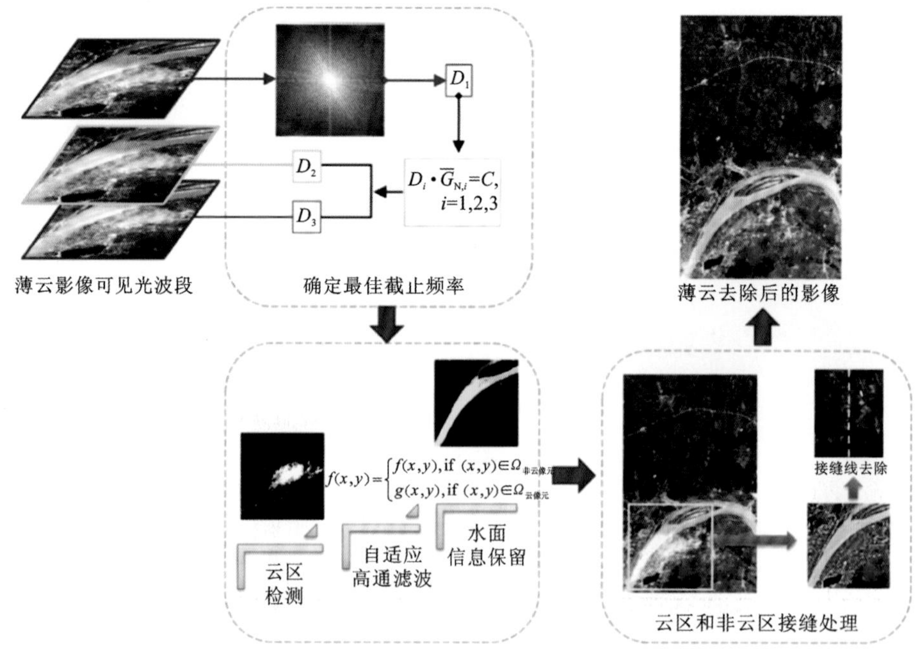

图 4.10　高保真同态滤波云雾去除方法流程图

4.3.3　薄云去除实验与分析

为了验证高保真同态滤波云雾去除方法的有效性，本节选取了多幅受到薄云影响的 Landsat ETM＋遥感影像进行实验，并且与 HOT 法和传统同态滤波法进行对比，以验证高保真同态滤波云雾去除方法的优越性。

图 4.11 展示了三幅遥感影像的去云效果，包括 HOT 法、传统同态滤波法和高保真同态滤波云雾去除方法的结果对比。从视觉效果对比可以看出，HOT 法能够在一定程度上消除薄云的影响，但是仍有部分残留，同时处理后的影像色彩信息较原始影像有明显的差异，影像的光谱特征发生了显著变化。传统同态滤波法能够有效去除影像中的薄云影响，但是在非云区域，处理后的影像会发生光谱信息失真的问题。高保真同态滤波云雾去除方法不仅能够有效去除影像中的薄云影响，而且同时对于原始影像中非云区域的光谱信息有很好的保真效果，去薄云的整体效果最好。

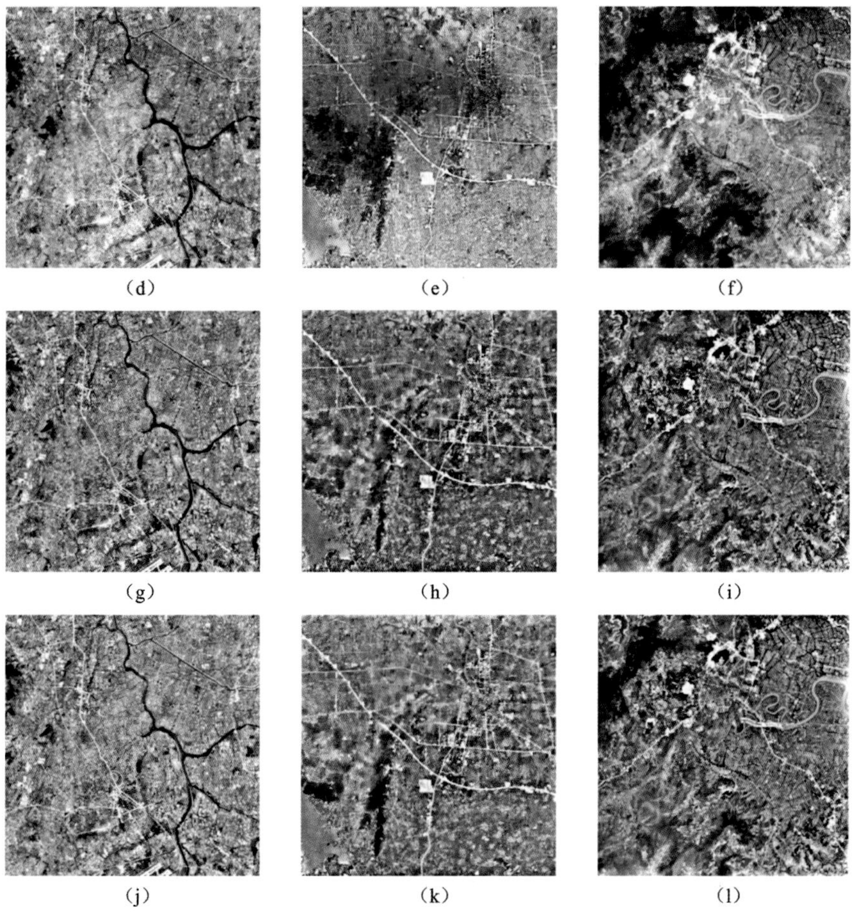

图 4.11　不同方法去薄云效果对比图

第一行为原始影像；第二行为 HOT 法去薄云后的结果；第三行为传统同态滤波法去薄云后的结果；第四行为高保真同态滤波云雾去除方法的结果

为了定量评判去云方法对非云像元信息的保持程度，引入非云像元的保真度进行定量评价，定义保真度指数 R：

$$R=\frac{\sum|f(x,y)-g(x,y)|}{n} \tag{4.14}$$

式中：(x,y) 为影像中非云区的像素点；$f(x,y)$ 和 $g(x,y)$ 分别为非云区中某一位置对应的原始影像和去云影像的像素值；n 为非云区像素数量。R 即计算原影像非云区像素与处理后影像像素之差的平均值，R 越小，则算法对非云像元的保真效果越好，反之，则越差。

手工选定非云区域，分别统计校正后影像在可见光波段的保真度指数，见表 4.2。可以发现，与其他两种方法相比，高保真同态滤波云雾去除方法在对影像的非云区域像元光谱信息的保真度最高。这意味着用高保真同态滤波云雾去除方法对影像中薄云去除的同时，还能够有效保留非云区域的光谱信息，保证了校正后影像数据的准确性。

表 4.2　保真度定量评价

波段	HOT 法	传统同态滤波法	高保真同态滤波云雾去除方法
蓝光波段	3.767 2	6.050 2	0.495 2
绿光波段	2.800 3	5.270 6	0.679 3
红光波段	2.895 6	7.369 6	0.685 3

为了验证高保真同态滤波云雾去除方法针对江面等低频区域的高保真效果，选取两幅包含江面区域的薄云影像做对比实验，与 HOT 法和传统同态滤波法的结果作对比，其薄云校正效果对比图，如图 4.12 和图 4.13 所示。目视对比可以发现，HOT 法对江面薄云的处理效果不佳，且影响色彩畸变较大；传统同态滤波法能够有效去除影像中的薄云影响，但是江面区域在处理后明显异常偏暗，相对原始光谱信息严重失真；高保真同态滤波云雾去除方法则能够准确提取影像中江面等低频区域，有效去除影像中的薄云影响，同时避免了江面区域的辐射畸变问题，对原始影像的光谱信息有很好的保真效果，去薄云的整体效果最好。

(a) 原始影像

(b) HOT 法去云结果

(c) 传统同态滤波法去云结果

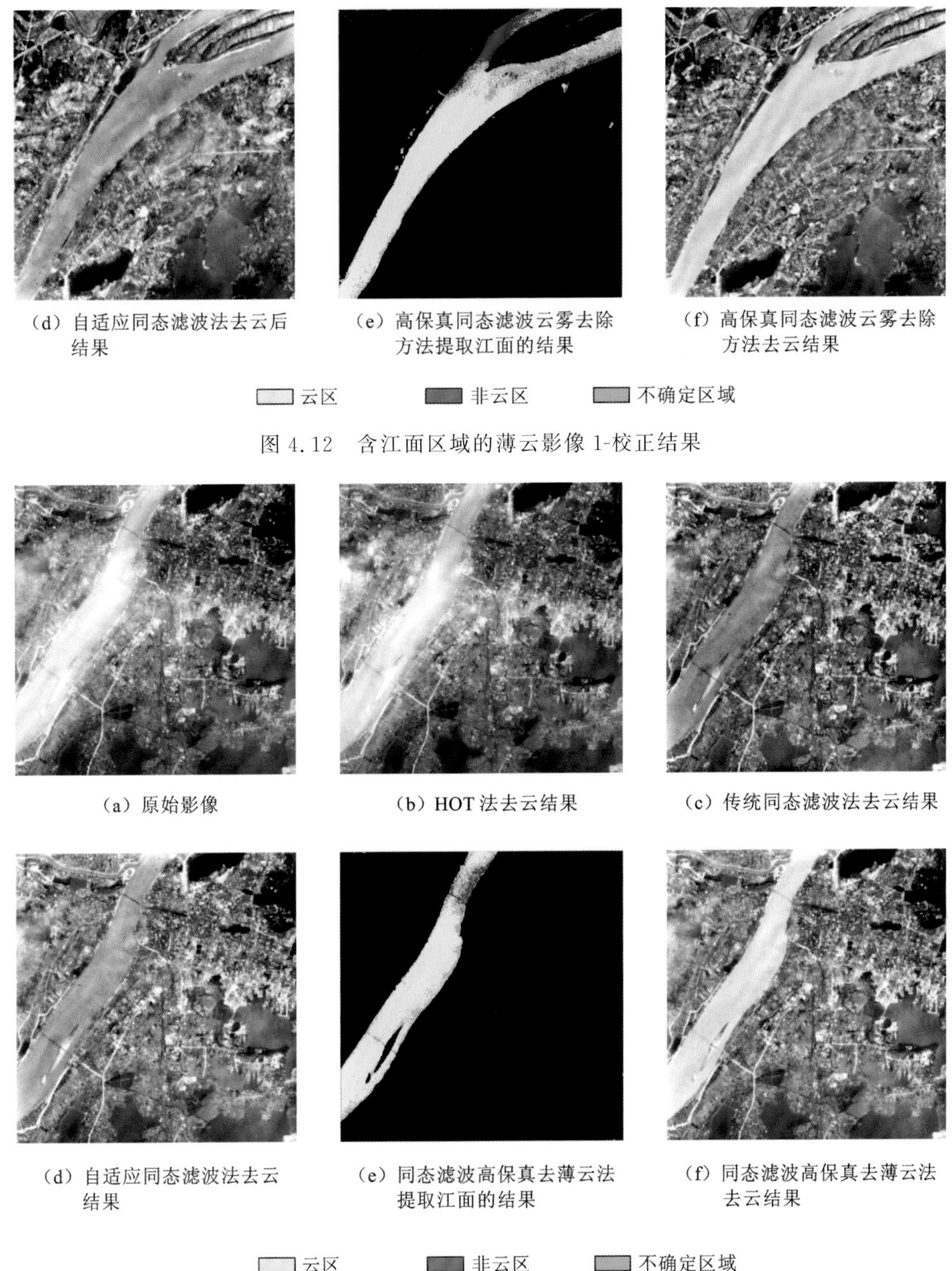

（d）自适应同态滤波法去云后结果　（e）高保真同态滤波云雾去除方法提取江面的结果　（f）高保真同态滤波云雾去除方法去云结果

图 4.12　含江面区域的薄云影像 1-校正结果

（a）原始影像　（b）HOT 法去云结果　（c）传统同态滤波法去云结果

（d）自适应同态滤波法去云结果　（e）同态滤波高保真去薄云法提取江面的结果　（f）同态滤波高保真去薄云法去云结果

图 4.13　含江面区域的薄云影像 2-校正结果

此外，为了更直观地说明拼接缝改正处理产生的效果，分别选取了在拼接缝处理前后影像中两块位置不同的子区域，子区域一在拼接缝改正前后的效果分别如图 4.14(d)、(e)所示，子区域二在接缝线改正前后的效果分别如图 4.14(f)、(g)所示。通过对比，可以发现在未经拼接缝处理时，拼接缝两侧的像素在灰度上有明显的差异，而经拼接缝修正处理

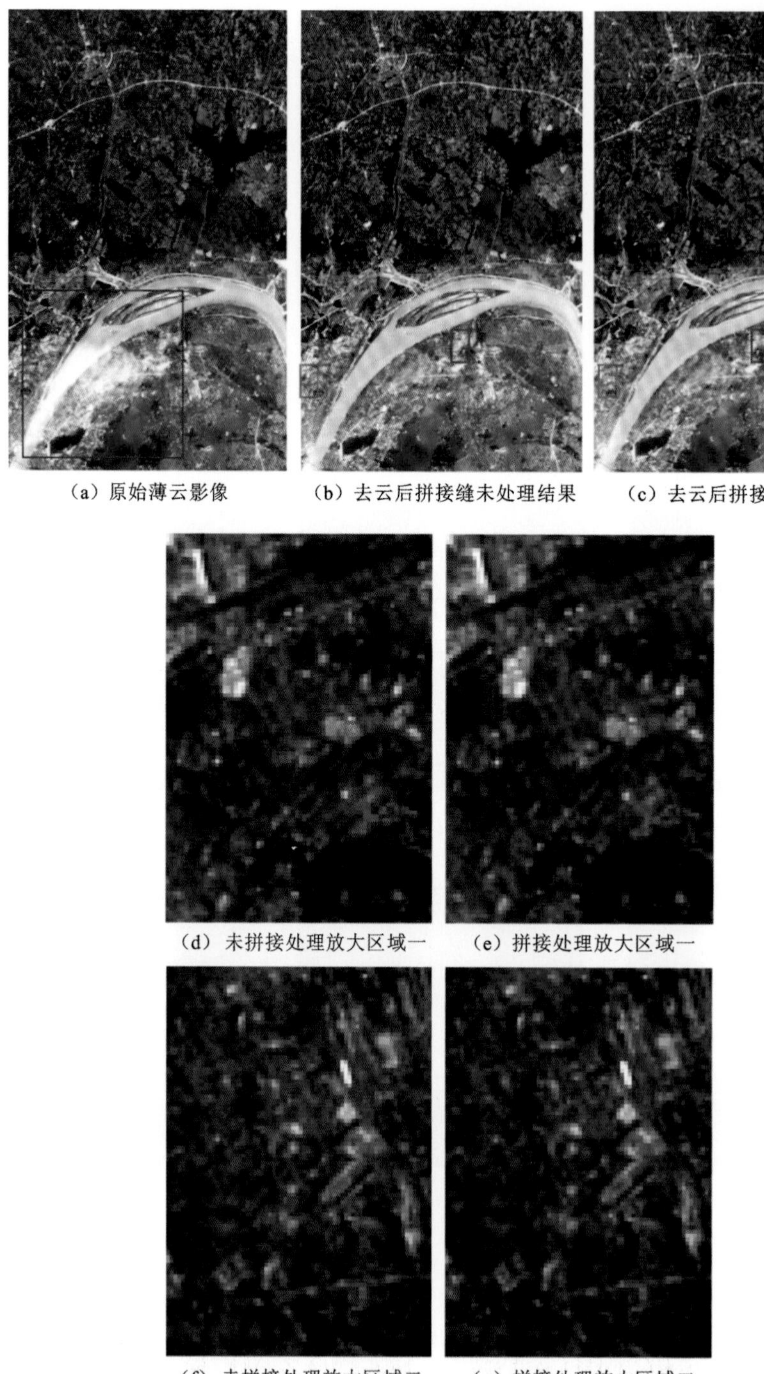
(a) 原始薄云影像　(b) 去云后拼接缝未处理结果　(c) 去云后拼接缝处理结果

(d) 未拼接处理放大区域一　(e) 拼接处理放大区域一

(f) 未拼接处理放大区域二　(g) 拼接处理放大区域二

图 4.14　拼接缝处理前后对比效果图

后，拼接缝处的灰度或颜色有一个光滑的过渡，不产生突变效应，从而使得影像平滑地拼接在一起。因此本节介绍的处理方法对消除拼接缝有比较明显的效果。

综上所述,通过目视对比与定量评价,均验证了高保真同态滤波云雾去除方法能够取得良好的薄云去除效果。一方面,能够有效消除影像中的薄云干扰;另一方面,对水面区域和非云区域的光谱信息,具有较好的光谱保真效果。

4.4　基于暗原色先验的去雾方法

如前所述,在很多情况下,薄云和雾霭在空间分布上存在一定差异。薄云通常分布在范围较小的局部区域,而雾霭在影像上则呈现出范围较广的分布特征。4.3 节介绍了一种基于同态滤波的高保真去薄云方法,该方法能有效地消除影像中的薄云影响,本节将主要介绍遥感影像雾霭去除的相关方法。

目前在去雾领域,暗原色先验法是较有影响力的方法,该方法主要应用于近景自然影像的去雾处理(Sharma et al.,2014)。本节分析该方法应用到遥感影像去雾处理时遇到的问题,同时针对这些问题,介绍一种空谱自适应暗原色去雾方法。

4.4.1　暗原色先验理论与去雾原理

1. 暗原色先验理论

暗原色先验理论是基于对户外无雾图像的数学统计规律,该理论最大的突破在于发现了户外无雾图像的全新本质特性(Liu et al.,2015;Serikawa et al.,2014)。其具体内容主要为:对于大部分户外无雾影像的非天空区域,它们在局部区域内的某一个或者几个颜色通道上的灰度值非常低,并且接近于 0(He et al.,2011)。因此,对于一幅无雾影像 J[图 4.15(a)]来说,它的暗原色分布可定义为

$$J^{\text{dark}}=\min_{\Omega(x,y)}\left(\min_{c\in\{r,g,b\}}J^{c}(x,y)\right)\to 0 \tag{4.15}$$

式中:(x,y)为影像中的像元位置;c 为对应像元的波段集;$\Omega_{(x,y)}$ 为以像元(x,y)为中心的局部窗口。因此,暗原色分布情况的求取可总结为如下几个步骤:首先逐个求取像元在各波段上的最小值,可得 $\min_{c\in\{r,g,b\}}J^{c}(x,y)$的对应分布情况[图 4.15(b)];然后在上述基础上,以 $\Omega_{(x,y)}$ 为窗口大小对 $\min_{c\in\{r,g,b\}}J^{c}(x,y)$进行最小滤波操作,将每个窗口内的最小值当作其暗原色值,便可得影像 J 的局部暗原色分布[图 4.15(c)]。

(a) 原始影像

(b) 像元最小像素值

(c) 暗原色分布

图 4.15　暗原色求取过程图(He et al.,2011)

造成自然影像中暗原色值很低并且接近于0的原因主要有以下三种。

(1) 物体的局部阴影,如建筑、树木、汽车的阴影等。

(2) 色彩鲜艳的物体或者表面,如绿色的树叶、红色的花等。

(3) 颜色较暗的物体或者表面,如暗灰色的树干、黑色的石头等。

由上述可知,暗原色先验是在大部分无雾影像中均成立的先验知识。结合暗原色先验与云雾影像模型能让单幅影像的云雾去除变得更加简单、有效。下面将详细介绍利用暗原色先验理论进行图像去雾处理的具体流程。

2. 暗原色先验去雾原理

传统的去雾方法忽略了真实影像中雾霭分布不均的事实,往往采用全局处理的方式,导致部分区域的雾霭无法完全去除或校正过度,所以只能有限地提升降质影像的质量。接下来介绍的暗原色先验方法,可以较为有效地去除影像中的雾霭干扰。

在图像处理领域中,一般利用云雾影像模型描述影像的辐射组成(He et al.,2011;Fattal,2008;Tan,2008;Narasimhan et al.,2000)。该模型认为一幅云雾影像的辐射主要由两部分组成,一部分是地物反射辐射,另一部分是大气光参与成像而引入的辐射,这两部分所占的权重分别是$t(x,y)$和$(1-t(x,y))$ (Lan et al.,2013)。该模型表达式如下:

$$I(x,y)=J(x,y)t(x,y)+A(1-t(x,y)) \tag{4.16}$$

式中:(x,y)为像元位置;$I(x,y)$为已观测的云雾影像;$J(x,y)$为无雾影像;A为全局大气光值,表示整幅影像中雾霭浓度最大处的像元值;透射率$t(x,y)$表示辐射在大气传播过程中的透过函数。因此,只需估算出透射率$t(x,y)$和全局大气光值A,便可对影像进行去雾处埋。

将云雾影像模型和暗原色先验理论结合可以有效地去除影像中的雾霭干扰,主要求解过程可归纳为:全局大气光值A的求解、局部透射率的计算、透射率细化和影像的去雾处理。

1) 全局大气光值A的求解

对于一幅无雾影像来说,其对应的暗原色值分布应该大部分趋近于0。但该假设仅对无雾影像成立,当影像受到雾霭影响时,其暗原色的值并不趋近于0,这种现象产生的原因主要是大气散射效应。为此,有学者提出可以根据雾霭影像对应暗原色的分布情况来估算影像的全局大气光值A(He et al.,2011)。

首先,利用式(4.15)计算出雾霭影像I的暗原色分布情况;其次,在得到的暗原色分布图中选取前千分之一最亮的像元,并记录下像元在影像中的坐标;最后,根据坐标信息选取雾霭影像I中对应位置的像元,并将这些像元中的最大灰度值作为全局大气光值A。

2) 局部透射率的计算

暗原色先验理论的提出给透射率的计算提供了一种简易的方式。首先利用上部分中得到的全局大气光值A对式(4.16)进行归一化处理并计算等式两侧的暗原色值,即对等式两边的项分别进行两次取最小操作,可得

$$\begin{aligned}&\min_{(x,y)\in\Omega(x,y)}\left(\min_{c\in\{r,g,b\}}\frac{I^c(x,y)}{A}\right)\\&=\min_{(x,y)\in\Omega(x,y)}\left(\min_{c\in\{r,g,b\}}\frac{J^c(x,y)t(x,y)}{A}\right)+1-\min_{(x,y)\in\Omega(x,y)}(\min t(x,y))\end{aligned}\tag{4.17}$$

式中：$I^c,c\in\{r,g,b\}$为不同波段上的像元值。假设透射率 $t(x,y)$在窗口 $\Omega(x,y)$内为常数并记做 $t'(x,y)$，即

$$t'(x,y)=\min_{(x,y)\in\Omega(x,y)}(\min t(x,y))\tag{4.18}$$

此外，J 为无雾影像，则应满足暗原色值为 0 的先验假设，应有

$$\min_{(x,y)\in\Omega(x,y)}\left(\min_{c\in\{r,g,b\}}\frac{J^c(x,y)}{A}\right)=0\tag{4.19}$$

将式(4.19)和式(4.18)同时代入式(4.17)中，可得

$$t'(x,y)=1-\min_{(x,y)\in\Omega(x,y)}\left(\min_{c\in\{r,g,b\}}\frac{I^c(x,y)}{A}\right)\tag{4.20}$$

式中：$t'(x,y)$为根据暗原色先验估算的局部透射率。

3）透射率细化

如果直接将得到的局部透射率 $t'(x,y)$用于影像的去雾处理，处理后的影像极易在景深变化较大处产生明显的光晕现象，影响影像复原的质量。因此需要对透射率进行细化处理，求取精准到各像元的透射率分布。透射率细化常用的处理方法有软抠图算法(soft matting)和引导滤波(guided filter)算法，引导滤波算法相较于软抠图算法来说效率更高，具有更高的实际应用价值，因此本书主要介绍引导滤波算法(He et al.，2013；He et al.，2011)。

引导滤波算法是近年来出现的滤波技术，其最大的优势在于能较好地保持边缘特性，优化影像细节信息(Pan et al.，2015)。该模型假定函数上的任意一点与其临近点之间线性相关，因此对于一个复杂的函数来说，可用较多的局部线性函数对其进行表示。当需要求解该函数上某点的值时，只需要计算所有包含该点的局部线性函数的值并取均值即可。假设细化后的透射率 $\hat{t}(x,y)$和引导影像 $I_{\text{gray}}(x,y)$在二维窗口 ω_k 内满足如下的线性关系：

$$\begin{aligned}&\hat{t}(x,y)=a_kI_{\text{gray}}(x,y)+b_k,\ \forall(x,y)\in\omega_k\\&I_{\text{gray}}(x,y)=\frac{I_{\text{r}}(x,y)+I_{\text{g}}(x,y)+I_{\text{b}}(x,y)}{3}\end{aligned}\tag{4.21}$$

式中：$I_{\text{gray}}(x,y)$为云雾影像对应的灰度影像；ω_k 为以 k 为像元中心的窗口；(x,y)为像元位置；a_k 和 b_k 为当窗口中心位于 k 时该线性函数的系数。

在式(4.21)中，系数 a、b 为待求解系数。为了获取 a、b 的值，利用线性回归进行拟合，并让输出影像 $\hat{t}(x,y)$与待滤波影像 $t'(x,y)$之间差异最小，也就是让式(4.22)的值最小：

$$E(a_k,b_k)=\sum_{(x,y)\in\omega_k}((a_kI_{gray}(x,y)+b_k-t'(x,y))^2+\varepsilon a_k^2)\tag{4.22}$$

其中，正则化系数 ε 主要用于约束 a 的值。通过最小二乘法即可得到系数 a、b 的值：

$$a_k = \frac{\frac{1}{|\omega|}\sum_{(x,y)\in\omega_k} I_{\text{gray}}(x,y)t'(x,y) - \mu_k \bar{p}_k}{\sigma_k^2 + \varepsilon} \tag{4.23}$$

$$b_k = \overline{t'}_k - a_k\mu_k$$

式中：μ_k、σ_k^2 分别为影像 $I_{\text{gray}}(x,y)$ 在窗口 ω_k 中的均值和方差；$|\omega|$ 为窗口 ω_k 中包含的像元数；$\overline{t'_k}$ 为待滤波影像 $t'(x,y)$ 在窗口 ω_k 中的均值。

在计算每个窗口对应的系数 a、b 时，不难发现同一像元会被多个窗口包含，即每个像元都可以由多个线性函数进行表述。因此，只需计算包含该点的所有线性函数的均值即可得到引导滤波后该像元的值 $\hat{t}(x,y)$：

$$\begin{aligned}\hat{t}(x,y) &= \frac{1}{|\omega|}\sum_{k|(x,y)\in\omega_k}(a_k I_{\text{gray}}(x,y) + b_k) \\ &= \bar{a}(x,y)I_{\text{gray}}(x,y) + \bar{b}(x,y)\end{aligned} \tag{4.24}$$

通过引导滤波细化局部区域透射率能够得到细节和边缘信息较好的透射率分布，能有效避免光晕现象的出现。

4）影像的去雾处理

在获取到影像的全局大气光值 A 和透射率分布 $\hat{t}(x,y)$，根据式(4.16)即可求解出无雾影像 J。

$$J(x,y) = \frac{I(x,y) - A(1-\hat{t}(x,y))}{\hat{t}(x,y)} = \frac{I(x,y) - A}{\hat{t}(x,y)} + A \tag{4.25}$$

利用暗原色先验理论对自然影像进行去雾处理，可以取得显著的去雾效果。但是暗原色先验也存在一定的局限性，如当影像中的场景（天空等高亮区域）与大气光非常接近时，暗原色先验理论将失效(Li et al.，2016；He et al.，2011)。

4.4.2 空谱自适应暗原色去雾方法

将暗原色先验应用到遥感影像去雾处理时，通常会出现浓雾区域去除不彻底、高亮地物校正过度和部分波段仍有云雾残留的现象。造成上述现象的原因可具体分析归纳如下。

(1) 在云雾影像模型中，全局大气光值 A 表示不经地物反射而进入传感器成像的辐射，其辐射量的大小与散射效应的强弱密切相关。云雾在空间中的分布不均匀性，使得一幅影像中的不同区域散射强度也不一致。因此，影像中大气光的分布情况应为不均匀状态。然而在大部分云雾校正方法中均认为影像的大气光为均匀分布状态，低估了部分区域大气光参与成像的辐射值，这使得影像中的浓雾区域校正不彻底。

(2) 影像中裸土等高亮地物的光谱信息与大气光近似，结合前文可知，在这种情况下暗原色先验并不成立，此时估算出的透射率往往低于正常值，导致处理后影像出现校正过度的问题(Yuan et al.，2015；Long et al.，2014；Long et al.，2012)。

(3) 对于多波段影像，随着波长的增加，雾霭对各波段的影响程度逐渐减小，如图 4.16 所示(Makarau et al.，2014a，2014b；Ma et al.，2005)。因而，当对可见光波段均予以相同

（a）真彩色影像　（b）红光波段影像　（c）绿光波段影像

（d）蓝光波段影像　（e）近红外波段影像

图 4.16　雾霭在各波段上的分布情况

程度的处理强度时，可能会使得绿光波段和蓝光波段上的雾霭无法完全去除，从而造成校正后的影像会产生偏蓝问题（Lu et al.,2015；Zhu et al.,2015）。

针对以上问题，本节介绍一种顾及空间和波段差异的自适应暗原色去雾方法，在有效消除雾霭影响的基础上复原影像应有的光谱信息，提升影像质量。

1. 空间自适应处理

1）非匀质大气光估算模型

如前所述，由于遥感影像中云雾分布的不均匀性，不同区域间散射效应的强度也存在差异。结合云雾影像模型中全局大气光值 A 的定义可知：大气光在影像中的分布也具有不均匀性。然而大部分去雾方法认为 A 在整景影像中为一个稳定的均值，这造成了影像处理后在浓雾区域校正不彻底。针对这一现象，本节介绍一种充分顾及散射强度差异的非匀质大气光估算模型。该模型可用描述为

$$A_{\mathrm{nua}}=A+\Delta A_{\mathrm{local}} \tag{4.26}$$

式中：A 为全局大气光值；$\Delta A_{\mathrm{local}}$ 为基于局部优化的非匀质大气光增量；A_{nua} 为影像的非均匀大气光分布。

对于一幅云雾影像 I［图 4.17(a)］而言，其非匀质大气光的分布可通过如下步骤得到。

(1) 首先根据 4.4.1 节“全局大气光值 A 的求解”中的步骤得到影像的全局大气光值 A。

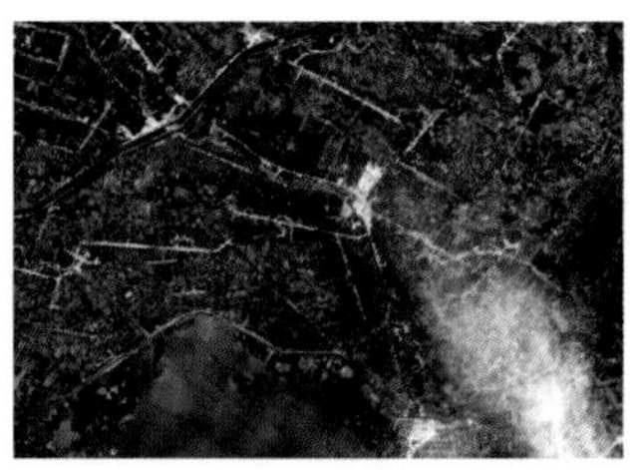

（a）云雾影像

（b）局部增量 ΔA_{local}

（c）非匀质大气光

图 4.17　非匀质大气光计算示意图

（2）利用高斯低通滤波获取影像的背景光，然后在暗原色影像上逐像元地移动大小为 $n\times n$ 的窗口并记录窗口内暗原色最大值的像元位置，将背景光影像中对应位置的像元灰度值当成该窗口的局部大气光值 A_{local}。当对影像逐窗口计算结束后，即可根据局部大气光值的分布情况得到整幅影像的局部增量 ΔA_{local}，如图 4.17(b)所示。局部增量计算公式如下所示：

$$\Delta A_{local}=A_{local}-A_{local\,min} \tag{4.27}$$

（3）在得到全局大气光值 A 和局部增量 ΔA_{local} 的基础上，便可根据式(4.26)得到影像的非匀质大气光分布情况。考虑到逐窗口计算过程中容易存在较为明显的窗口移动痕迹，因此一般需要对估算出的非匀质大气光进行平滑处理。

经过上述操作后即可得到如图 4.17(c)所示的非匀质大气光分布。由非匀质大气光估算模型所得的大气光在空间上分布平滑且存在较强的异质性，能较好地反映影像中不同区域大气光辐射参与成像的情况。在 4.4.3 节中实验结果将进一步证明顾及非匀质大气光分布的方法能有效校正影像中云雾浓厚区域的辐射信息。

2）高亮像元的特殊处理

如 4.4.1 节所述，利用暗原色先验理论估算影像 I 的透射率主要分为三步：①计算各像元颜色通道的最小值；②在上述基础上逐像元地移动窗口进行最小滤波，将各窗口内的最小值当成该窗口的局部暗原色，即可得影像 I 的暗原色分布；③再由式(4.20)即可得局部透射率 $t'(x,y)$。因此可知，当决定窗口透射率的像元不满足暗原色先验时，该窗口内得到的透射率为异常值，需要对其进行校正。

为解决高亮区域校正过度的问题，本节介绍一种对高亮像元判别与特殊处理的策略。首先，根据高亮像元与非高亮像元在颜色通道上像元的分布差异，构建高亮像元判别指标(bright pixel index，BPI)对影像中的高亮像元进行识别；然后，引入校正函数对识别为高亮像元的所在窗口进行自适应处理，赋予其合适的处理强度。

（1）高亮像元判别。高亮区域与大气光的光谱信息相近，因此区域内的高亮像元应满足在各颜色通道上像元均较大且相近的特征。而非高亮区域的像元并不满足这一特征，所以可以根据这种高亮像元与非高亮像元在颜色通道上像元的分布差异，构建高亮像元判别指数 M 以对像元进行判别，判别指数可描述如下：

$$M=\frac{\max\limits_{c\in\{r,g,b\}} I^c(x,y)-\min\limits_{c\in\{r,g,b\}} I^c(x,y)}{\max\limits_{c\in\{r,g,b\}} I^c(x,y)} \tag{4.28}$$

式中：$\max\limits_{c\in\{r,g,b\}} I^c(x,y)$和$\min\limits_{c\in\{r,g,b\}} I^c(x,y)$分别为像元$(x,y)$在所有颜色通道内的最大值和最小值。利用以上判别条件并设置阈值α即可对高亮像元进行判别，当像元计算出判别指数小于α时，即可认为该像元为高亮像元，需对像元所在窗口的透射率进行校正。

(2) 局部透射率自适应校正。高亮区域出现校正过度的情况，主要原因是暗原色先验不适用于该区域，透射率的估算偏小。为了避免透射率估算失准的现象，本节引入透射率校正函数F对高亮区域的透射率进行自适应校正，予以其合适的处理强度，以恢复其真实光谱信息。校正函数可描述如下：

$$F(x,y)=\frac{\max\limits_{(x,y)\in\Omega_M} I_{gray}(x,y)-\min\limits_{(x,y)\in\Omega_M} I_{gray}(x,y)}{\max\limits_{(x,y)\in\Omega_M} I_{gray}(x,y)_{max}-I_{gray}(x,y)} \tag{4.29}$$

式中：Ω_M为高亮像元集合；$\max\limits_{(x,y)\in\Omega_M} I_{gray}(x,y)$、$\min\limits_{(x,y)\in\Omega_M} I_{gray}(x,y)$分别为高亮像元中的灰度最大值和最小值；$I_{gray}(x,y)$为高亮像元的灰度值；计算所得的$F(x,y)$为相应的透射率校正值。因此，经过校正后的局部透射率分布为

$$\tilde{t}(x,y)=\begin{cases}t'(x,y),(x,y)\notin\Omega_M\\F(x,y)t'(x,y),(x,y)\in\Omega_M\end{cases} \tag{4.30}$$

式中：$t'(x,y)$为 4.4.1 节中估算得到的局部透射率；$\tilde{t}(x,y)$为校正后的全局透射率分布。高亮区域的透射率经过校正后，能较为合理地获得相应的处理强度。

2. 波段自适应处理

利用原始暗原色对影像进行去雾处理时，对可见光波段均予以相同的处理强度，使得部分波段上雾霭无法完全去除，去雾后的影像会产生偏蓝问题(Lu et al.,2015；Zhu et al.,2015)。

为解决这一问题，本节介绍一种波段自适应处理的思想：通过原始暗原色求取透射率，并在该基础上，演算出分别针对红光、绿光、蓝光波段的透射率，从而实现对波段做不同程度的自适应去雾处理。此外，假设雾霭的分布浓度，在可见光波段上满足以下两个条件。

(1) 对于一定浓度的雾霭，在可见光波段上的影响程度是递增的。可见光波段上透射率大小的排序为：红光波段透射率最高，绿光波段次之，蓝光波段最低。因此，在有雾霭的区域，对红光、绿光、蓝光三个波段的处理强度应该也是递增的。

(2) 雾霭的浓度越大，对可见光波段的影响差异越大，对应的处理强度也应该越大。同时在没有雾霭的区域，均不做处理。

因此需要根据波段间雾霭影响程度的不同，自适应地决定每个波段的处理强度。假定通过原始暗原色先验求取的透射率，可将红光波段上的雾霭去除彻底，因此把原始透射

率作为满足红光波段处理强度的透射率。在此基础上引入全局层次的调节系数 K_g 和 K_b，以原始透射率为基准，分别演算出绿光、蓝光波段上的透射率，从而增强对绿光波段和蓝光波段的处理强度，避免利用原始的暗原色先验方法去雾时，蓝光、绿光波段上的雾霭无法完全去除，导致影像偏蓝。

透射率的大小表征影像受雾霭影响程度的大小也就是影像的清晰程度，梯度从一定程度上也体现影像的清晰度。通过大量实验发现，在红光波段影像中局部梯度值与对应区域透射率大小呈显著正相关，如图 4.18 所示。

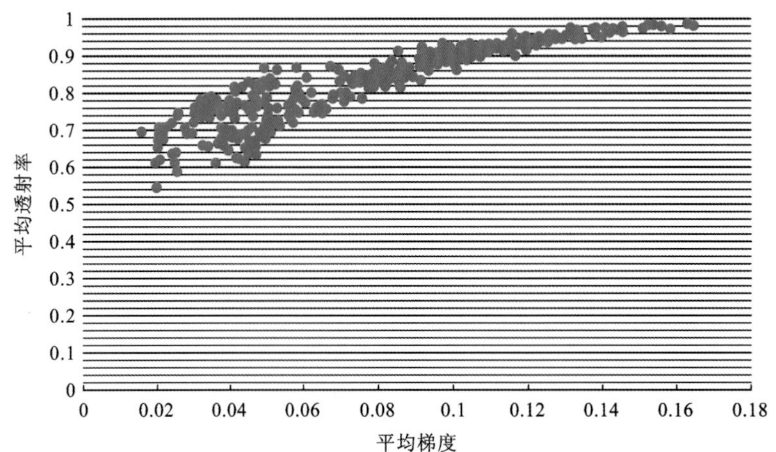

图 4.18　红光波段影像子区域上平均梯度与平均透射率之间拟合的线性关系

为获得一幅云雾影像上梯度和透射率间的定量关系式，可从红光波段影像上裁剪出 n 幅较小的子影像，并分别计算出 n 幅子影像的平均梯度 $\overline{G}_r$ 和平均透射率 $\bar{t}$。影像梯度大小与其动态范围相关，因此，在计算平均梯度前需要对影像进行归一化处理，归一化公式如下：

$$I_{N,i}=\frac{I_i}{I_{max}} \tag{4.31}$$

式中：$I_i, i\in\{r,g,b\}$ 为可见光波段影像；I_{max} 为所有波段中的最大灰度值；$I_{N,i}$ 为归一化后的影像。

对影像进行归一化并计算平均梯度后，根据最小二乘法进行线性拟合，便可得到红光波段上平均透射率与平均梯度之间的关系方程：

$$\bar{t}=a\cdot\overline{G}_r+b \tag{4.32}$$

在得到红光波段影像平均梯度与平均透射率关系的基础上，进一步假设在绿光、蓝光波段影像上平均梯度与平均透射率也满足上述定量关系。因此，可根据波段受雾霭的影响程度确定相应的透射率调节系数，从而较为彻底地消除不同波段上的雾霭影响。绿光、蓝光波段对应的透射率调节系数计算公式如下：

$$K_g = \frac{a \cdot \overline{G}_g + b}{a \cdot \overline{G}_r + b}, \quad K_b = \frac{a \cdot \overline{G}_b + b}{a \cdot \overline{G}_r + b} \tag{4.33}$$

式中：$\overline{G}_g$、$\overline{G}_b$ 为影像对应绿光、蓝光波段的平均梯度值；K_g、K_b 为绿光波段和蓝光波段的调节系数。因此，可以得到各波段的透射率分布情况：

$$t_r = \tilde{t} \qquad t_g = K_g \cdot \tilde{t} \qquad t_b = K_b \cdot \tilde{t} \tag{4.34}$$

式中：$\tilde{t}$ 为经过空间自适应校正后的透射率分布；t_r、t_g、t_b 分别为校正后红光、绿光、蓝光波段的透射率分布。再利用引导滤波对校正后的透射率进行优化后即可得到在空间上过渡平滑且处理强度适宜的透射率。

综上所述，空谱自适应暗原色去雾方法与原始暗原色先验法相比，增加了空间自适应处理和波段自适应处理这两个策略。图 4.19 为空谱自适应暗原色去雾方法的详细流程图。

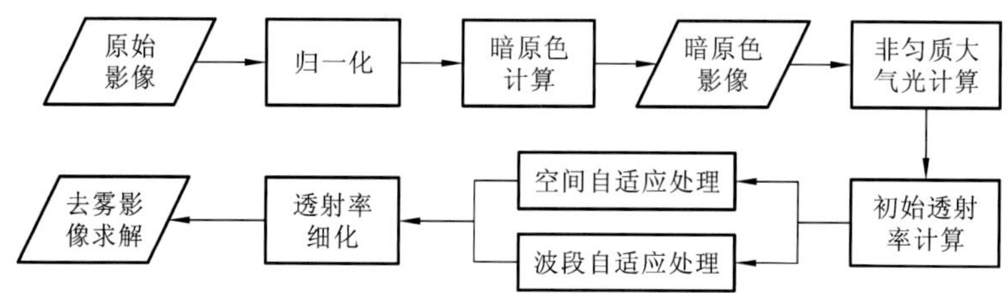

图 4.19　空谱自适应暗原色去雾方法的详细流程图

4.4.3　去雾实验与分析

为验证本节介绍的空谱自适应暗原色去雾方法的有效性和普适性，选取多幅受雾霭影响的航空、高分一号和快鸟卫星等多种传感器影像进行真实实验，并与 HOT 法和原始暗原色先验法的去雾结果进行对比。

1. 航空影像去雾处理实验与分析

图 4.20 为三组受霭雾影响的航空影像，影像中均包含部分裸土等高亮地物。为了验证空谱自适应暗原色去雾方法的有效性，选取了 HOT 法和原始暗原色先验法作为对比，以下是利用不同方法做去雾处理后的实验结果。

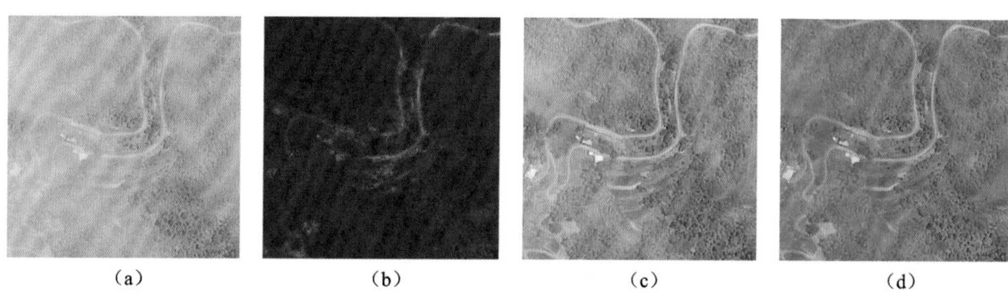

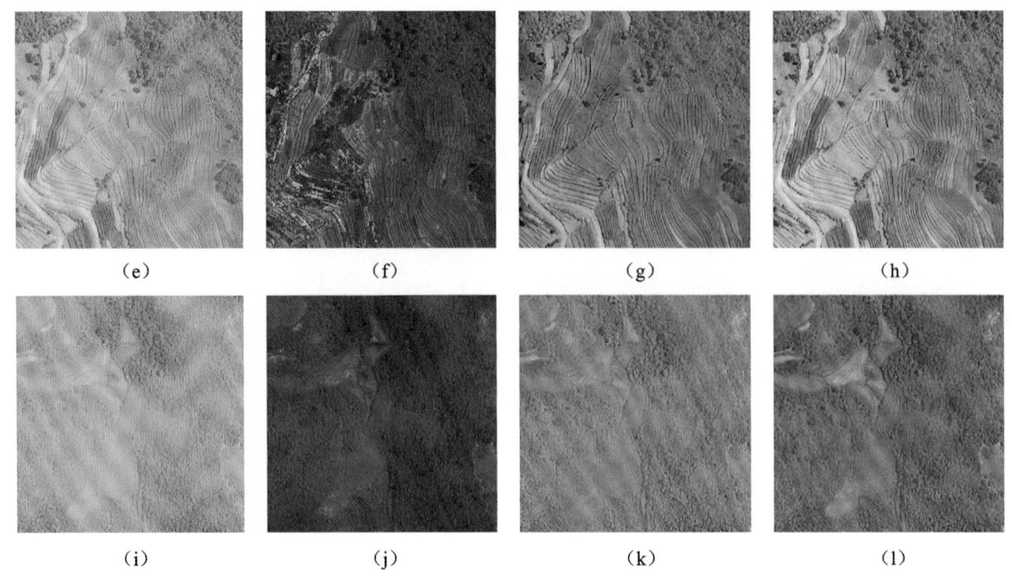

(e) (f) (g) (h)

(i) (j) (k) (l)

图 4.20　不同方法去雾结果对比

第一列为原始影像;第二列为 HOT 法去雾结果;第三列为原始暗原色先验法去雾结果;第四列为空谱自适应暗原色去雾方法去雾结果

图 4.20 展示了不同方法对几组航空云雾影像的校正结果。图中第一列为原始云雾影像,从目视上观察,可以发现在这几幅影像中云雾污染情况和地物组成都有较大差异。如图 4.20(a)所示的云雾影像中,影像左侧的云雾影响明显大于右侧,云雾影响整体呈现较强的不均匀性;在图 4.20(e)中,云雾影响整体较小,大部分地物由高亮裸土组成;而在图 4.20(i)中,云雾分布也呈现出了一定的不均匀性,且影像中存在部分裸土区域。图中第二列、第三列和第四列分别为 HOT 法去雾结果、原始暗原色先验法去雾结果和空谱自适应暗原色去雾方法去雾结果。从目视效果对比这三种方法对上述几幅影像的处理结果可以看出,HOT 法能在一定程度上去除影像的云雾影响,但是在云雾较浓区域仍有一定残留;另外,对于影像中存在的裸土区域光谱保真度较差,如图 4.20(f)中裸土区域的光谱信息相较于原始影像已发生明显畸变。原始暗原色先验方法也能有效地消除影像中的云雾影响,但是在云雾浓厚区域依然不能起到较好的校正结果;云雾影像中的高亮地物经过校正后出现了过度校正的现象。相较于上述两种方法而言,空谱自适应暗原色去雾方法引入了针对高亮地物的透射率自适应校正策略和考虑大气光分布不均的特点,处理结果不仅能有效校正影像中的浓雾区域,还可较好地避免高亮地物光谱畸变现象,较大程度地提高了影像可视性,总体校正结果最好。

2. 卫星遥感影像去雾处理实验与分析

为验证空谱自适应暗原色去雾方法对多源卫星遥感影像的校正效果,选取快鸟卫星影像、高分一号卫星影像和资源三号卫星影像,分别使用 HOT 法、原始暗原色先验法和空谱自适应暗原色去雾方法进行处理。在去雾处理中,仅对可见光波段进行校正,对可见光以外的波段不做处理。图 4.21～图 4.23 为不同方法的云雾校正结果。

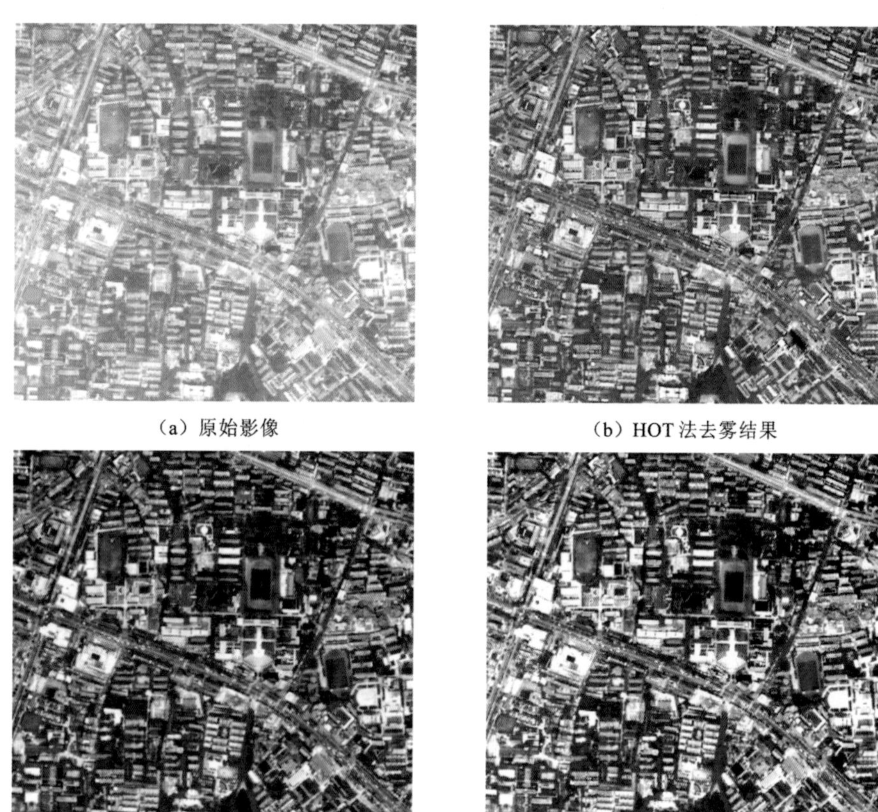

(a) 原始影像　(b) HOT 法去雾结果

(c) 原始暗原色先验法去雾结果　(d) 空谱自适应暗原色去法去雾结果

图 4.21　快鸟卫星影像去雾结果对比

(a) 原始影像

(b) HOT法去雾结果

（c）原始暗原色先验法去雾结果

（d）空谱自适应暗原色去雾方法去雾结果

图 4.22　资源三号卫星影像去雾结果对比

（a）原始影像

（b）HOT法去雾结果

（c）原始暗原色先验法去雾结果

（d）空谱自适应暗原色去雾方法去雾结果

图 4.23　高分一号卫星影像去雾结果对比

以上几组实验影像涉及多种类型传感器,影像内包含地物类型广泛,主要包括林地、城区、滩涂和水体等。从实验结果来看,HOT 法能够在一定程度上抑制云雾影响,但相较于原始影像存在较大的光谱失真,如图 4.23(a)中可大致看出滩涂和水体的色彩信息,但经过 HOT 法校正后,虽然提高了影像的对比度,可滩涂和水体区域均出现了较为严重的色彩偏差。原始暗原色先验法也从较大程度上去除雾霭的影响,但是没有考虑云雾影响在波段间的差异性,导致部分波段云雾去除不彻底,引起校正后影像的整体光谱畸变,如图 4.21(c)所示。空谱自适应暗原色去雾方法引入了空间自适应策略,对于浓雾区域、高亮区域均能达到较好的校正结果,不仅如此,得益于波段自适应策略的改进,空谱自适应暗原色去雾方法可针对性地对可见光波段进行差异化处理,较为彻底地去除可见光波段上的云雾影响,有效地避免了原始暗原色法校正后影像偏蓝的问题。

综上所述,空谱自适应暗原色去雾方法能有效地消除影像中不同下垫面存在的雾霭影响,对于影像中存在的高亮地物也能予以合适的处理强度,避免了处理过度的情况。此外对于地物种类复杂的区域,如城区等能保持良好的细节纹理信息,较大地增强了影像的实用性,也充分证明了本章介绍的改进方法,扩展了暗原色先验的普适性和有效性。

4.5 小　结

本章针对光学遥感影像中薄云与雾霭导致的辐射差异问题,对常用的云雾校正方法进行了较为详尽的归纳总结,并在此基础上重点介绍了两种云雾校正方法。高保真同态滤波云雾去除方法,利用影像中薄云区与晴空区的统计特性构建了截止频率的半自动设定方法,并特别针对影像中的匀质区进行辐射调整,实现了半自动的高保真薄云去除;空间自适应暗原色去雾方法,在空间维度上构建了针对非匀质大气光与高亮地物的改正方案,在光谱维度上建立了符合散射特性的透射率求解方法,能够有效去除空间分布不均匀的雾霭,并且保持影像细节与光谱信息。

参考文献

曹爽,2006.高分辨率遥感影像去云方法研究.南京:河海大学.

陈彦,2007.巴特沃斯高通滤波器在图像处理中的应用.邵阳学院学报,2(4):47-50.

冯春,马建文,戴芹,等,2004.一种改进的遥感图像薄云快速去除方法.国土资源遥感,4(62):1.

郭璠,蔡自兴,谢斌,等,2010.图像去雾技术研究综述与展望.计算机应用,30(9):2417-2421.

韩念龙,刘闯,庄立,等,2012.基于不同小波变换与同态滤波结合的 CBERS-02B 卫星 CCD 图像的薄云去除.吉林大学学报(地),42(1):275-279.

贺辉,彭望碌,匡锦瑜,2009.自适应滤波的高分辨率遥感影像薄云去除算法.地球信息科学学报,11(3):305-311.

贾永红,2001.计算机图像处理与分析.武汉:武汉大学出版社.

江兴方,2007.遥感图像去云方法的研究及其应用.南京:南京理工大学.

李炳燮,马张宝,齐清文,等,2010.Landsat TM 遥感影像中厚云和阴影去除.遥感学报,14(3):534-545.

李刚,杨武年,翁韬,2007.一种基于同态滤波的遥感图像薄云去除算法.测绘科学,32(3):47-48.
李海巍,2012.单幅遥感影像去薄云方法研究.长沙:中南大学.
李洪利,沈焕锋,杜博,等,2011.一种高保真同态滤波遥感影像薄云去除方法.遥感信息,(1):41-44.
李慧芳,2013.多成因遥感影像亮度不均的变分校正方法研究.武汉:武汉大学.
兰霞,2014.影像雾霾与不均匀光的变分校正方法研究.武汉:武汉大学.
梁顺林,2009.定量遥感.北京:科学出版社.
梁栋,孔颉,胡根生,等,2012.基于支持向量机的遥感影像厚云及云阴影去除.测绘学报,41(2):225-231.
刘洋,白俊武,2008.遥感影像中薄云的去除方法研究.测绘与空间地理信息,31(3):120-122.
刘泽树,陈甫,刘建波,等,2015.改进 HOT 的高分影像自动去薄云算法.地理与地理信息科学,31(1):41-44.
沈文水,周新志,2010.基于同态滤波的遥感薄云去除算法.强激光与粒子束,22(1):45-48.
沈小乐,邵振峰,闫贝贝,2013.一种薄云影响下的遥感影像匀光算法.武汉大学学报(信息科学版),38(5):543-547.
史俊杰,倾明,王宇飞,等,2015.我国雾霾天气的成因.广东化工,42(18):137-137.
宋晓宇,刘良云,李存军,等,2006.基于单景遥感影像的去云处理研究.光学技术,32(2):299-303.
孙毅义,董浩,毕朝辉,等,2004.大气辐射传输模型的比较研究.强激光与粒子束,16(2):149-153.
王润,刘洪斌,宫瑞,2005.多光谱遥感图像去云方法.计算机与现代化,(6):13-15.
王时震,2011.遥感影像去雾技术研究.郑州:解放军信息工程大学.
王旭红,贾百俊,郭建明,等,2008.基于 SAM 遥感影像的分类技术研究.西北大学学报(自然科学版),38(4):668-672.
吴炜,骆剑承,沈占锋,等,2013.分类线性回归的 Landsat 影像去云方法.武汉大学学报(信息科学版),38(8):983-987.
徐佳垚,2015.高分 号卫星影像去薄云方法研究.北京:中国地质大学(北京).
徐萌,郁凡,李亚春,等,2006.6S 模式对 EOS/MODIS 数据进行大气校正的方法.南京大学学报(自然科学版),42(6):582-589.
于钺,顾华,孙卫东,2010.基于混合像元分解的薄云下光学遥感图像恢复方法.中国图象图形学报,15(11):1670-1680.
袁金国,牛铮,王锡平,2009.基于 FLAASH 的 Hyperion 高光谱影像大气校正.光谱学与光谱分析,29(5):1.
张明源,王宏力,陈国栋,2007.基于小波分析的多源图像融合去云技术研究.传感器与微系统,26(11):19-21.
赵忠明,朱重光,1996.遥感图象中薄云的去除方法.环境遥感,11(3):195-199.
ASMALA A,ABD GHANI M K,SAZALINSYAH R,2014. Haze reduction from remotely sensed data. Applied mathematical sciences,8(36):1755-1762.
BISSONNETTE L R,1992. Imaging through fog and rain. Optical engineering,31(5):1045-1052.
CHAVEZ P S,1988. An improved dark-object subtraction technique for atmospheric scattering correction of multispectral data. Remote sensing of environment,24(3):459-479.
CHENG Q,SHEN H F,ZHANG L P,et al.,2014. Cloud removal for remotely sensed images by similar pixel replacement guided with a spatio-temporal MRF model. ISPRS journal of photogrammetry and remote sensing,92:54-68.

DU Y,GUINDON B,CIHLAR J,2002. Haze detection and removal in high resolution satellite image with wavelet analysis. IEEE transactions on geoscience and remote sensing,40(1):210-217.

FANG S C, RAJASEKERA J R, TSAO H S J, 2012. Entropy optimization and mathematical programming. New York:Springer Science & Business Media.

FATTAL R,2008. Single image dehazing. ACM transactions on graphics,27(3):1-9.

FENG H,WANG L,ZHU L,et al.,2015. The effects of haze on the measured soil reflectance and drought monitoring models based on spectral feature space. IEEE international geoscience and remote sensing symposium (IGARSS),Milan,Italy:2020-2023.

HE K,SUN J,TANG X,2011. Single image haze removal using dark channel prior. IEEE transactions on pattern analysis and machine intelligence,33(12):2341-2353.

HE K,SUN J,TANG X,2013. Guided image filtering. IEEE transactions on pattern analysis and machine intelligence,35(6):1397-1409.

LAN X,ZHANG L P,SHEN H F,et al.,2013. Single image haze removal considering sensor blur and noise. EURASIP journal on advances in signal processing,2013(1):1-13.

LI G,YANG W N,WENG T,2007. A method of removing thin cloud in remote sensing image based on the homomorphic filter algorithm. Science of surveying and mapping,32(3):47-48.

LI H F,ZHANG L P,SHEN H F,et al.,2012. A variational gradient-based fusion method for visible and SWIR imagery. Photogrammetric engineering & remote sensing,78(9):947-958.

LI Y N, MIAO Q G, SONG J F, et al., 2016. Single image haze removal based on haze physical characteristics and adaptive sky region detection. Neurocomputing,182:221-234.

LIANG S,FANG H,CHEN M,2001. Atmospheric correction of landsat ETM+land surface imagery. I. Methods. IEEE transactions on geoscience and remote sensing,39(11):2490-2498.

LIU S L,RAHMAN M A,WONG C Y,et al.,2015. Dark channel prior based image de-hazing:A review. IEEE international conference on information science and technology (ICIST),Changsha,China: 345-350.

LONG J,SHI Z W,TANG W,2012. Fast haze removal for a single remote sensing image using dark channel prior. IEEE international conference on computer vision in remote sensing (CVRS),Xiamen, China:132-135.

LONG J,SHI Z W,TANG W,et al.,2014. Single remote sensing image dehazing. IEEE geoscience and remote sensing letters,11(1):59-63.

LU H M,LI Y J,ZHANG L F,et al.,2015. Contrast enhancement for images in turbid water. JOSA A,32 (5):886-893.

LV H T,WANG Y,SHEN Y,2016. An empirical and radiative transfer model based algorithm to remove thin clouds in visible bands. Remote sensing of environment,179:183-195.

MA J W,GU X F,FENG C,et al.,2005. Study of thin cloud removal method for CBERS-02 image. Science in China series E engineering & materials science,48(2):91-99.

MAKARAU A,RICHTER R,MULLER R,et al.,2014a. Haze detection and removal in remotely sensed multispectral imagery. IEEE transactions on geoscience and remote sensing,52(9):5895-5905.

MAKARAU A, RICHTER R, MÜLLER R, et al., 2014b. Spectrally consistent haze removal in multispectral data. SPIE image and signal processing for remote sensing,9244:22-28.

MAKARAU A, RICHTER R, SCHLÄPFER D, et al., 2016. Combined haze and cirrus removal for multispectral imagery. IEEE geoscience and remote sensing letters, 13(3): 379-383.

NARASIMHAN S G, NAYAR S K, 2000. Chromatic framework for vision in bad weather. IEEE conference on computer vision and pattern recognition(CVPR), hilton head, USA: 598-605.

NARASIMHAN S G, NAYAR S K, 2002. Vision and the atmosphere. International Journal of Computer Vision, 48(3): 233-254.

PAN X X, XIE F Y, JIANG Z G, et al., 2015. Haze removal for a single remote sensing image based on deformed haze imaging model. IEEE signal processing letters, 22(10): 1806-1810.

SERIKAWA S, LU H M, 2014. Underwater image dehazing using joint trilateral filter. Computers & electrical engineering 40(1): 41-50.

SHARMA R, CHOPRA V, 2014. A review on different image dehazing methods. International journal of computer engineering and applications, 6(3): 77-87.

SHEN H F, LI H F, QIAN Y, et al., 2014. An effective thin cloud removal procedure for visible remote sensing images. ISPRS journal of photogrammetry and remote sensing, 96(11): 224-235.

SHEN H F, LI X H, CHENG Q, et al., 2015. Missing information reconstruction of remote sensing data: a technical review. IEEE geoscience and remote sensing magazine, 3(3): 61-85.

SHEN W S, ZHOU X Z, 2010. Algorithm for removing thin cloud from remote sensing digital images based on homomorphic filtering. High power laser and particle beams, 22(1): 45-48.

TAN R T, 2008. Visibility in bad weather from a single image. IEEE conference on computer vision and pattern recognition(CVPR): 1-8.

TIAN Y L, XIAO C, CHEN X, et al., 2016. Haze removal of single remote sensing image by combining dark channel prior with superpixel. Electronic imaging, (2): 1-6.

YUAN Q, SHEN H F, LI H F, 2015. Single remote sensing image haze removal based on spatial and spectral self-adaptive model. Image and graphics, 9219: 382-392.

ZHANG X W, QIN F, QIN Y C, 2010. Study on the thick cloud removal method based on multi-temporal remote sensing images. IEEE international conference on multimedia technology (ICMT): 1-3.

ZHANG Y, GUINDON B, CIHLAR J, 2002. An image transform to characterize and compensate for spatial variations in thin cloud contamination of Landsat images. Remote sensing of environment, 82(2): 173-187.

ZHU Q S, MAI J M, SHAO L, 2015. A fast single image haze removal algorithm using color attenuation prior. IEEE transactions on image processing, 24(11): 3522-3533.

ZHU X F, JIANG X F, LI F, et al., 2007. Removing thin cloud in color remote sensing images. Journal of applied optics, 28(6): 698-701.

ZHU X, MILANFAR P, 2010. Automatic parameter selection for denoising algorithms using a no-reference measure of image content. IEEE transactions on image processing, 19(12): 3116-3132.

第 5 章 遥感影像的地形辐射校正方法

山区地形起伏使得地表接收到的太阳辐射产生差异，形成地形阴影，从而影响对地物进行解译与制图的精度。地形辐射校正的主要目的是消除地形阴影引起的辐射畸变，充分恢复地形阴影区的辐射信息。本章对主要的经验/半经验地形校正方法进行归纳总结，在此基础上介绍一种基于阴影指数的阴影检测方法，阐述顾及投射阴影的变分地形校正框架，并进行实验与对比分析。

5.1 地形阴影的形成机理

地表接收到的辐射包括以下几个部分（孙家抦，2013；Schowengerdt，2006），如图 5.1 所示：①太阳直接入射辐射，这部分辐射一般是与太阳入射光线和对应地表法线的夹角大小相关；②天空散射辐射，这部分辐

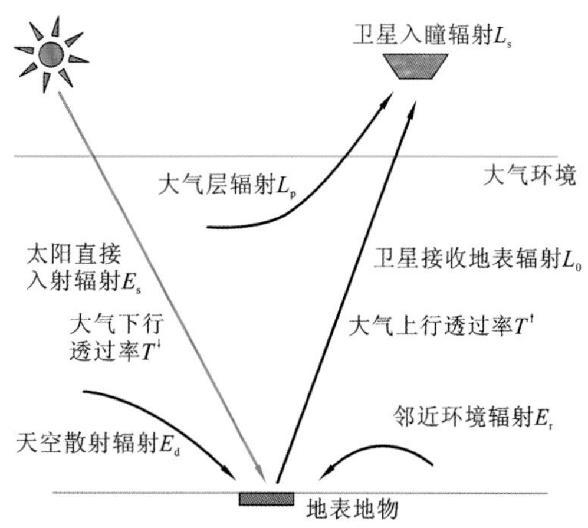

图 5.1 地表接收辐射的组成(Kobayashi et al.,2008)

射一般和地表的天空可见视角有关，由于卫星获取的影像中不同地表单元的地理位置不同，受地形的影响也不同，天空可见视角不同，该点接收到的天空散射辐射也不同；③邻近环境辐射，这部分辐射跟地表单元周围地形有关，地表单元周围地形不同，其邻近辐射也会有所差异。以上三部分辐射共同构成了地表接收的总辐射。

地表单元接收的辐射来源的差异，形成了不同类型的地形阴影，如图 5.2 所示，地形阴影可以分为自阴影和投射阴影两类。其中自阴影处于山体的背阴坡，无法接收到太阳光的直接照射，而在遥感影像中呈现阴影的形态；投射阴影主要位于山体的向阳坡，受到相邻较高山体投射的影响，在遥感影像中也呈现阴影的形式(Li et al.，2014，2016；Teillet et al.，1997；Funka-Lea et al.，1995)。而地表的剧烈起伏是山区遥感影像中有阴影的主要原因，阴影区由于缺少太阳辐射，信息可能会部分或全部损失，同类地物在阴影区和非阴影区的辐射值差异显著，这都给山区遥感影像分析带来困难(高荣俊 等，2016；Kobayashi et al.，2009；Richter et al.，2009；高永年 等，2008)。因此，遥感影像进行地形校正，消除地形阴影的影响，改善影像质量，提高解译与分析精度是至关重要的。

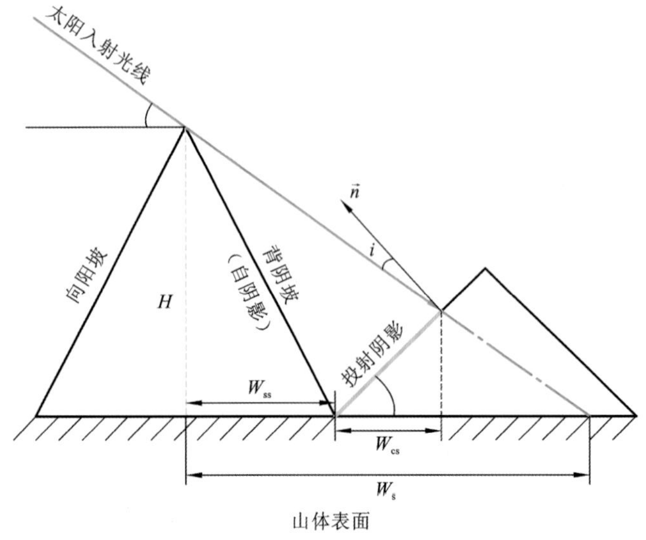

图 5.2　地形阴影类型示意图

为了研究地形对遥感影像的影响，许多学者采用数字高程模型(DEM)来提取各种地形特征，并结合影像中的对应像素，模拟地形特征对像元辐射值的影响。遥感影像和DEM 数据均表现了地物与地形的空间分布特征，因此，不可避免会存在空间尺度的问题(刘敏 等，2007；徐静 等，2007；房亮，2006；苏理宏 等，2001)。在高空间分辨率情况下，遥感影像上单个像元内更多地表示为同质区域，DEM 数据能表现出更具体更复杂的地物细节特征；随着空间分辨率的下降，影像像元逐渐变粗，像元内异质性增大，DEM 数据上栅格边长增大，地形离散化和平滑效应程度大幅增加，地形细节信息很大程度上会损失(徐静 等，2007；苏理宏 等，2001)。同时，随着空间分辨率的变化，影响遥感影像的主导因素也会发生变化。例如，对于山区森林，当空间分辨率为 m 级时，成像的主导因素是树冠形状的大小和分布模式，此时地形特征并不明显；当空间分辨率达到 10 m 级时，植被结构由于自身大小的限制，显现在影像上的特征减小，此时地形成为成像的主导因素；当空间分辨率增大到 100 m 甚至 1 000 m 级时，此时植被本身的结构特征已经完全消失，地形特征也变得不明显，此时成像主要由区域中占主导份额的植被类别决定。这表明，虽然地形对遥感影像的影响客观存在，但是在不同的空间分辨率下，地形特征的表现形式会有所差异，甚至完全不同(黄微，2008)。在空间分辨率为 10 m 级的影像数据上，地形特征表现最为明显，国内外研究者对该类遥感影像的地形影响进行了大量研究，发展了多种地形辐射校正方法。

5.2　现有的地形校正方法

国内外研究者针对山区遥感影像阴影去除问题，提出了很多地形校正方法，这些方法主要分为两大类(Li et al.,2016；姜亢 等，2014)。

(1) 基于物理模型的方法。该方法以大气辐射传输模型为基础，同时考虑大气和地形情况，通过研究太阳光与地表相互作用的物理过程，对山体阴影区的信息进行补偿(Brunet et al.,2012；Dymond et al.,2001；Sandmeier et al.,1997；Richter,1996)。该类方法物理机制清晰，理论基础较为完善，校正模型的参数具有明确的物理意义(Ghasemi et al.,2013；Proy et al.,1989)，但需要大量成像瞬间的大气与传感器参数支持，而这些参数是难以获得的，从而限制了该类方法的适用范围。

(2) 基于观测影像的经验/半经验校正方法，简称经验校正方法。该类方法将复杂的大气传输过程简化，分析影像辐射值与地形因素的相关关系，建立线性或非线性模型，进而对山体阴影区的辐射值进行校正(Teillet et al.,1982；Smith et al.,1980)。该类方法仅需要少量的基本参数，模型简单，可用性强，能够满足一些遥感应用的需求(Ge et al.,2008；Minnaert,1941)。由于物理模型的种种局限性及经验校正方法的简易性，经验校正方法成为了目前地形校正方法的研究热点，本章主要对该类方法开展分析与研究。

根据模型构建的形式，可以将经验地形校正方法分为三种类型，如图 5.3 所示。一是经典的地形校正方法，包括余弦校正模型(Teillet et al.,1982)、Minnaert 校正模型(黄博 等，2012；Smith et al.,1980)、统计-经验校正(statistical empirical correction，SEC)模型(韩晓静 等，2013；Teillet et al.,1982)、C 校正模型(Hantson et al.,2011；Teillet et al.,1982)等；二是基于森林植被冠层模型的太阳-冠层-传感器的方法，包括 SCS(sun-canopy-sensor)校正模型(Fan et al.,2014；Gu et al.,1998)、SCS＋C 校正模型(Soenen et al.,2005)等；三是基于单像素点的改进方法，包括变经验系数校正(variable empirical coefficient algorithm，VECA)模型(Gao et al.,2009)、综合辐射校正(integrated radiometric correction，IRC)模型(Kobayashi et al.,2009；Kobayashi et al.,2008)等。

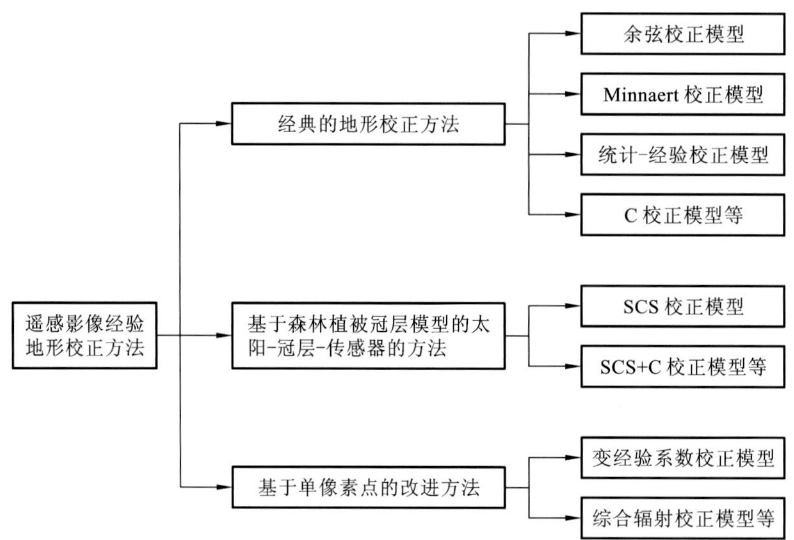

图 5.3 遥感影像地形校正方法分类

5.2.1 经典的地形校正方法

1. 余弦校正模型

余弦校正模型的基本原理为遥感影像的像元辐射值在校正前后呈正相关关系，该关系由太阳入射角余弦值和太阳高度角决定(Teillet et al.,1982)。该模型是最早的基于物理机制的校正模型，假设地表为朗伯体，以及所有波段的双向反射率是一个跟太阳入射角和反射角无关的常量。但该模型完全忽略了天空散射辐射及地表单元周围的邻近环境辐射(张伟阁 等,2015)。

根据影像对应的 DEM 数据计算出各像素的坡度角 α、坡向角 β，又已知太阳的天顶角 sz、方位角 ω，那么地表各像素的入射角余弦值 $\cos i$ 由以上四个角度共同决定：

$$\cos i=\cos\alpha\cos(sz)+\sin\alpha\sin(sz)\cos(\beta-\omega) \tag{5.1}$$

地表假设为朗伯体，因此双向反射率在水平和倾斜地表相同，那么倾斜地表遥感影像的辐射值 L_T 可以表示为

$$L_T=\rho T^{\uparrow}E\cos i/(\pi\cos(sz)) \tag{5.2}$$

式中：ρ 为地表反射率；$T^{\uparrow}$ 为大气上行透过率；E 为地表接收的太阳总能量。

此时，水平地表的辐射值 L_H 可以表示为

$$L_H=\rho T^{\uparrow}E/\pi \tag{5.3}$$

由式(5.2)和式(5.3)可得，余弦校正公式为

$$L_H=L_T\frac{\cos(sz)}{\cos i} \tag{5.4}$$

在地形坡度较小，太阳入射角比较低的情况下，余弦模型可以在一定程度上修复地形阴影，消除地形起伏对遥感影像的影响。若地形起伏较大，太阳高度角比较小，该方法会导致阴坡地形出现严重的校正过度现象(Meyer et al.,1993)。

2. Minnaert 校正模型

Minnaert 常数最初应用到月球表面的测量光度分析，是由 Minnaert 在 1941 年提出的一个经验常数(Minnaert,1941)。Smith 等(1980)引入 Minnaert 常数来估计地表的粗糙程度，考虑到地表反射的非朗伯体特性，提出了 Minnaert 校正在地形校正的算法模型。该模型公式为

$$L_{\mathrm{H}}=L_{\mathrm{T}}\frac{\cos\alpha}{\cos^k i\ \cos^k\alpha} \tag{5.5}$$

式中：α 为倾斜地表坡度角；k 为 Minnaert 校正系数，主要用来模拟该模型地形校正的程度(高永年,2013)。k 表现了地表的粗糙程度和双向性反射程度。若 k 为 1，则地表为朗伯体；一般的粗糙地表，k 为 0～1。k 可以通过以下方式拟合计算得到。

将式(5.5)转化为

$$L_{\mathrm{T}}\cos\alpha=L_{\mathrm{H}}\cos^k i\ \cos^k\alpha \tag{5.6}$$

对数化后得到：

$$\ln(L_{\mathrm{T}}\cos\alpha)=k\ln(\cos i\cos\alpha)+\ln(L_{\mathrm{H}}) \tag{5.7}$$

式(5.7)转化为 $y=kx+d$ 的线性关系，由此选择合适的辐射值和入射角余弦值样本，通过散点拟合的方式得到 k。k 越小，地形对遥感影像辐射值的影响也越小，该方法可以有效解决余弦校正模型中阴坡地形校正过度的问题。

3. 统计-经验校正模型

统计-经验校正模型是一种依赖于影像场景的经验技术，假设影像辐射值和对应的太阳入射角余弦值存在很强的线性关系，可以把倾斜地表接收的辐射校正到水平地表，以消除地形对太阳光线的影响(Teillet et al.,1982)。基于这种假设，该模型公式如下：

$$L_{\mathrm{H}}=L_{\mathrm{T}}-(m\cos i+a)+\overline{L}_{\mathrm{T}} \tag{5.8}$$

式中：$\overline{L}_{\mathrm{T}}$ 为影像辐射值的均值；m 为影像辐射值和太阳入射角余弦值的线性拟合方程的斜率；a 为该方程的截距。该模型比较简单，校正过程中需要回归方程，因此又称回归校正法(高永年,2013)。

4. C 校正模型

由于余弦校正模型只考虑了太阳直接辐射，忽略了其他辐射，Teillet 等在该模型的基础上进行了改进，提出了 C 校正模型(Teillet et al.,1982)。C 校正模型基本上考虑了地表接收的总辐射，包括太阳直接入射辐射、天空散射辐射和邻近环境辐射三部分。

其基本思想为每一波段的遥感影像辐射值与太阳入射角余弦值存在线性相关关系，其关系满足：

$$L_T = m\cos i + a \tag{5.9}$$

式中：m 为线性拟合方程的斜率；a 为线性拟合方程的截距。它们分别模拟了太阳直接入射辐射和其他辐射对影像辐射值的影响。这两个系数可以通过选取合适样本区域，拟合影像辐射值和入射角余弦值得到(黄微 等，2005)。地表水平时，太阳天顶角即是太阳入射角，式(5.9)可表示为

$$L_H = m\cos(sz) + a \tag{5.10}$$

将式(5.9)和式(5.10)结合，可以得到 C 校正模型，即

$$L_H = L_T \frac{\cos(sz) + C}{\cos i + C}, \quad C = \frac{a}{m} \tag{5.11}$$

该方法引入了经验参数 C，每个波段的 C 均不同。一般说来，波段越长，C 越小；波段越短，C 越大，故在可见光波段 C 要比近红外大，这主要是因为波段越短，散射效应越明显(高永年，2013)。该方法充分考虑了辐射传输的物理机制，又用到了经验参数，也可以称为半经验校正方法(Vincini et al.，2003)。该方法一般具有较好的校正效果。

5.2.2 太阳-冠层-传感器的方法

1. SCS 校正模型

对于遥感影像中植被覆盖区域，特别是山区的有林区域，树木生长存在向地性，因此树木的高度和冠层结构不能被忽略(Gu et al.，1999)。针对有大量森林植被的山区，Gu 等提出了 SCS 校正模型，该模型考虑了太阳-冠层-传感器三者之间的辐射关系(Gu et al.，1998)。计算公式如下：

$$L_H = L_T \frac{\cos(sz)\cos\alpha}{\cos i} \tag{5.12}$$

式(5.2)根据余弦校正模型的形式进行了改进，引入了坡度量来考虑太阳辐射的散射情况，不过该方法也存在一些校正过度的现象。

2. SCS+C 校正模型

由于 C 校正模型能有效弥补余弦校正的不足，而且 C 参数的计算公式也比较简单(钟耀武 等，2006)，在参考 C 校正模型的思想后，Soenen 等引入 C 参数对 SCS 校正模型改进，提出了 SCS+C 校正模型(Soenen et al.，2005)。公式如下：

$$L_H = L_T \frac{\cos(sz)\cos\alpha + C}{\cos i + C}, \quad C = \frac{a}{m} \tag{5.13}$$

式中：参数 C 的计算方式与 C 校正模型相同。

5.2.3　基于单像素点的改进方法

部分学者对经典的地形校正模型参数进行不同角度的探索，主要考虑了地形因子对单像素点的影响，对每个像素点采用不同的地形校正参数，提出了一些改进的方法(Gao et al.,2009;Kobayashi et al.,2009)。

1. 变经验系数校正模型

在理想情况下，经校正后的影像完全不受地形影响，此时影像辐射值和太阳入射角余弦值不存在相关性，整幅影像所有像素点的值都相同。基于这种假设，高永年等提出了变经验系数模型，该模型假设倾斜地表的影像辐射值与太阳入射角余弦值($\cos i$)存在正相关关系(Gao et al.,2009)，如式(5.9)所示。校正后的水平地表辐射值在理想情况下应符合一条水平直线，满足如下关系：

$$L_{\mathrm{H}}=L_{\mathrm{a}} \tag{5.14}$$

因此，该模型的计算公式如下：

$$L_{\mathrm{H}}=L_{\mathrm{T}}\lambda,\quad \lambda=\frac{L_{\mathrm{a}}}{m\cos i+a} \tag{5.15}$$

式中：L_{a} 表示校正前影像辐射值的平均值。当像元位于阴坡时，$\lambda>1$；当像元位于阳坡时，$\lambda<1$；当像元位于水平面或者阴坡阳坡分界点时，$\lambda=1$。因此，λ 是一个随 $\cos i$ 增大而变小的调整系数，由统计回归计算所得，该模型将 C 校正模型的参数 C 调整为与太阳入射角相关的参数 λ，每一像素点的 λ 值不同，地形校正的修复效果也不一样。

2. 综合辐射校正模型

根据地表接收辐射由太阳直接入射辐射、天空散射辐射和邻近环境辐射构成，地表接收能量可以表示为

$$E=E_{\mathrm{s}}+E_{\mathrm{d}}+E_{\mathrm{r}} \tag{5.16}$$

式中：E_{s} 为太阳直接入射辐射；E_{d} 为天空散射辐射；E_{r} 为邻近环境辐射。

Kobayashi 等在前人研究的基础上，深入探讨了太阳光线辐射传输的整个过程，分析了太阳辐射的各部分组成情况，对整个辐射过程进行了合理的推算，并提出了综合辐射校正模型(Kobayashi et al.,2009)。该模型假设邻近环境辐射 E_{r} 可以忽略，或者并入到天空散射辐射 E_{d}，此时整个辐射的组成变成了 $E=E_{\mathrm{s}}+E_{\mathrm{d}}$，那么在水平地表的遥感影像辐射值可表示为

$$L_{\mathrm{H}}=\frac{\rho}{\pi}(E_{\mathrm{s}}+E_{\mathrm{d}})T^{\uparrow}=\frac{\rho}{\pi}E_{\mathrm{s}}T^{\uparrow}(1+f),\quad f=\frac{E_{\mathrm{s}}}{E_{\mathrm{d}}} \tag{5.17}$$

在倾斜地表，该模型提出了 h 参数来表示地表接收的大气散射辐射总量，公式如下：

$$h=\frac{\pi-e}{\pi} \tag{5.18}$$

式中：e 为坡度角 α 的弧度值。在倾斜地表，遥感影像的辐射值可以表示为

$$L_{\mathrm{T}}=\frac{\rho}{\pi}E_{\mathrm{s}}T^{\uparrow}\left(\frac{\cos i}{\cos(\mathrm{sz})}+hf\right) \tag{5.19}$$

由式(5.19)可知，该模型的校正公式为

$$L_{\mathrm{H}}=L_{\mathrm{T}}\frac{\cos(\mathrm{sz})+f\cos(\mathrm{sz})}{\cos i+hf\cos(\mathrm{sz})}=L_{\mathrm{T}}A \tag{5.20}$$

对 A 的值可以如下计算，把式(5.20)转化为

$$L_{\mathrm{T}}=\frac{\rho}{\pi}(E_{\mathrm{s}}+E_{\mathrm{d}})T^{\uparrow}\frac{1}{\cos(\mathrm{sz})+f\cos(\mathrm{sz})}(\cos i+hf\cos(\mathrm{sz})) \tag{5.21}$$

该式符合倾斜地表辐射值和太阳入射角的线性关系 $L_{\mathrm{T}}=m\cos i+a$，当入射角为 90°时，入射角余弦值为 0，倾斜地表的坡度 e_0 为 $\pi/2-\mathrm{sz}$。因此，h_0 为 $(\pi+2\mathrm{sz})/2\pi$，此时：

$$\frac{a}{m}=h_0f\cos(\mathrm{sz})=C,\qquad f=\frac{C}{h_0\cos(\mathrm{sz})} \tag{5.22}$$

A 的计算也转化为

$$A=\frac{h_0\cos(\mathrm{sz})+C}{h_0\cos i+hC} \tag{5.23}$$

最后的校正公式为

$$L_{\mathrm{H}}=L_{\mathrm{T}}\frac{\cos(\mathrm{sz})+Ch_0^{-1}}{\cos i+Ch_0^{-1}h} \tag{5.24}$$

该模型在形式上跟 C 校正模型类似，是对 C 校正模型的改进，是在 C 参数的基础上加上坡度数据，每个点的校正参数都不一样。

5.2.4 校正方法小结

上述地形校正模型都从不同角度考虑地表接收太阳辐射的形式，简化了辐射传输过程，从而构建地形校正公式，这些地形校正方法可以概括简化为以下形式：

$$L_{\mathrm{H}}=L_{\mathrm{T}}f(\cos i) \tag{5.25}$$

式中：$f(\cos i)$表示一个关于入射角余弦值 $\cos i$ 的函数。影像辐射值与入射角余弦值有很强的关系，一般情况下，两者呈正相关关系。入射角余弦值较低的区域，影像辐射值较低；入射角余弦值较高的区域，影像辐射值也较高。

上述八种经验校正方法的处理效果如图 5.4 所示。目视可以看出，原始影像受地形阴影影响严重，不同的地形校正方法都能不同程度地修复地形对遥感影像的影响，但校正效果有所差异。余弦校正结果与 SCS 校正结果出现了显著的校正过度现象，阴阳坡的亮度值发生明显变化，此时阴坡亮度值要高于阳坡，并且色彩畸变非常严重；相反，Minnaert 校正程度不够，很多阴影区域的亮度未能得到有效提升；SEC 校正结果能较好恢复阴影区域信息，但影像整体色彩也有一定程度的变化；C 校正方法、SCS+C 校正方法、VECA 校正方法及 IRC 校正方法相对来说具有较好的地形校正效果，且对地物光谱的保持较好，影像整体色彩基本保持不变。然而，以上校正结果均存在局部阴影区域未得到有效校正的现象，这与校正方法只针对自阴影有关，而对投射阴影不能得到有效处理，相应的改进策略将在 5.3 节阐述。

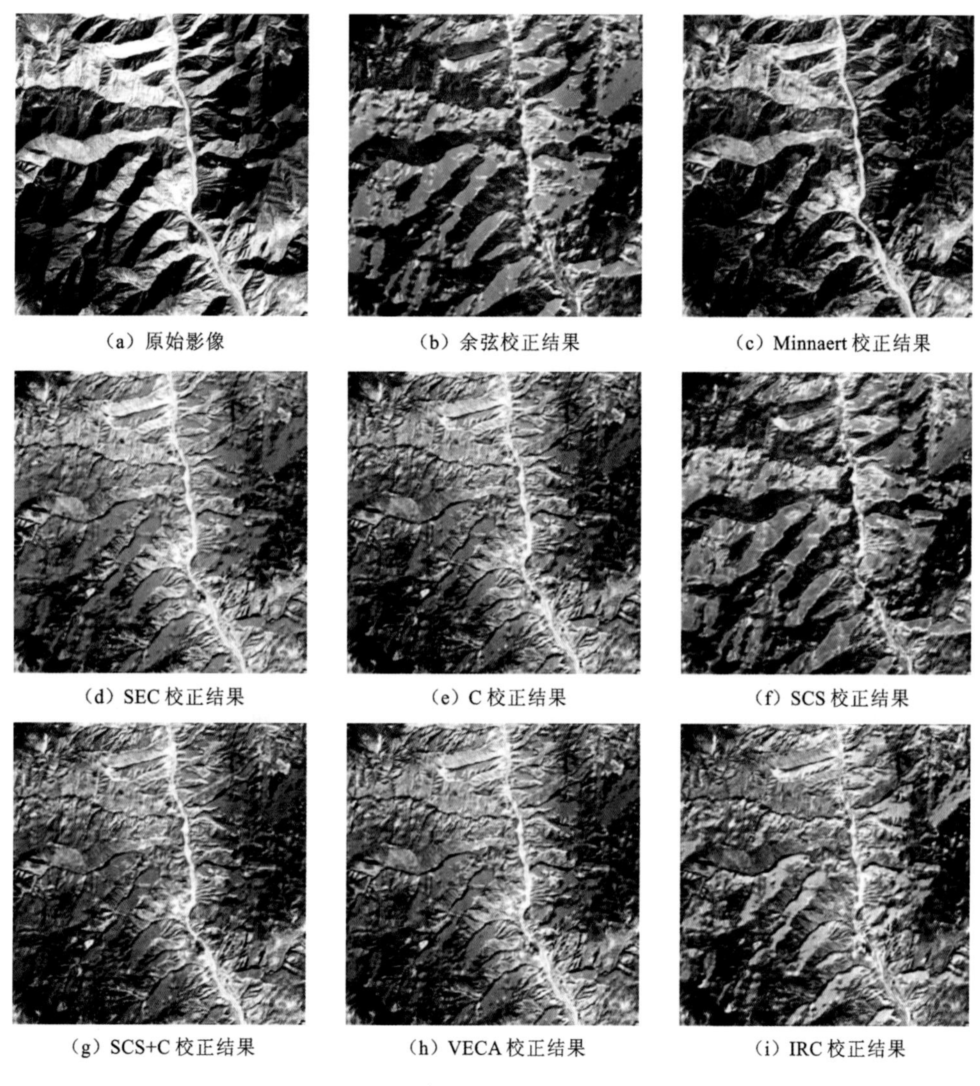

(a) 原始影像　(b) 余弦校正结果　(c) Minnaert 校正结果
(d) SEC 校正结果　(e) C 校正结果　(f) SCS 校正结果
(g) SCS+C 校正结果　(h) VECA 校正结果　(i) IRC 校正结果

图 5.4　常用地形校正方法结果

5.3　地形辐射校正的评价方法

地形校正的目的是消除地形起伏带来的辐射误差,同时尽量保持观测影像的空间与光谱特征。不同地形校正方法在校正程度与空谱保持方面各有优劣,那么如何客观评价地形校正的结果,是地形校正研究领域的一个关键问题。综合现有评价方法,主要有以下三类:目视分析、统计指标评价、模拟定量验证(Sola et al.,2014,2016;黄微,2008)。

5.3.1　目视分析

目视分析是对地形校正结果最直观的定性评价方法,主要从结果影像的水平程度和色彩方面对不同的校正方法进行对比分析，能够第一时间对校正效果进行排序，大致筛选出效果较好的校正方法。虽然目视分析不能反映细微的校正差异，但它作为最直观的定性评价方法是不可或缺的。

5.3.2 统计指标评价

统计指标评价利用影像的统计特性构建相应的系数指标，能够在一定程度上反映辐射的均一程度，对地形校正结果的精度进行定量评价。

1. 决定系数

决定系数 R^2 表示影像辐射值和入射角的相关情况。决定系数越小，相关性越低，意味着辐射受地形的影响越弱，即地形校正的效果越显著。决定系数的计算基于对校正结果中样本辐射值与入射角余弦的线性拟合，计算公式为

$$R^2 = 1 - \frac{\sum_{x=1}^{N} (L_{\text{corr},x} - \hat{L}_{\text{corr},x})^2}{\sum_{x=1}^{N} (L_{\text{corr},x} - \overline{L}_{\text{corr}})^2} \tag{5.26}$$

式中：N 为影像中像素总数；$L_{\text{corr},x}$ 为校正影像上第 x 个像素的辐射值；$\hat{L}_{\text{corr},x}$ 为经线性拟合后第 x 个像素的回归值；$\overline{L}_{\text{corr}}$ 为校正影像平均值。

2. 中值相对差异

该指标认为理想的地形校正方法不会改变地物的整体辐射特性，因此采用校正前后相同地物辐射的中值相对差异（RDMR）来反映校正效果，RDMR 越接近 0，表示校正效果越好。

RDMR 的计算公式如下：

$$\text{RDMR} = \frac{(L_{\text{corr},\lambda} - L_\lambda) \cdot 100}{L_\lambda} \tag{5.27}$$

式中：L_λ 和 $L_{\text{corr},\lambda}$ 分别为地形校正前后每种土地覆盖类型的辐射度中值。

3. 四分位距缩减量

该指标能够有效减弱地形校正结果中异常值的不利影响，其理论依据与 RDMR 相同。四分位距（interquartile range，IQR）为上四分位 Q3 与下四分位 Q1 的差值，而同类地物的 IQR 缩减量的计算公式如下：

$$\text{IQR}_{\text{reduction}} = 100 - \frac{\text{IQR}_{\text{corr},\lambda} \cdot 100}{\text{IQR}_\lambda} \tag{5.28}$$

式中：IQR_λ 和 $\text{IQR}_{\text{corr},\lambda}$ 分别为地形校正前后每种地物类别的 IQR 值。理想情况下，$\text{IQR}_{\text{reduction}}$ 越小，地形校正的效果越好。

4. 阳坡与阴坡的辐射差

本方法需要在每幅影像中随机选择大量的像素点，其中，一半像素点位于阳坡（即坡

向角＝太阳高度角±10°)，另一半像素点位于阴坡。因而可计算得到阳坡和阴坡的辐射值差异。在地形影响较为严重的未校正区域，阳坡与阴坡的辐射差异会增加。理想情况下的地形校正方法能够减弱这种差异值，并使之趋近于0，这也意味着校正后阳坡和阴坡属于同类区域。

5. 异常值百分比

大部分的地形校正评价方法都是在有利条件下进行处理的，而较弱光照的斜坡处($\cos i \leqslant 0$)存在少量问题像素点，这些像素点在通常情况下会利用掩膜处理来加以排除。对整幅影像进行校正，而不进行任何掩膜处理的方法更有意义，因此有必要对位于较弱光照斜坡上的问题像素点进行校正处理。

如果一种地形校正方法不能校正问题像素点，那么该方法就可能产生异常值，而产生过多异常值的校正方法并非一种好的方法。经地形校正后，如果像素的辐射值高于原始辐射值的最大值，或者低于原始辐射值的最小值，都会当做统计异常值。本评价方法统计这些异常像素在全图中的比例，异常值比例越小，则校正方法越好。

5.3.3　模拟定量验证

地形校正结果难以客观评价的一个主要原因是没有真实的完全水平地表辐射参考，而模拟定量验证则利用辐射传输模型和地形参数模拟合成同一地区的水平(synthetic horizontal，SH)与起伏地表(synthetic real，SR)辐射，进而以SH辐射为参考，对SR的校正结果进行定量评价(Sola et al.，2014)。模拟合成实验具体方法如下。

在特定区域、特定日期和特定时间下，模拟合成影像处理流程如图5.5所示，主要包括以下三个步骤。

1) 计算水平面辐照度

为了获取地球表面上每点对应的总辐照度，首先就需要计算出该点处水平面总辐照度$E_{e,g}$。在无云条件下，$E_{e,g}$满足以下计算公式：

$$E_{e,g} = E_{e,s} + E_{e,d} \tag{5.29}$$

式中：$E_{e,s}$为水平面直射辐照度；$E_{e,d}$为水平面散射辐照度。$E_{e,s}$可利用Page方程(Page，1996)计算得到，而$E_{e,d}$可由Dumortier方程(Dumortier，1995)计算得到。

2) 计算倾斜面辐照度

显而易见，地球表面的地形一般不是平坦的，因而需要计算在特定地形条件下的辐照度。为了计算倾斜面总辐照度$E_{\beta,g}$，需要考虑倾斜面直射辐照度$E_{\beta,s}$、倾斜面天空散射辐照度$E_{\beta,d}$及倾斜面地面反射辐照度$E_{\beta,r}$，这四者的关系如下所示：

$$E_{\beta,g} = E_{\beta,s} + E_{\beta,d} + E_{\beta,r} \tag{5.30}$$

式中：$E_{\beta,s}$可利用余弦定理对$E_{e,s}$处理得到(Richter，1998)；$E_{\beta,d}$可通过Hay模型进行计算(Hay et al.，1985)；$E_{\beta,r}$依赖于水平面总辐照度$E_{e,g}$、周围定性的平均反射率及邻近区域的地形视角系数，具体计算方法可参阅文献Sola等(2014)。

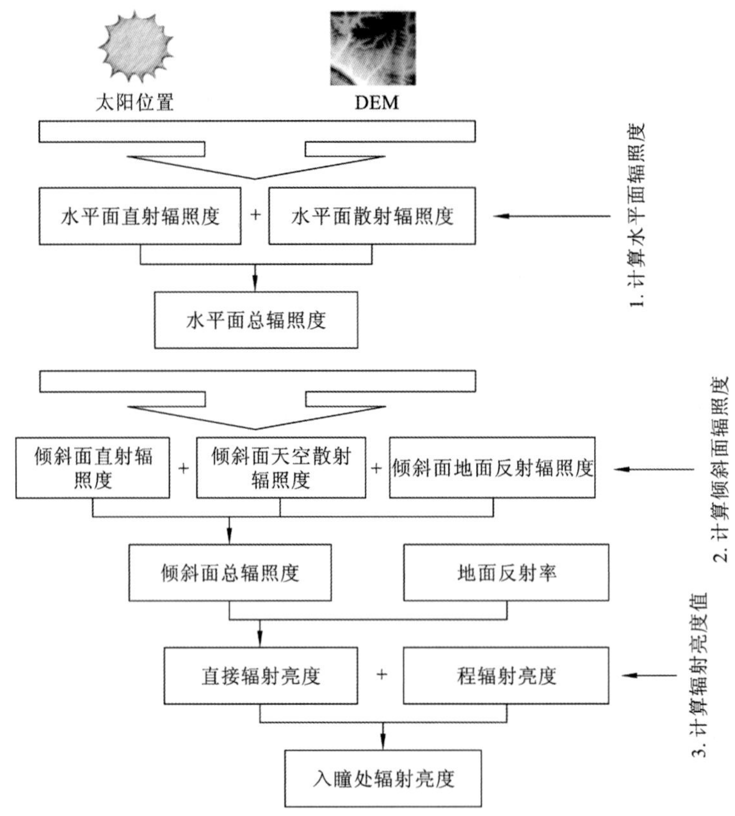

图 5.5 模拟合成实验的处理流程图(Sola et al.,2014)

3) 计算辐射亮度值

最后,为了产生模拟合成影像的辐射值,需要考虑倾斜面总辐照度 $E_{\beta,g}$、地面反射率、传感器视场角和分辨率及影像获取时间。故入瞳处辐射值可通过以下公式计算得到:

$$L = L_p + \frac{\rho T_u E_{\beta,g}}{\pi} \tag{5.31}$$

式中:L_p 为程辐射;ρ 为地面反射率;T_u 为大气上层透射率;$E_{\beta,g}$ 为倾斜面总辐照度。

根据以上的处理过程,结合倾斜地表和水平地表的几何关系如图 5.6 所示,可以计算得到全水平与起伏地表辐射。以 SH 影像为参考,以 SR 影像为处理对象进行地形校正,其校正结果与 SH 影像之间的相似度即可作为校正精度的评价指标,两者的相似度越高,表明校正效果越好;反之,校正效果欠佳。通常可采用均方根误差(RMSE)和结构相似性指数(SSIM)等指标,具体计算方法如下。

RMSE 反映校正结果的整体辐射特性。RMSE 越小,校正效果越好。RMSE 的计算公式如下:

$$\text{RMSE} = \sqrt{\frac{\sum_{x=1}^{N} (L_{\text{corr},x} - L_{\text{SH},x})^2}{N}} \tag{5.32}$$

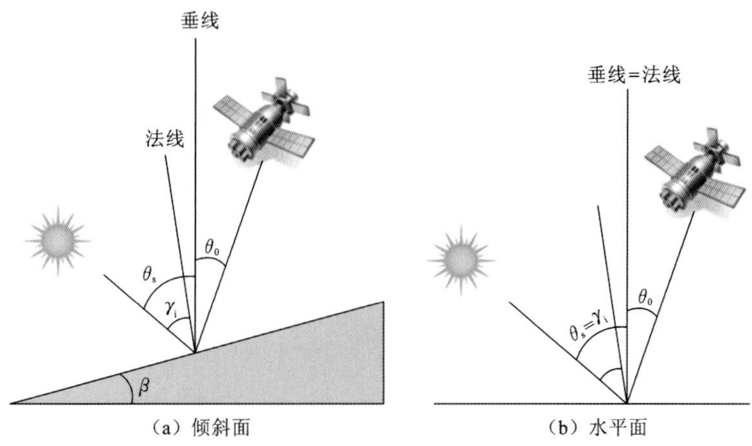

图 5.6 倾斜面与水平面的几何关系

式中：N 为影像中像素总数；$L_{corr,x}$ 为校正影像上第 x 个像素的辐射值；$L_{SH,x}$ 为全水平影像上第 x 个像素的辐射值。

SSIM 反映校正结果对影像空间结构的保持度。SSIM 越大，校正效果越好。SSIM 的计算公式如下：

$$\mathrm{SSIM}(L_{corr},L_{SH})=l(L_{corr},L_{SH})\cdot c(L_{corr},L_{SH})\cdot s(L_{corr},L_{SH}) \tag{5.33}$$

$$\begin{aligned} l(L_{corr},L_{SH})&=\frac{2\mu_{L_{corr}}\mu_{L_{SH}}+C_1}{\mu_{L_{corr}}^2+\mu_{L_{SH}}^2+C_1},\\ c(L_{corr},L_{SH})&=\frac{2\sigma_{L_{corr}}\sigma_{L_{SH}}+C_2}{\sigma_{L_{corr}}^2+\sigma_{L_{SH}}^2+C_2},\\ s(L_{corr},L_{SH})&=\frac{\sigma_{L_{corr},L_{SH}}+C_3}{\sigma_{L_{corr}}\sigma_{L_{SH}}+C_3} \end{aligned} \tag{5.34}$$

式中：$\mu_{L_{corr}}$ 和 $\mu_{L_{SH}}$ 分别为校正影像与全水平影像的均值；$\sigma_{L_{corr}}$ 和 $\sigma_{L_{SH}}$ 分别为校正影像与全水平影像的标准差；$\sigma_{L_{corr},L_{SH}}$ 为校正影像与全水平影像的协方差；C_1、C_2、C_3 为常数，为了避免分母为 0 的情况；l、c、s 分别为亮度对比函数、对比度对比函数和结构对比函数。

5.4 顾及投射阴影的地形校正方法

现有的多数地形校正方法仅仅针对山体自有阴影，忽略了山体的投射阴影区域，从而造成阴影校正不足，这大大限制了地形校正模型的发展与应用(Kobayashi et al.,2008; Meyer et al.,1993)；另外，现有的校正方法也忽略了阴影检测这一重要环节，不考虑阴影位置的分布情况。上述情况都限制了地形校正模型在实际应用中的推广。针对以上问题，可以考虑自阴影与投射阴影的形成差异，将两者进行区分并采用不同方式进行优化处理，形成顾及投射阴影的校正方法(Li et al.,2016)。

5.4.1 阴影检测方法

本方法充分利用遥感影像的光谱信息和相匹配的 DEM 数据，统计了太阳入射角余弦值、坡度、坡向等地形信息，对阴影区域进行检测。阴影检测包括两部分：全阴影与自阴影的检测。前者是基于影像光谱信息，结合阴影的特征来构建阴影指数，实现全阴影的检测；后者是基于地形信息来实现自阴影的检测。从全阴影区域中剔除自阴影部分从而得到投射阴影区域。

1. 全阴影检测

阴影在遥感影像中具有如下辐射特性：①在每个波段的辐射值均很低；②随着波长的增加，大气散射辐射不断减弱，阴影区域亮度值也越来越低。对于包含可见光与红外波段的多光谱数据，在蓝光波段，阴影区接收到较多的大气环境散射，具有相对较高的辐射值；而在近红外波段，大气散射最弱，阴影区域辐射值较低。然而，大气散射的影响对于同一波段的所有地物都是一致的。不同的土地覆盖类型同样需要考虑进来，如绿色植被是山区主要的土地覆盖类别，其在近红外波段有明显的高反射率特性。因而，蓝光波段和近红外波段可以用来提取山体阴影。

基于以上两种阴影特性，本方法建立一种阴影指数 SI 来增强阴影特征同时抑制非阴影区域信息。对于多光谱遥感影像数据，其公式表述如下：

$$\mathrm{SI}=\frac{L_{\mathrm{blue}}-L_{\mathrm{nir}}}{(L_{\mathrm{blue}}+L_{\mathrm{nir}})\cdot L_{\mathrm{mean}}} \tag{5.35}$$

式中：L_{blue} 和 L_{nir} 分别为蓝光波段和近红外波段的影像辐射值；L_{mean} 为所有反射波段的辐射值或反射率的平均值。

在遥感影像中，阴影指数 SI 取值范围为[−1,1]，即阴影区域为较高值，非阴影区域为较低值。光照区域的植被，其 SI 为负值，因而可有效加以排除。在中分辨率的山体遥感影像中最主要的暗色物体是水体，其 SI 为较高值，而水体是水平的，在地形校正时应加以排除。除了水体外，其他暗色地物如柏油公路，同样也有较高的 SI，会对阴影检测结果带来多余性误差。这些暗色物体应首先进行区分并从阴影检测流程中筛选出来。

预先对干扰地物进行排除处理及影像阴影指数的计算，再结合 Otsu 自动阈值分割(Otsu，1979)，可以得到包含了自阴影与投射阴影的全阴影掩膜。

2. 自阴影与投射阴影检测

根据前文分析，自阴影区域(山体阴坡)的太阳入射角较大，相应的余弦值($\cos i$)较小，而山体阳坡像素有较大的余弦值。因此对入射角的余弦值进行简单的阈值划分可以实现对自阴影区的检测。考虑到检测误差的存在，将上一步得到的全阴影区域与阈值分割得到的自阴影区域求交集，得到最终的自阴影检测结果。

通过以上两步检测过程，分别得到了影像上全阴影和自阴影区域。在此基础上，将自阴影区域从全阴影区域中加以排除，即得到投射阴影范围。

5.4.2　变分地形校正框架

现有的地形校正方法一般是假设影像辐射值 L_T 与太阳入射角余弦值 $\cos i$ 之间存在正相关关系，如式(5.9)所示。山体阴坡通常具有较低的太阳入射角余弦值和较低的影像辐射值，但是在投射阴影区域，太阳入射角余弦值 $\cos i$ 比较高，对应的影像辐射值 L_T 却比较低，正相关性不成立。这也是现有的地形校正方法不能对投射阴影区域进行处理的原因。为此，本节介绍一种变分地形校正框架，通过构建入射角余弦的变分校正模型，对投射阴影区域的余弦值进行修正，并将优化的地形特征应用于不同的地形校正模型中，有效改善地形阴影校正不足的问题。

1. 入射角余弦变分正则化模型构建

为了解决投射阴影的问题，本方法采用太阳入射角的优化余弦值($\cos i_V$)来代替原始的 $\cos i$。对于整幅影像来说，$\cos i_V$ 满足式(5.9)中的线性关系。为了获得全局连续平滑的 $\cos i_V$，本方法构建了变分入射角余弦值优化模型，采用 TV 先验和 L2 范数来约束得到优化后的 $\cos i_V$，用于实现对投射阴影区 $\cos i$ 的修正。太阳入射角的优化余弦值 $\cos i_V$ 由两部分构成：非投射阴影的 $\cos i_V$ 和投射阴影的 $\cos i_V$。为了表达简便，此处以字母 u 替代 $\cos i_V$。

在非投射阴影区，包括自阴影和光照区域，入射角余弦值 $\cos i$ 与辐射值符合线性关系，因而在变分方程中，该区域的 u 应该逼近原始 $\cos i$，非投射阴影区的约束表达如下：

$$\int \left\| \boldsymbol{M}_1 (u - \cos i) \right\|_2^2 \tag{5.36}$$

式中：二值矩阵 $\boldsymbol{M}_1$ 为非投射阴影区域掩膜。此项用来约束 u 与原始 $\cos i$ 的接近程度。

在投射阴影区，原始的 $\cos i$ 应根据线性关系做出改进，因而此约束项构建如下：

$$\int \left\| \boldsymbol{M}_2 (mu + a - L_T) \right\|_2^2 \tag{5.37}$$

式中：二值矩阵 $\boldsymbol{M}_2$ 为投射阴影区域信息；m 和 a 为由观测影像计算得到的回归参数。此项用来调节投射阴影区域的入射角，以满足由非投射阴影区样本回归得到的线性关系。因而，优化得到的 $\hat{u}$ 满足线性关系，再利用地形校正方法来实现相应像素的校正处理。

除了以上两项，本方法以 TV(Rudin et al.，1992)约束 u 的空间特性，以保持影像整体的空间平滑性同时保证局部的边缘特征，表示如下：

$$\int |\nabla u|_{TV} \tag{5.38}$$

综合以上三项，本节介绍的顾及投射阴影的变分框架(variational framework considering cast shadows，CSVF)可以表示为

$$u = \arg\min_u \frac{\lambda_1}{2} \int \left\| \boldsymbol{M}_1 (u - \cos i) \right\|_2^2 + \frac{\lambda_2}{2} \int \left\| \boldsymbol{M}_2 (mu + a - L_T) \right\|_2^2 + \int |\nabla u|_{TV} \tag{5.39}$$

式中：λ_1 和 λ_2 为非负正则化参数，用于权衡第一项和第二项约束的贡献。此方程得到的

最优解可作为太阳入射角的优化余弦值，用在现有的地形校正模型中，对投射阴影进行校正处理。

2. 变分正则化框架数值求解

式(5.39)为非线性模型，利用常规的线性优化方法存在速度慢、不稳定的缺点，因此，本节采用分裂 Bregman 迭代法对此变分模型进行求解(Goldstein et al.,2009)。该求解方法具有收敛速度快、编程简单、迭代稳定、不会引起方程发散等优点，可有效加快非线性模型的计算能力(Li et al.,2012;Cai et al.,2010;Zhu et al.,2008)。

对于式(5.39)引入变量 $\boldsymbol{d}$，令 $\boldsymbol{d}=\nabla u$，来代替先验项的 ∇u，其中 $\boldsymbol{d}$ 为每个像素点对应的二维矢量，分别是两个梯度方向的约束 dx 和 dy，那么式(5.39)的约束问题可以转化为

$$\arg\min_{u,\boldsymbol{d}}\left\|\boldsymbol{d}\right\|_2+\frac{\lambda_1}{2}\left\|\boldsymbol{M}_1(u-\cos i)\right\|_2^2+\frac{\lambda_2}{2}\left\|\boldsymbol{M}_2(mu+a-L_{\mathrm{T}})\right\|_2^2+\frac{\lambda_3}{2}\left\|\boldsymbol{d}-\nabla u\right\|_2^2 \tag{5.40}$$

为了保证 $\boldsymbol{d}=\nabla u$，本节对式(5.40)进行 Bregman 迭代，等价的迭代方程如下表示：

$$(u,d)=\arg\min_{u,\boldsymbol{d}}\left\|\boldsymbol{d}\right\|_2+\frac{\lambda_1}{2}\left\|\boldsymbol{M}_1(u-\cos i)\right\|_2^2+\frac{\lambda_2}{2}\left\|\boldsymbol{M}_2(mu+a-L_{\mathrm{T}})\right\|_2^2+\frac{\lambda_3}{2}\left\|\boldsymbol{d}-\nabla u-b\right\|_2^2 \tag{5.41}$$

$$b^{k+1}=b^k+\nabla u-\boldsymbol{d} \tag{5.42}$$

对于式(5.41)和式(5.42)的求解，首先将 $\boldsymbol{d}$ 作为已知量，求解变量 ∇u，可以将式(5.41)转为如下的欧拉方程：

$$(\lambda_1\boldsymbol{M}_1^{\mathrm{T}}\boldsymbol{M}_1+\lambda_2 m\boldsymbol{M}_2^{\mathrm{T}}\boldsymbol{M}_2-\lambda_3\Delta)u^{k+1}=\lambda_1\boldsymbol{M}_1^{\mathrm{T}}\boldsymbol{M}_1\cos i+\lambda_2\boldsymbol{M}_2^{\mathrm{T}}\boldsymbol{M}_2(L_{\mathrm{T}}-a)+\lambda_3\nabla^{\mathrm{T}}(\boldsymbol{d}^k-b^k) \tag{5.43}$$

式(5.43)属于严格对角占优的线性方程，可以采用高斯-赛德尔迭代方法进行分解求解。由于 λ_1、λ_2 为方程的参数，$\boldsymbol{M}_1$、$\boldsymbol{M}_2$、$\cos i$、L_{T}、a、m 为矩阵或者常数，为了表示简单，本方法以 λ 代替 $\lambda_1\boldsymbol{M}_1^{\mathrm{T}}\boldsymbol{M}_1+\lambda_2 m\boldsymbol{M}_2^{\mathrm{T}}\boldsymbol{M}_2$，同时以 f 表示式(5.43)右边部分的

$$(\lambda_1\boldsymbol{M}_1^{\mathrm{T}}\boldsymbol{M}_1\cos i+\lambda_2\boldsymbol{M}_2^{\mathrm{T}}\boldsymbol{M}_2(L_{\mathrm{T}}-a))/\lambda$$

将式(5.43)化简为

$$(\lambda\boldsymbol{I}-\lambda_3\Delta)u^{k+1}=\lambda f+\lambda_3\nabla^{\mathrm{T}}(\boldsymbol{d}^k-b^k) \tag{5.44}$$

式(5.44)用高斯-赛德尔迭代方法进行分解求解为

$$\begin{aligned}u_{x,y}^{k+1}=\frac{\lambda_3}{\lambda+4\lambda_3}\Big(&u_{x+1,y}^k+u_{x-1,y}^k+u_{x,y+1}^k+u_{x,y-1}^k+\boldsymbol{d}x_{x-1,y}^k-\boldsymbol{d}x_{x,y}^k\\&+\boldsymbol{d}y_{x,y-1}^k-\boldsymbol{d}y_{x,y}^k-bx_{x-1,y}^k+bx_{x,y}^k-by_{x,y-1}^k+by_{x,y}^k\Big)+\frac{\lambda}{\lambda+4\lambda_3}f_{x,y}\end{aligned} \tag{5.45}$$

其次，本方法将 ∇u 作为已知量，求解变量 $\boldsymbol{d}$，用收缩方程(shrinkage formula)求解：

$$\boldsymbol{d}^{k+1}=\max\left(\left|\nabla u^k+b^k\right|-1/\lambda_3,0\right)\frac{\nabla u^k+b^k}{\left|\nabla u^k+b^k\right|} \tag{5.46}$$

每次求解出 u^{k+1}、$\boldsymbol{d}^{k+1}$ 后，将这两个值代入式(5.44)和式(5.46)中，循环求解新的 u^{k+1}、$\boldsymbol{d}^{k+1}$，直到求出的新解稳定且收敛为止，循环终止条件 threshold 一般可人为设定。

综上所述，入射角余弦值的变分数值求解过程见表 5.1。

表 5.1　分裂 Bregman 迭代算法流程

初始化：$u^0=\cos i, \boldsymbol{d}=b=0$；	
While	$\| u^k-u^{k-1} \|_2>$threshold
	$u^{k+1}=\mathrm{GS}(f,\boldsymbol{d}^k,b^k)$
	$d^{k+1}=\max(\lvert \nabla u^k+b^k \rvert-1/\lambda_3,0)\dfrac{\nabla u^k+b^k}{\lvert \nabla u^k+b^k \rvert}$
	$b^{k+1}=b^k+\nabla u^k-d^k$
End	

5.4.3　变分地形校正框架的适用性

本节介绍的变分地形校正框架能广泛适用于目前的半经验地形校正模型，为了简化表述，所有顾及投射阴影的校正方法表示为 CS 与原始模型名称的组合，如 CS-C 和 CS-SEC。此处将以 C 校正模型为例子来解释此变分框架的应用。

在线性方程式(5.9)中，参数 a 和 m 都需要从观测影像中选取样本来进行估值计算。在 CS-C 校正模型中，同样需要进行参数的估计。同时应注意到投射阴影区域的像素不能用来作为样本点，因为此区域像素值并不满足线性关系。在 C 校正模型中，采用优化的 $\cos i_{\mathrm{V}}$ 来代替原始的 $\cos i$，此时顾及投射阴影的地形校正模型(CS-C)表示如下：

$$L_{\mathrm{H}}=L_{\mathrm{T}}\frac{\cos(\mathrm{sz})+C}{\cos i_{\mathrm{V}}+C},\quad C=a/m \tag{5.47}$$

式中：a 和 m 为利用非投射阴影区域样本估计得到的回归参数。事实上，在 CS-C 校正模型中，结合投射阴影和自阴影的辐射特征和地形特征，投射阴影与自阴影区域分别进行自适应校正处理。由于变分模型中的全局约束，在地形校正结果中自阴影和投射阴影的共同边界处没有伪痕存在。其他顾及投射阴影的地形校正模型的构建类似于 CS-C 校正模型。

5.5　地形辐射校正实验与分析

考虑到投射阴影的产生机理，本节选取两处具有高海拔差异的山区作为实验区域，而现有的地形校正方法难以处理此地形下的山体阴影，从而检验顾及投射阴影地形校正框架的校正效果。选取的实验区域为中国的玉龙山和武夷山，DEM 数据来自于 ASTER GDEM v2，其空间分辨率为 30 m。本节对这两个实验区域采用三种不同的地形校正方法进行处理，先从目视效果进行定性评价，再结合决定系数来定量分析实验结果。

5.5.1 玉龙山区域影像处理

本实验区域位于云南省西北部的玉龙雪山周围，主要地表覆盖类型为大面积的亚热带常绿和落叶阔叶林、暖温带和寒温带针叶林、高山草甸、灌木丛等植被（王宝荣 等，2001），也有少许的裸地、耕地和居民用地，区域内主要水系为长江上游金沙江流域。该区域地形起伏比较大，地势落差非常大，由此地形阴影面积也比较大，非常适合进行山区地形的阴影实验。

实验选取的遥感影像数据来源为 Landsat7 ETM+的卫星影像，行列号为(131/041)，获取时间是 2002 年 1 月 6 日，获取时的太阳高度角是 33.7°，天顶角是 56.32°，方位角是 149.83°，本实验区域的大小为 90 km×90 km（即 3 000 像素×3 000 像素），如图 5.7(a)所示。配准后的 DEM 数据分辨率是 30 m，如图 5.7(b)所示。高程分布为1 267～5 459 m。

(a) 实验区域影像（R=3,G=2,B=1）

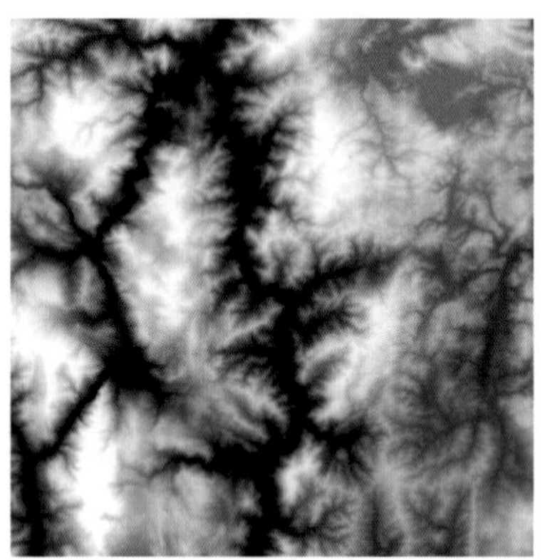

(b) 实验区域DEM

图 5.7 实验区域

图 5.8 玉龙山影像的全阴影区域

1. 阴影检测

基于影像光谱特征与地形特征，对玉龙雪山影像上阴影区域进行检测。检测得到的全阴影区域如图 5.8 所示，自阴影像素和投射阴影像素分别用蓝色和红色进行渲染。从目视效果看来，大部分的阴影区域都已检测出来。将自阴影与原始影像上的阴影边界相比较发现，这两者的位置是一致的，从而证实了阴影检测的准确性。

自阴影能利用地表的地形特征进行精确提取，因此投射阴影检测结果则主要由基于辐射特征检测得到的全阴影区域所决定。为了对检测结果进行定量评估，从原始影像上截取一部分区域来进行实验。截取的影像及相应的 DEM 数据如图 5.9(a)和图 5.9(b)所示，检测得到的自阴影和投射阴影如图 5.9(c)和图 5.9(d)所示。

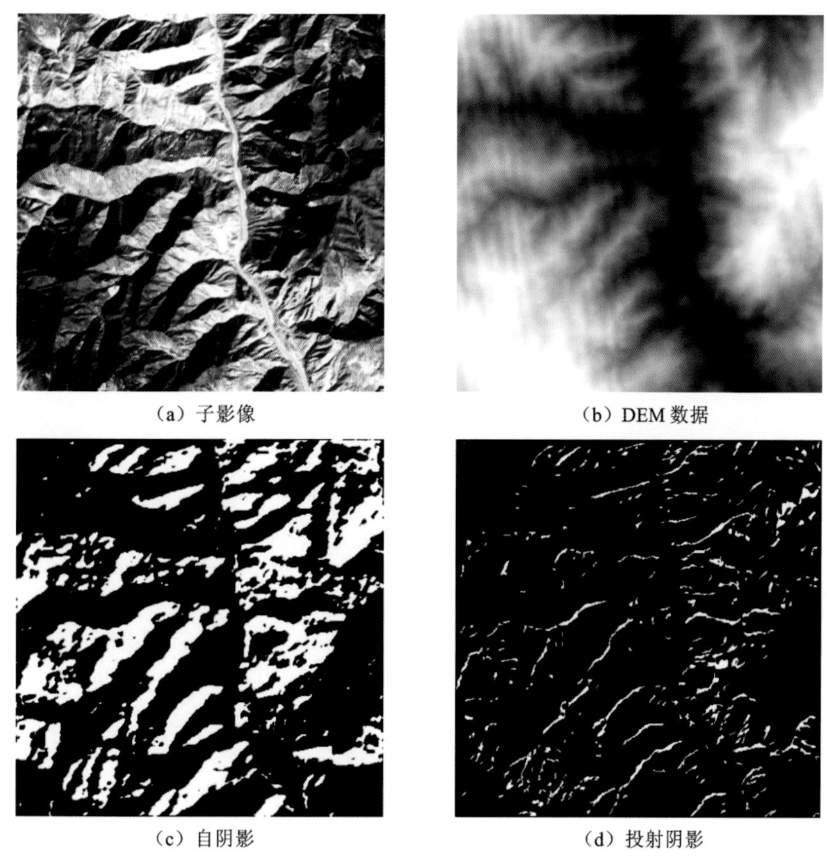

图 5.9　玉龙山影像子区域

从目视效果看，阴影检测的结果比较全面，而且阴影趋势分布与原始影像相比也是一致的。为了能定量分析阴影检测的精度，本章采用查全率(recall ratio)和查准率(precision ratio)指标对阴影检测结果做精度评定工作。首先对影像采用人工标定的方式，得到用于精度评价的全阴影掩膜。再逐像素统计查全率和查准率作为精度评价指标，其计算方式如下：

$$\text{查全率}=\frac{\text{检测出的正确阴影像素数目}}{\text{真实的阴影像素数目}}\times 100\%$$

$$\text{查准率}=\frac{\text{检测出的正确阴影像素数目}}{\text{检测出的阴影像素数目}}\times 100\%$$

对阴影计算查全率和查准率后，可以得到表 5.2。

表 5.2　阴影检测的精度评价

类别	正确的阴影	真实的阴影	检测的阴影	查全率/%	查准率/%
阴影区总数	51 925	54 522	54 794	95.24	94.76

从精度评价结果看来，此方法的阴影检测结果能够满足阴影校正的要求。这也证明了此方法的有效性和精确性。

2. 阴影校正

在得到自阴影和投射阴影掩膜后，整幅影像的优化入射角余弦值可以通过顾及投射阴影的变分框架优化得到。优化后的入射角余弦值用在三种不同地形校正模型中，即C校正模型、SCS校正模型及SEC模型。玉龙雪山的地形校正结果如图5.10所示，第一行是原始地形校正模型结果，第二行是顾及投射阴影的地形校正模型的校正结果。

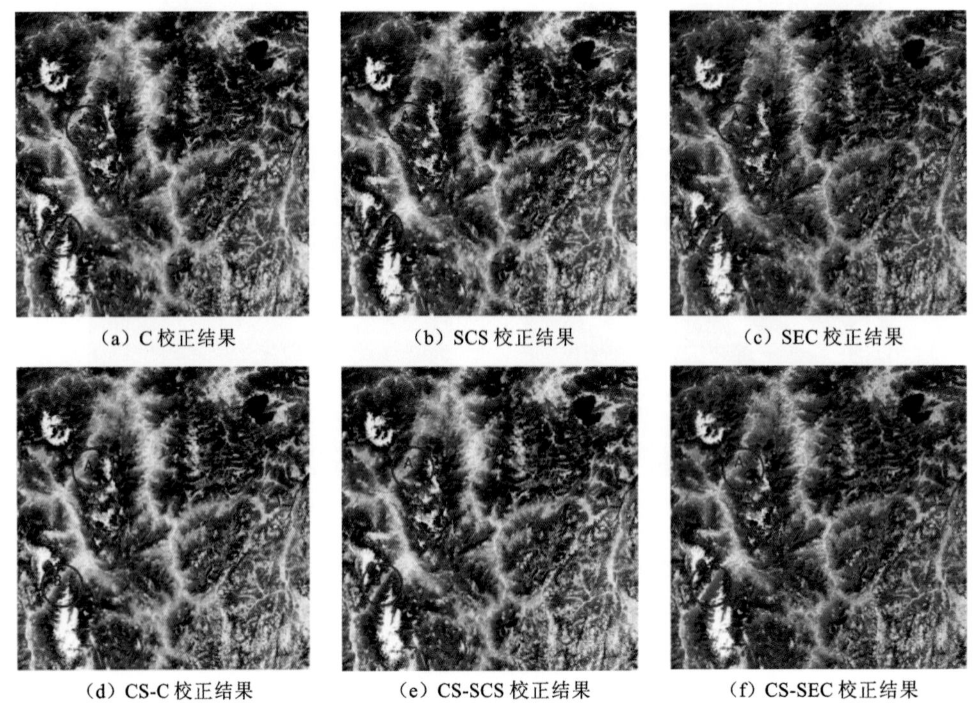

(a) C校正结果　(b) SCS校正结果　(c) SEC校正结果

(d) CS-C校正结果　(e) CS-SCS校正结果　(f) CS-SEC校正结果

图5.10　原始地形校正模型与顾及投射阴影的地形校正模型的校正结果

对比原始地形校正模型与顾及投射阴影的地形校正模型的校正结果可以发现，后者的结果要比前者更为平缓一些，这是因为后者对投射阴影所导致的辐射畸变进行了校正，而这种辐射畸变仍保留在前者的结果中。当对影像的一些细节信息进行检测能够发现，原始地形校正模型结果中的暗色窄条带在顾及投射阴影的地形校正模型的结果中得到去除。将影像上的A和B两个区域截取出来并放大显示，如图5.11和图5.12所示。图5.11(a)和图5.12(a)分别表示原始影像上的裁剪区域，而全阴影区域则分别如图5.11(e)和图5.12(e)所示。从图5.11和图5.12第一行中可以发现，投射阴影区域面积都比较大，以至于不能被忽略，这也对地形校正的结果带来很大影响。当利用顾及投射阴影区域的入射角余弦值时，地形校正结果要优于原始模型结果，如图5.11和图5.12第二行所示。投射阴影区域的辐射信息得到恢复，这提升了地形校正的结果，同时也有利于遥感影像数据的应用。

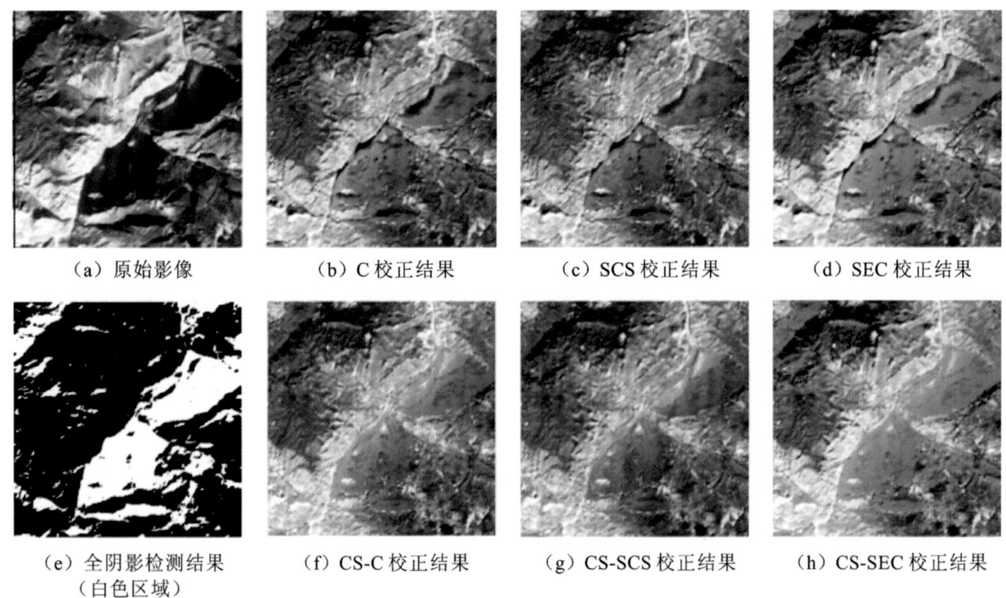

图 5.11　玉龙山影像 A 部分的放大结果图

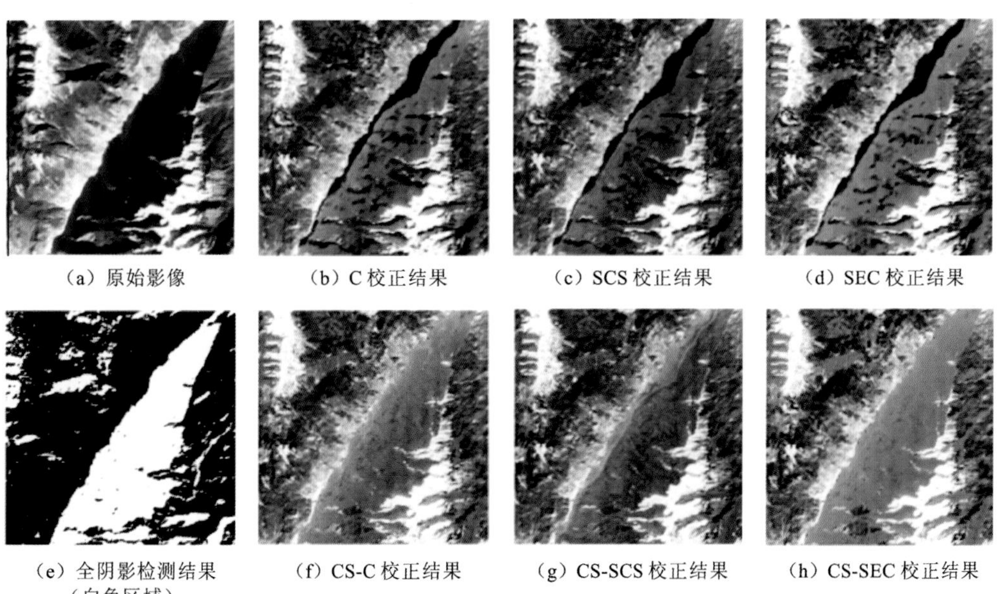

图 5.12　玉龙山影像 B 部分的放大结果图

为了更好地评价实验效果，本节在上述定性评价的基础上，通过计算决定系数来对实验结果进行定量分析。对于玉龙山的实验影像，本方法选取了 100 000 个样本点，样本点分布都比较随机，以此来计算决定系数。这样的随机处理重复了 10 次，并对 10 次结果的平均值加以记录来进行定量评价。原始影像与各地形校正方法的决定系数见表 5.3。

表 5.3 玉龙山影像的地形校正决定系数 R^2

	波段 1	波段 2	波段 3	波段 4	波段 5	波段 7
原始影像	0.160 2	1.513 0	7.867 7	33.307 7	307.779 4	524.647 5
C	0.004 5	0.033 0	0.130 8	0.422 6	0.631 0	0.752 0
CS-C	0.004 2	0.030 3	0.119 1	0.386 3	0.533 2	0.622 0
SCS	0.006 7	0.046 7	0.179 0	0.413 5	0.755 7	0.986 4
CS-SCS	0.005 4	0.035 3	0.130 3	0.320 1	0.468 2	0.582 3
SEC	0.003 5	0.016 6	0.035 1	0.074 3	0.083 3	0.068 9
CS-SEC	0.002 7	0.011 7	0.023 4	0.049 6	0.050 9	0.041 5

从表 5.3 可以明显看出，顾及投射阴影的地形校正模型要明显优于原有地形校正模型，在红外波段表现尤为明显。除了比较原始地形校正模型与顾及投射阴影的地形校正模型的处理效果，本方法对这三种模型也进行了比较。从图 5.10 中可以发现，SEC 模型处理得到的结果最平坦，而且色彩也最自然。从定量评价看来，SEC 模型的决定系数也最小，这和目视评价的结果相一致。

5.5.2 武夷山区域影像处理

为了更好地检测变分地形校正框架的效果，本节选择了武夷山区域进行第二组实验。遥感影像数据来源为 Landsat7 ETM＋的卫星影像，获取时间是 2001 年 12 月 14 日，获取时的太阳天顶角是 56.44°，方位角是 151.84°。本实验区域的大小为 30 km×30 km，如图 5.13(a)所示。配准后的 DEM 数据分辨率是 30 m，如图 5.13(b)所示。主要的土地覆盖类型为森林，高程分布为 296～2 190 m，由地形起伏而产生的阴影非常明显。

(a) ETM+影像

(b) 实验区域 DEM

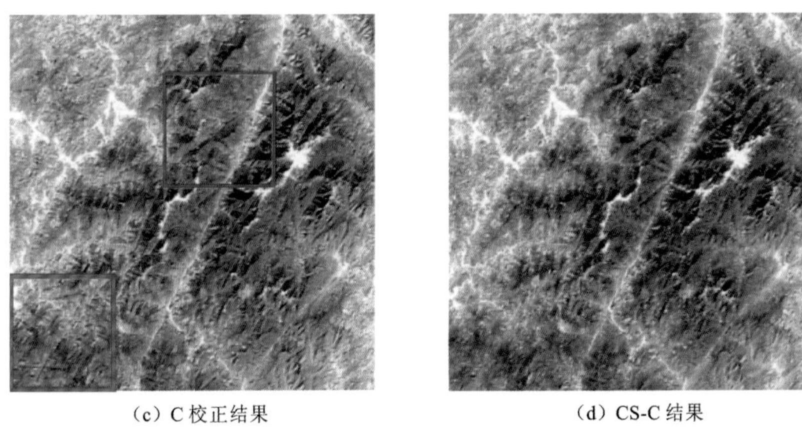

（c）C 校正结果　　（d）CS-C 结果

图 5.13　武夷山区实验数据

不同地形校正方法得到的实验结果如图 5.13 所示，放大的区域如图 5.14 和图 5.15 所示。影像的区域很大，对全图进行比较并不容易，因此图 5.13 只显示了一组相对应的实验结果，即 C 校正模型和 CS-C 校正模型。在此基础上，本节分别选取了所有模型实验结果中的两个区域来局部放大显示，如图 5.14 和图 5.15 所示。

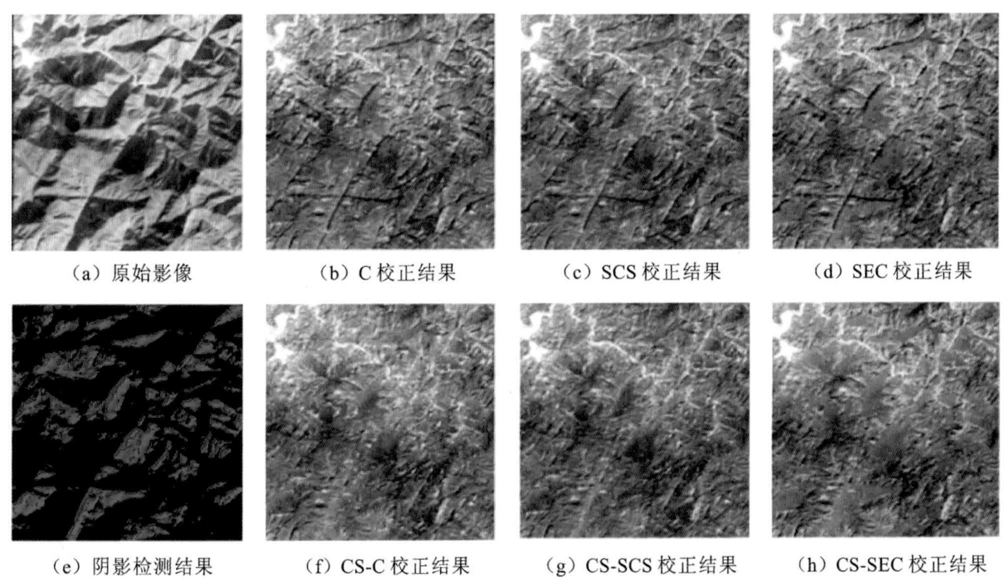

（a）原始影像　（b）C 校正结果　（c）SCS 校正结果　（d）SEC 校正结果

（e）阴影检测结果　（f）CS-C 校正结果　（g）CS-SCS 校正结果　（h）CS-SEC 校正结果

图 5.14　武夷山影像地形校正结果的第一块局部放大图

自阴影为蓝色，投射阴影为红色

从目视效果看来，顾及投射阴影的地形校正模型能够有效去除投射阴影的影响，而原始地形校正模型则不能校正投射阴影区域。比较 C 校正模型、SCS 校正模型及 SEC 模型，从实验结果看来，SEC 模型得到的结果最平坦。这是因为 SEC 模型是一种基于均值逼近的统计信息方法，能够有效处理同质区域。这两组实验的研究区域，即玉龙山和武夷

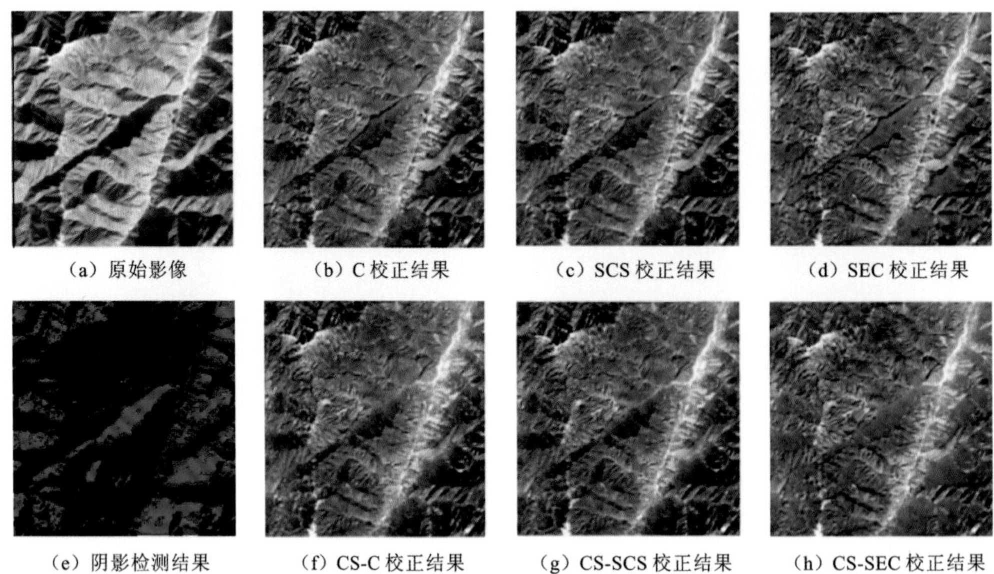

图 5.15 武夷山影像地形校正结果的第二块局部放大图

自阴影为蓝色,投射阴影为红色

山,主要是被森林覆盖,从宏观看来都属于同质区域。因此,SEC 模型和 CS-SEC 模型要优于其他四种模型。

从定量评价来看,本方法进行了 10 次随机样本的选取,得到了 50 000 个样本点。计算得到这些随机样本的决定系数,每一组结果的均值见表 5.4。相比于 C 校正模型和 SCS 模型,CS-C 和 CS-SCS 模型在所有波段都有较低的决定系数。除了第 7 波段,CS-SEC 模型的决定系数都要低于 SEC 的结果。

表 5.4 武夷山影像的地形校正决定系数 R^2

	波段 1	波段 2	波段 3	波段 4	波段 5	波段 7
原始影像	0.594 9	5.708 4	3.814 4	183.837 6	195.073 8	146.501 8
C	0.001 5	0.005 6	0.006 8	0.052 4	0.028 5	0.032 1
CS-C	0.000 2	0.000 4	0.001 0	0.014 0	0.003 7	0.005 3
SCS	0.002 8	0.010 9	0.012 0	0.078 9	0.049 9	0.053 1
CS-SCS	0.000 7	0.002 0	0.003 1	0.025 6	0.011 2	0.013 0
SEC	0.002 0	0.003 4	0.002 3	0.029 2	0.003 6	0.000 1
CS-SEC	0.000 6	0.000 4	0.000 1	0.009 7	0.000 1	0.002 9

为了探究 SEC 和 CS-SEC 结果之间的区别,本方法采用第 7 波段结果的 10 组随机样本来绘制散点图,如图 5.16 所示。横轴表示入射角余弦值,纵轴表示校正的辐射值。散点图中红色直线表示样本回归线。相比于 SEC 的结果,CS-SEC 在第 7 波段有较大的决定系数,从而导致了回归线上有相对较大的坡度。然而,图 5.16(b)中的散点图要比图 5.16(a)

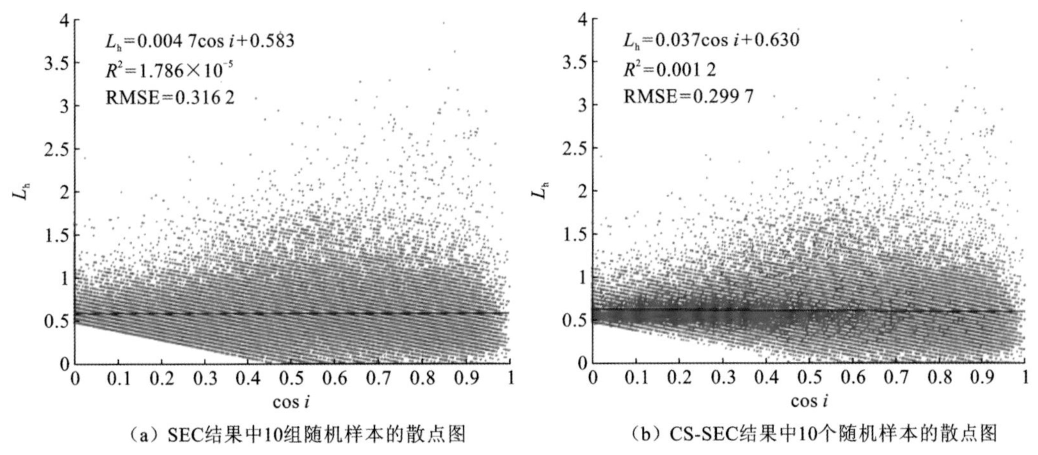

（a）SEC结果中10组随机样本的散点图　（b）CS-SEC结果中10个随机样本的散点图

图 5.16 波段 7 散点图

中的散点图分布更为紧凑，这显示出 CS-SEC 的优势所在。另外，可以通过 R^2 和 RMSE 来描述回归线的拟合优度。越大的 R^2 或越小的 RMSE，表示回归线的拟合程度越好。SEC 模型线性方程的 R^2 为 1.786×10^{-5}，非常接近于 0，这意味着回归线与样本之间的拟合性很差。而 CS-SEC 的 R^2 为 0.001 2，要大于 SEC 的 R^2。同时，SEC 模型的 RMSE 要大于 CS-SEC 模型的 RMSE。综合决定系数和线性回归拟合优度的分析，CS-SEC 模型在第 7 波段的优势仍然比较明显。

5.6 小　　结

本章对地形导致的辐射差异机理进行了详细阐述，并系统总结与分析了现有的经验/半经验地形辐射校正模型。针对现有模型难以处理投射阴影的共性问题，阐述了一种顾及投射阴影的地形辐射校正变分框架，利用变分模型通过对太阳光入射角余弦值的调整，进而完成阴影的辐射补偿。该框架是对现有校正模型的有效补充，能够与多数校正模型有机结合，提升整体的校正精度，特别是提升对投射阴影的处理能力。

参 考 文 献

房亮，2006. 基于 DEM 地形参数计算的尺度效应研究. 西安：西北大学.

高荣俊，谢勇，顾行发，等，2016. 考虑植被覆盖因子的地形辐射校正模型. 测绘科学，41(4)：132-138.

高永年，2013. 遥感影像地形校正理论基础与方法应用. 北京：科学出版社.

高永年，张万昌，2008. 遥感影像地形校正研究进展及其比较实验. 地理研究，27(2)：467-477+484.

韩晓静，邢立新，潘军，等，2013. 改进的经验统计地形校正模型及其应用. 国土资源遥感，25(04)：187-191.

黄博，徐丽华，2012. 基于改进型 Minnaert 地形校正模型的应用研究. 遥感技术与应用，27(2)：183-189.

黄微，2008. 辐射地形校正模型及应用方法研究. 武汉：武汉大学.

黄微，张良培，李平湘，2005. 一种改进的卫星影像地形校正算法. 中国图象图形学报，10(9)：1124-1128.

姜亢，胡昌苗，于凯，等，2014. 地形抹平与半经验模型的 Landsat TM/ETM+地形校正方法. 遥感学报，18(2)：287-306.

刘敏，汤国安，王春，等，2007. DEM 提取坡度信息的不确定性分析. 地球信息科学，9(2)：65-69.

苏理宏，李小文，黄裕霞，2001. 遥感尺度问题研究进展. 地球科学进展，16(4)：544-548.

孙家抦，2013. 遥感原理与应用. 武汉：武汉大学出版社.

王宝荣，朱翔，杨树华，2001. 云南丽江玉龙雪山遥感植被制图. 生态学杂志，20(z1)：39-41.

徐静，任立良，程媛华，等，2007. 基于 TOPMODEL 的 DEM 空间尺度转换关系探讨. 水利学报，(S1)：404-408.

张伟阁，杨辽，曹良中，等，2015. 基于 Three Factor+C 模型改进的地形辐射校正方法. 国土资源遥感，27(02)：36-43.

钟耀武，刘良云，王纪华，等，2006. SCS+C 地形辐射校正模型的应用分析研究. 国土资源遥感，18(04)：14-18.

BRUNET D，VRSCAY E R，WANG Z，2012. On the mathematical properties of the structural similarity index. IEEE transactions on image processing，21(4)：1488-1499.

CAI J F，OSHER S，SHEN Z，2010. Split bregman methods and frame based image restoration. Multiscale modeling & simulation，8(2)：337-369.

DUMORTIER D，1995. Mesure，analyse et modélisation du gisement lumineux：application à l'évaluation des performances de l'éclairage naturel des bâtiments. Chambry，France：Univ. Chambry.

DYMOND J R，SHEPHERD J D，QI J，2001. A simple physical model of vegetation reflectance for standardising optical satellite imagery. Remote sensing of environment，77(2)：230-239.

FAN Y，KOUKAL T，WEISBERG P J，2014. A sun-crown-sensor model and adapted C-correction logic for topographic correction of high resolution forest imagery. ISPRS journal of photogrammetry and remote sensing，96：94-105.

FUNKA-LEA G，BAJCSY R，1995. Combining color and geometry for the active，visual recognition of shadows. IEEE international conference on computer vision(ICCV)，Boston，USA，203-209.

GAO Y，ZHANG W，2009. A simple empirical topographic correction method for ETM+ imagery. International journal of remote sensing，30(9)：2259-2275.

GE H L，LU D S，HE S Z，et al.，2008. Pixel-based minnaert correction method for reducing topographic effects on a Landsat 7 ETM+ image. Photogrammetric engineering & remote sensing，74(11)：1343-1350.

GHASEMI N，MOHAMMADZADEH A，SAHEBI M R，2013. Assessment of different topographic correction methods in ALOS AVNIR-2 data over a forest area. International journal of digital earth，6(5)：504-520.

GOLDSTEIN T，OSHER S，2009. The split Bregman method for L1-regularized problems. SIAM journal on imaging sciences，2(2)：323-343.

GU D，GILLESPIE A，1998. Topographic normalization of Landsat TM images of forest based on subpixel sun-canopy-sensor geometry. Remote sensing of environment，64(2)：166-175.

GU D，GILLESPIE A R，ADAMS J B，et al.，1999. A statistical approach for topographic correction of satellite images by using spatial context information. IEEE transactions on geoscience and remote sensing，37(1)：236-246.

HANTSON S，CHUVIECO E，2011. Evaluation of different topographic correction methods for Landsat imagery. International journal of applied earth observation and geoinformation, 13(5): 691-700.

HAY J E, MCKAY D C, 1985. Estimating solar irradiance on inclined surfaces: a review and assessment of methodologies. International journal of solar energy, 3(4-5): 203-240.

KOBAYASHI S, SANGA-NGOIE K, 2008. The integrated radiometric correction of optical remote sensing imageries. International journal of remote sensing, 29(20): 5957-5985.

KOBAYASHI S, SANGA-NGOIE K, 2009. A comparative study of radiometric correction methods for optical remote sensing imagery: the IRC vs. other image-based C-correction methods. International journal of remote sensing, 30(2): 285-314.

LI H F, XU L M, SHEN H F, et al., 2016. A general variational framework considering cast shadows for the topographic correction of remote sensing imagery. ISPRS journal of photogrammetry and remote sensing, 117: 161-171.

LI H F, ZHANG L P, SHEN H F, 2012. A perceptually inspired variational method for the uneven intensity correction of remote sensing images. IEEE transactions on geoscience and remote sensing, 50 (8): 3053-3065.

LI H F, ZHANG L P, SHEN H F, 2014. An adaptive nonlocal regularized shadow removal method for aerial remote sensing images. IEEE transactions on geoscience and remote sensing, 52(1): 106-120.

MEYER P, ITTEN K I, KELLENBERGER T, et al., 1993. Radiometric corrections of topographically induced effects on Landsat TM data in an alpine environment. ISPRS journal of photogrammetry and remote sensing, 48(4): 17-28.

MINNAERT M, 1941. The reciprocity principle in lunar photometry. The astrophysical journal, 93: 403-410.

OTSU N, 1979. A threshold selection method from gray-level histograms. IEEE transactions on systems, man, and cybernetics, 9(1): 62-66.

PAGE J, 1996. Algorithms for the satellight programme. The European Database of Daylight and Solar Radiation, Bergen, Norway, Tech. Rep. 2.

PROY C, TANRÉ D, DESCHAMPS P Y, 1989. Evaluation of topographic effects in remotely sensed data. Remote sensing of environment, 30(1): 21-32.

RICHTER R, 1996. Atmospheric correction of satellite data with haze removal including a haze/clear transition region. Computers & geosciences, 22(6): 675-681.

RICHTER R, 1998. Correction of satellite imagery over mountainous terrain. Applied Optics, 37(18): 4004-4015.

RICHTER R, KELLENBERGER T, KAUFMANN H, 2009. Comparison of topographic correction methods. Remote sensing, 1(3): 184.

RUDIN L I, OSHER S, FATEMI E, 1992. Nonlinear total variation based noise removal algorithms. Physica D: nonlinear Phenomena, 60(1): 259-268.

SANDMEIER S, ITTEN K I, 1997. A physically-based model to correct atmospheric and illumination effects in optical satellite data of rugged terrain. IEEE transactions on geoscience and remote sensing, 35(3): 708-717.

SCHOWENGERDT R A, 2006. Remote sensing: models and methods for image processing. New York: Academic Press.

SMITH J A, LIN T L, RANSON K J, 1980. The Lambertian assumption and Landsat data. Photogrammetric engineering and remote sensing,46(9):1183-1189.

SOENEN S A,PEDDLE D R,COBURN C A,2005. SCS+C:a modified sun-canopy-sensor topographic correction in forested terrain. IEEE transactions on geoscience and remote sensing,43(9):2148-2159.

SOLA I, GONZÁLEZ-AUDÍCANA M, ÁLVAREZ-MOZOS J, 2016. Multi-criteria evaluation of topographic correction methods. Remote sensing of environment,184:247-262.

SOLA I, GONZÁLEZ-AUDÍCANA M, ÁLVAREZ-MOZOS J, et al., 2014. Synthetic images for evaluating topographic correction algorithms. IEEE transactions on geoscience and remote sensing, 52(3):1799-1810.

TEILLET P M,GUINDON B,GOODENOUGH D G,1982. On the slope-aspect correction of multispectral scanner data. Canadian journal of remote sensing,8(2):84-106.

TEILLET P M, STAENZ K, WILLIAM D J, 1997. Effects of spectral, spatial, and radiometric characteristics on remote sensing vegetation indices of forested regions. Remote sensing of environment,61(1):139-149.

VINCINI M, FRAZZI E, 2003. Multitemporal evaluation of topographic normalization methods on deciduous forest TM data. IEEE transactions on geoscience and remote sensing,41(11):2586-2590.

ZHU M Q,CHAN T,2008. An efficient primal-dual hybrid gradient algorithm for total variation image restoration. UCLA CAM report,(1):1-29.

第 6 章　高分辨率遥感影像阴影校正方法

阴影广泛存在于高分辨率遥感影像中，尤其是在建筑物密集的城镇区域，造成局部信息的亮度损失，直接影响着遥感解译精度。本章在分析高分辨率遥感影像阴影特征的基础上，对现有的阴影检测和去除方法进行总结和分析，并重点介绍一种基于非局部正则化的自适应阴影去除方法。该方法采用软阴影的思想来描述和定位阴影，基于影像抠图方法进行高精度阴影检测，并通过构建空间自适应的非局部正则化模型，以达到较为理想的阴影去除效果。

6.1　高分辨率遥感影像中阴影的成因及特性

阴影是光线在沿直线前进的过程中受到障碍物的阻挡，造成投影平面某个区域没有或者仅有部分能量入射的现象，如图 6.1 所示，没有

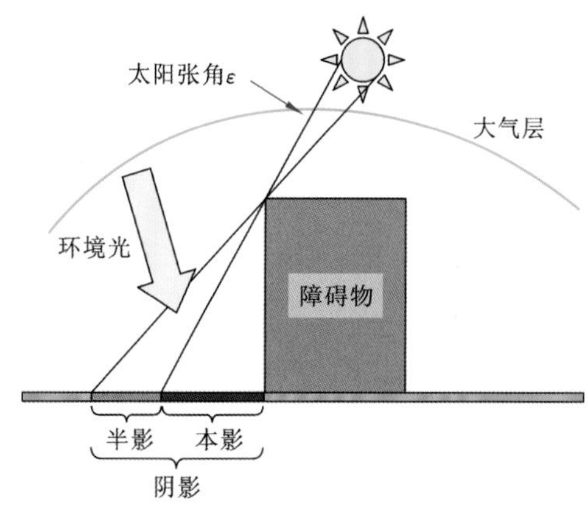

图 6.1　阴影的几何成因图

能量入射的区域称为本影，有部分能量入射的区域称为半影，半影通常位于本影的外围，与非阴影区毗邻（方涛 等，2016；Zhang et al.，2014；柳稼航，2011）。在影像上，由于入射能量较低，阴影区域的亮度相对无阴影区域整体偏暗，且对比度较低（叶勤 等，2010）。虽然阴影对增强立体感、计算某些地表信息（如建筑物高度）等有所帮助，但从本质上来看，阴影是影像辐射质量的一种退化，不但影响了影像的目视效果，也给特征提取、目标检测、地物识别、定量分析等后续应用带来较大的困扰（鲍海英 等，2010；Arévalo et al.，2008；季顺平 等，2007）。因此，为了提高遥感影像的利用效能，对高分辨率遥感影像中阴影进行检测与补偿处理是非常必要的。

在高分辨率遥感影像中，建筑物阴影具有如下基本特征（李慧芳，2013）。

（1）半影不容忽视。遥感影像的主要光源为太阳面光源，太阳的直径（d）为 1.39×10^6 km，相对日地距离（D）为 1.5×10^8 km，假设障碍物的高度（H）为 50 m，成像瞬间的太阳高度角（e）为 38°，根据太阳、障碍物与地表三者的几何关系，太阳张角的一半

$$\varepsilon/2=\arctan[(d/2)/D]\approx0.266^\circ$$

进而可以计算出半影的宽度：

$$w_p=H[1/\tan(e-\varepsilon)-1/\tan(e+\varepsilon/2)]\approx1.23\ \text{m}$$

假设影像的空间分辨率为 0.6 m，则半影的宽度大约相当于 2 个像素（Dare，2005）。对于更高分辨率的航天或航空遥感影像而言，半影会覆盖更多的像素。由此可见，半影在高分辨率遥感影像中不容忽视，且它同时接收散射光和部分太阳光的辐射能量，因而具有较本影偏高、较无阴影区域偏低的亮度，形成了从无阴影到阴影区域的一个过渡带，这是高分辨率遥感影像中阴影的特性之一。

（2）阴影分布不均一。由阴影的几何成因图可以看出，在本影区域越接近障碍物的地表获得的辐射能量越少，因而阴影的降质程度越高，随着与障碍物的远离，地表受阴影影响的程度逐步降低（Arbel et al.，2011；Mcfeely et al.，2011）。这是发生在阴影内部的亮度变化，相对于从阴影到非阴影区的亮度阶跃而言，这个变化相对较小，但也会在阴影处理中带来一定的困难。

（3）阴影区地物复杂。基于上述阴影几何参数的假设，可以获知半影和本影所覆盖的整个阴影区域的范围为 $w_s=H/\tan(e-\varepsilon/2)\approx64.9$ m，在 0.6 m 分辨率的高分辨率遥感影像中，这个尺寸相当于 108 个像素，可见高分辨率遥感影像中的阴影覆盖范围通常较大，因此同一阴影通常包含多种地物类型。

（4）存在 0 值像素。当阴影内包含本身反射率较低的地物，且环境光辐射较弱时，阴影中经常会包含大量 0 反射率的像素（标记为 0-像素），这会给阴影复原造成严重的误差和色偏，这是高分辨率遥感影像阴影处理中需要考虑的一个重要特征。

综上所述，在高分辨率遥感影像的阴影去除中，不能忽略半影的存在，同时需要考虑阴影分布不均一、影下地物复杂、存在 0 值像素等特性，以达到更优的去除效果。

6.2 阴影检测的典型方法

高分辨率遥感影像的阴影检测，是阴影分析和处理的第一步，其检测精度对后续的阴影去除将产生直接影响。现有的阴影检测方法主要分为三大类（Wang et al.，2017；Adeline et al.，2013；Makarau et al.，2011）。

（1）基于物理模型的检测方法。该类方法需要使用影像的先验信息，如成像场景、太阳高度角、地物几何形状、数字表面模型（digital surface model，DSM），建立阴影的投影模型，从而计算出阴影区域（Zhou et al.，2015；Tolt et al.，2011；Li et al.，2005）。这类阴影检测方法充分考虑了成像的物理过程，理论更加严谨，但往往需要更多的先验信息，而在实际中往往难以得到，因此具有较大的局限性。

（2）基于阴影特征的检测方法。通过分析遥感影像上阴影区域的共同特性，如光谱特性、结构特征和边缘性质等，实现对阴影的检测（Movia et al.，2016；Liasis et al.，2016；方菊芹 等，2014；高贤君 等，2014；Adeline et al.，2013）。这类方法因算法原理简单，而且更易于实现，得到了广泛的应用（Dare，2005）。

（3）基于学习的检测方法。通过对样本数据库中的阴影影像和相应掩膜数据进行学习训练，构建相应的网络模型，从而对影像上的阴影区域进行检测（Vicente et al.，2017；Khan et al.，2016；Shen et al.，2015；夏怀英 等，2011；Lalonde et al.，2010；Zhu et al.，2010）。该类方法需要进行大量数据样本的训练，阴影检测效果直接受到训练网络的影响。

在以上三类方法中，基于阴影特征的检测方法研究最为广泛，也是本书关注的重点。目前，国内外的很多学者根据阴影特征已提出了不少效果显著的阴影检测算法，其中包括经典的亮度-色度空间分割法（Khekade et al.，2015；艾维丽 等，2015；Chung et al.，2009；Ma et al.，2008；Tsai，2006）、结合近红外信息的检测方法（Rufenacht et al.，2014；段光耀 等，2014；Chen et al.，2007）等全自动化阴影检测算法，以及人工交互的影像抠图（Su et al.，2016；Zhang et al.，2015；Li et al.，2014）等半自动化检测方法。本节主要介绍两种自动化阴影检测方法和一种基于影像抠图的检测算法。

6.2.1 基于亮度-色度空间分割的检测方法

Tsai 在 2006 年提出了一种适用于航空遥感影像的阴影检测方法，它利用阴影在亮度-色度空间中的特性检测阴影（Tsai，2006）。影像的原始 RGB 色彩空间是地表反射率在各个波段的直接反映，适用于对地物真彩色的表达。在 RGB 空间中，阴影会直接导致地表反射率的降低。亮度-色度空间是光度无关的色彩空间，它利用坐标变换，将地物的亮度与色度分离，其中亮度与光度相关，而色度与光度无关，通常用色调（hue）和饱和度（saturation）来联合表征色度。常用的亮度-色度空间有 HSI、HSV、HCV、YIQ 等，这里以 HSI（hue saturation intensity）为例进行说明，RGB 空间到 HSI 空间的转换模型为

$$
\begin{cases}
\begin{bmatrix} I \\ V_1 \\ V_2 \end{bmatrix} = \begin{bmatrix} 1/3 & 1/3 & 1/3 \\ -\sqrt{6}/6 & -\sqrt{6}/6 & \sqrt{6}/3 \\ 1/\sqrt{6} & -2/\sqrt{6} & 0 \end{bmatrix} \begin{bmatrix} R \\ G \\ B \end{bmatrix} \\
S = \sqrt{V_1^2 + V_2^2} \\
H = \tan^{-1}(V_2/V_1), V_1 \neq 0\text{；当 } V_1 = 0 \text{ 时，不对色调 } H \text{ 做定义。}
\end{cases}
\tag{6.1}
$$

从转换模型可以发现，亮度 I 与 RGB 空间中像素的光度直接相关，色调 H 和饱和度 S 只与相对光度相关，与绝对光度无关。

在亮度-色度空间中，航空影像中的阴影有以下三种特性。

(1) 太阳的电磁辐射被阻挡，因此阴影区具有较低的亮度值 I。

(2) 蓝紫光在大气中较强的瑞利散射导致阴影像素具有较高的饱和度 S。

(3) 由于阴影区的亮度主要来自大气散射的环境光，阴影对红光波段亮度值的影响大于蓝光波段，根据色调的计算公式可以推算，当一个区域被阴影覆盖时，其色调 H 比无阴影时较高(Huang et al.,2004)。

基于阴影的以上特性，在亮度-色度空间中利用色调与亮度的比值对阴影影像进行分割。首先，为了防止分母为 0，阴影分割准则为比值影像 $r=(H_\varepsilon+1)/(I_\varepsilon+1)$，其中 H_ε 和 I_ε 分别为归一化的色调和亮度。然后，利用 Otsu 的自动阈值选择法确定比值影像的阴影阈值，获得初始阴影掩膜(Otsu,1979)。通过以上方法获得的二值阴影掩膜中混淆了部分亮度较低的地物，因此 Tsai 利用形态学对阴影区域形状的约束来提高阴影掩膜精度，标定最终的阴影和非阴影区域(Tsai,2006)。

基于亮度-色度空间的阴影检测方法，能够自动高效地检测出遥感影像上的阴影区域，无需先验信息和人工参与，但容易将深蓝色和深绿色地物误检为阴影区域(Tsai,2006)。

6.2.2 结合近红外信息的检测方法

阴影在近红外波段和可见光波段中具有如下特性：①在可见光波段和近红外波段中，阴影区域都比周围区域更暗一些；②阴影区域亮度信息主要来自天空散射光，而天空散射光在可见光波段和近红外波段中的能量表现具有明显区别。如果不考虑物体遮挡导致的亮度差异，天空散射光在近红外波段中的能量要低于可见光波段，而太阳直射光在近红外波段和可见光波段中的能量强度相似。

根据以上特性，Rufenacht 等提出了基于近红外波段和可见光波段的阴影检测方法(Rufenacht et al.,2014)，本方法对影像中可见光波段和近红外波段均为暗色的区域，建立一个精确的阴影候选图 D，再结合可见光波段相对于近红外波段的比率图 T 进行优化处理，通过阈值分割得到最终阴影检测结果，具体步骤如下。

1) 阴影候选图 D 求解

首先，将遥感影像中各像素点在红光、绿光、蓝光三波段和近红外波段进行归一化处理；然后，计算图像中各像素点在红光、绿光、蓝光三波段的平均值，从而构建亮度图 L，如式(6.2)所示：

$$l(x,y)=\frac{p^{\mathrm{R}}(x,y)+p^{\mathrm{G}}(x,y)+p^{\mathrm{B}}(x,y)}{3} \tag{6.2}$$

式中：$p^{\mathrm{R}}(x,y)$、$p^{\mathrm{G}}(x,y)$和 $p^{\mathrm{B}}(x,y)$分别为图像上(x,y)处的红光、绿光、蓝光三波段归一化的灰度值。

本方法构建了一个非线性的映射函数 f，实现对图像的亮度反转，从而使阴影区域表现为图像中的明亮部分；同时，该函数可对图像色调进行映射，压缩图像动态范围，加强影像的对比度、色彩和细节等信息，提升处理后图像的显示效果。函数 f 如式(6.3)所示：

$$f(x)=\frac{1}{1+\mathrm{e}^{-\alpha(1-x^{\frac{1}{\gamma}}-\beta)}} \tag{6.3}$$

式中：α 影响着 Sigmoid 函数的斜率；β 设置其拐点；γ $(\gamma>1.0)$为在调用 Sigmoid 函数前对暗色区域的直方图进行拉伸。Sigmoid 函数如式(6.4)所示：

$$S(x)=\frac{1}{1+\mathrm{e}^{-x}} \tag{6.4}$$

利用 f 函数对亮度图 L 和归一化后的近红外波段 p^{NIR} 进行处理，得到对应的临时暗色图 D_{VIS}和 D_{NIR}，如式(6.5)所示：

$$d^{\mathrm{VIS}}(x,y)=f(l(x,y)),\quad d^{\mathrm{NIR}}(x,y)=f(p^{\mathrm{NIR}}(x,y)) \tag{6.5}$$

式中：$p^{\mathrm{NIR}}(x,y)$为图像中(x,y)处近红外波段的归一化灰度值。

阴影在可见光波段和近红外波段中均为暗色区域，经 f 函数处理进行亮度反转后，阴影在 D_{VIS}和 D_{NIR}中均处于高亮度区域，所以对 D_{VIS}和 D_{NIR}中的对应像素相乘，可以得到处于高亮区域的阴影候选图 D，如式(6.6)所示：

$$d(x,y)=d^{\mathrm{VIS}}(x,y)\cdot d^{\mathrm{NIR}}(x,y) \tag{6.6}$$

2) 近红外比率图 T 求解

根据阴影在近红外波段和可见光波段的第二条特性，本方法构建了可见光波段相比于近红外波段的比率图 T。在比率图 T 上，天空光照射区域的亮度值要高于太阳直射光照射区域。比率图 T 的计算如式(6.7)和式(6.8)所示：

$$t^{k}(x,y)=\frac{p^{k}(x,y)}{p^{\mathrm{NIR}}(x,y)},\quad k\in\{\mathrm{R},\mathrm{G},\mathrm{B}\} \tag{6.7}$$

$$t(x,y)=\frac{1}{\tau}\min(\max_{k}(t^{k}(x,y)),\tau) \tag{6.8}$$

式中：τ 设置了 $t(x,y)$所能取值的上限，因为当 $p^{\mathrm{NIR}}(x,y)$接近于 0 时，$t^{k}(x,y)$趋近于无穷大，通过反复试验，τ 的最佳取值是 10。

通过式(6.7)和式(6.8)可知，在太阳光直射区域，$t^{k}(x,y)\approx1$；而在天空光照射区域，$t^{k}(x,y)>1$。然后将 $t(x,y)$归一化处理，得到近红外比率图 T。

3) 二值化阴影掩膜优化

阴影候选图 D 包含所有可能的阴影像素点，非阴影的暗色物体也会误检为阴影，而

近红外比率图 T 可以较好地区分暗色物体和实际阴影区域，所以将两者联合处理，可以进一步优化阴影检测结果。D 和 T 的取值范围均在[0,1]，因而，阴影图 U 中各像素点 $u(x,y)$ 的计算如式(6.9)所示：

$$u(x,y)=(1-d(x,y))\cdot(1-t(x,y)) \tag{6.9}$$

在阴影图 U 上，阴影区域处于灰度直方图的低值端，采用 Otsu 的自动阈值选择法确定最佳阈值对其进行分割，从而得到最终的阴影检测结果。

结合近红外信息的阴影检测方法，综合利用了近红外波段和可见光波段信息，可有效弥补单波段信息的不足，使得检测结果更为准确；植被在阴影检测中经常容易被误检为阴影区域，但其在近红外波段中表现出较强的反射特性，所以利用近红外波段信息可以有效排除植被的干扰；但水体在近红外波段中反射率几乎为 0，则容易出现误检情况。

6.2.3 基于影像抠图的检测方法

影像抠图的目的是利用有限的样本，从影像背景中提取前景目标，并估计前景的透明度 α，即前景掩膜(Levin et al.,2008)。对于阴影检测而言，阴影相当于前景目标，非阴影相当于背景，在样本选取的基础上，采用抠图的方式精确提取阴影。前景掩膜反映了前景的透明度，相应地，在阴影影像中能够代表阴影的概率 p_S，即 $p_S=\alpha$。在阴影概率图上，本影区域的值为 1，非阴影区域的值为 0，而在半影区域，其值介于 0～1。

影像抠图的基本假设为影像中像素 x 的亮度是前景色与背景色的线性组合，即对于阴影影像，这种线性关系可表示如下：

$$U_x=\alpha_x F_x+(1-\alpha_x)B_x,\quad \alpha\in[0,1] \tag{6.10}$$

式中：F_x 和 B_x 分别为阴影和非阴影；α_x 为像素 x 的阴影概率值。对于灰度影像，抠图的基本假设为在局部小窗口中，阴影和非阴影值是常量。因此，在局部小窗口中，阴影概率 α 与影像 U 之间可以表示为线性关系：

$$\alpha_x\approx aU_x+b,\quad \forall x\in w \tag{6.11}$$

式中：$a=1/(F-B)$；$b=-B/(F-B)$；w 为局部小窗口。可以通过最小化以下代价函数来求解 α、a、b：

$$J(\alpha,a,b)=\sum_{y\in U}\Big(\sum_{x\in w_y}(\alpha_x-a_yU_x-b_y)^2+\varepsilon a_y^2\Big) \tag{6.12}$$

式中：w_y 为以像素 y 为中心的小窗口；εa_y^2 为 a 的正则项，用于保证能量函数的数值解的稳定性。假设 α 已知，每一个窗口的 a 和 b 可以通过最小二乘法求解得到，因此式(6.12)可以简化为关于 α 的函数：

$$J(\boldsymbol{\alpha})=\boldsymbol{\alpha}^{\mathrm{T}}L\boldsymbol{\alpha} \tag{6.13}$$

假设影像包含 N 个像素，L 是一个 $N\times N$ 的矩阵，位置(x,y)处的值为

$$\sum_{k|(x,y)\in w_k}\left(\delta_{xy}-\frac{1}{|w_k|}\left(1+\frac{1}{\varepsilon/|w_k|+\sigma_k^2}(U_x-\mu_k)(U_y-\mu_k)\right)\right) \tag{6.14}$$

式中：δ_{xy} 为二元函数，即当 $x=y$ 时，其函数值为 0，否则为 1；μ_k 和 σ_k^2 为以 k 为中心的窗

口 w_k 的均值和方差。

以上模型扩展到彩色影像，阴影概率 α 与影像 U 之间的线性关系可以表示为

$$\alpha_x \approx \sum_c a^c U_x^c + b, \quad \forall x \in w \tag{6.15}$$

式中：c 为彩色通道总数。代价函数式(6.13)形式不变，相应的 $\boldsymbol{L}$ 矩阵中位置(x,y)的值为

$$\sum_{k|(x,y)\in w_k}\left\{\delta_{xy}-\frac{1}{|w_k|}\left(1+(U_x-\boldsymbol{\mu}_k)\left(\boldsymbol{\Sigma}_k+\frac{\varepsilon}{|w_k|}\boldsymbol{I}_3\right)^{-1}(U_y-\boldsymbol{\mu}_k)\right)\right\} \tag{6.16}$$

式中：对于窗口 w_k，$\boldsymbol{\Sigma}_k$ 为 3×3 的标准差矩阵；$\boldsymbol{\mu}_k$ 为 3×1 的均值向量；$\boldsymbol{I}_3$ 为 3×3 的单位矩阵。$\boldsymbol{L}$ 矩阵又被称为 Matting Laplacian。

为了使代价函数具有稳定解，以用户提供的阴影与非阴影样本作为正则化约束，其中，阴影样本的标记值为 1，非阴影样本的标记值为 0。因此顾及用户先验约束的影像抠图的代价函数为

$$\alpha=\arg\min_{\boldsymbol{\alpha}}\boldsymbol{\alpha}^{\mathrm{T}}\boldsymbol{L}\boldsymbol{\alpha}+\lambda(\boldsymbol{\alpha}^{\mathrm{T}}-\boldsymbol{b}_{\mathrm{S}}^{\mathrm{T}})\boldsymbol{D}_{\mathrm{S}}(\boldsymbol{\alpha}-\boldsymbol{b}_{\mathrm{S}}) \tag{6.17}$$

式中：λ 为某一较大数，应用中设为 100；$\boldsymbol{D}_{\mathrm{S}}$ 为一个对角阵，其中样本像素的值为 1，而其他所有像素的值为 0；$\boldsymbol{b}_{\mathrm{S}}$ 是一个矢量，其中阴影样本像素为已知值，其他像素的值为 0。该代价函数的求解为二次规划问题，等价于以下稀疏线性方程的解：

$$(\boldsymbol{L}+\lambda\boldsymbol{D}_{\mathrm{S}})\boldsymbol{\alpha}=\lambda\boldsymbol{b}_{\mathrm{S}} \tag{6.18}$$

基于影像抠图的阴影检测方法，即使在阴影区域中包含两种或者更多种地物类型，都能够获得高精度的阴影掩膜，而且其检测结果能反映半影处阴影概率分布情况。但该方法需要人工标定阴影和非阴影样本，因而受到人为因素的影响较大，需要进行反复的实验来调节样本数据。

6.3　阴影去除的典型方法

现有的阴影去除方法主要分为三种类型：第一种是整体直接处理法，最典型的是梯度域的泊松方程法，其基本思想是对阴影边界处的梯度进行修正，然后利用泊松方程与新的影像梯度来重建无阴影的影像(黄微 等，2013；Finlayson et al.，2002，2006，2009)；第二种是局部关系匹配的方法，对同类地物在阴影区域与非阴影区域进行相似块匹配，然后构建匹配块间的亮度关系实现阴影去除，如线性相关法(Wu et al.，2013；Liu et al.，2012；Lorenzi et al.，2012；Sarabandi et al.，2004)、直方图匹配法(Tsai，2006；Li et al.，2005；Sarabandi et al.，2004)、Gamma 校正(Massalabi et al.，2004；Sarabandi et al.，2004)等；第三种是整体与局部关系相结合的优化方法，通过构建优化模型，利用阴影区域与非阴影区域的匹配关系，对影像整体进行优化解算，得到无阴影的结果(Su et al.，2016；Li et al.，2014)。本章将详细分别介绍三种具有代表性的遥感影像阴影去除方法：泊松方程法(Finlayson et al.，2006)、直方图匹配法(Tsai，2006)和基于类别的阴影处理链(Lorenzi et al.，2012)。

6.3.1 泊松方程法

泊松方程是常用于静电学、理论物理和机械工程的偏微分方程，它因法国数学家及物理学家泊松(Poisson)而得名。泊松方程的数学表达式为

$$\Delta u = f \tag{6.19}$$

式中：Δ 为拉普拉斯算子，在二维直角坐标系中式(6.19)可以写作：

$$\left(\frac{\partial^2}{\partial x^2}+\frac{\partial^2}{\partial y^2}\right)u(x,y)=f(x,y) \tag{6.20}$$

在泊松方程中，如果 $f=0$，则以上方程变为拉普拉斯方程 $\Delta u=0$，即拉普拉斯方程是泊松方程的齐次形式。泊松方程的求解为非齐次边值问题的求解，可以通过格林函数来获得。

从以上数学定义可以看出，泊松方程是在已知二阶导数的条件下求解原始函数的有效工具。那么，在影像处理应用中，如果已知真实梯度，就可以重建原始影像。因此，影像中阴影的去除问题转换为无阴影影像梯度的重建问题，基于泊松方程的阴影去除流程如图 6.2 所示。

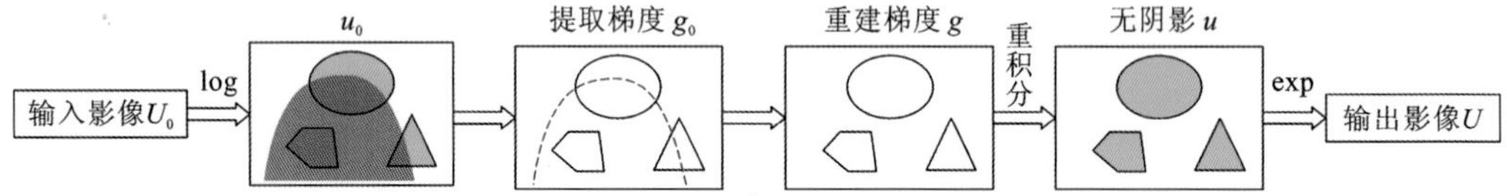

图 6.2 基于泊松方程的阴影补偿流程图

需要说明的是，梯度域的泊松方程法是一种阴影补偿方法，不涉及阴影检测，因此这里假设阴影和非阴影的掩膜已通过某种检测方法获知(Finlayson et al.,2006)。泊松方程法的基本假设与 Retinex 理论一致，观测影像由光照分量与反射分量的乘积构成，阴影去除的目的是消除影像中的突变光照分量。

因此，基于梯度域的方法实现主要包括以下几步。

第一步，进行对数运算，后续所有操作在对数域进行。

第二步，提取输入影像的梯度，阴影边缘混淆在真实地物边缘中。

第三步，利用以下方程剔除阴影边缘，重建真实的地表边缘。假设 $f=\nabla g(x,y)$，那么真实地表梯度为

$$g(x,y)=\begin{cases}0 & \text{if } (x,y)\in \text{阴影边缘}\\ \nabla u_0 & \text{其他}\end{cases} \tag{6.21}$$

通过重积分获得无阴影影像 u，频率域的快速泊松算子为

$$\hat{u}(h,v)=\frac{\hat{f}(h,v)}{2\left(\cos\frac{\pi h}{M}+\cos\frac{\pi v}{N}-2\right)} \tag{6.22}$$

式中：$\hat{f}$ 和 $\hat{u}$ 为 f 和 u 的傅里叶变换。

特别地，当影像边值满足狄利克雷(Dirichlet)条件 $u|_{\partial\Omega}=0$ 时，$\hat{f}$ 和 $\hat{u}$ 为 f 和 u 的正弦变换，$\hat{f}(h,v)=\sum_{x=1}^{M-1}\sum_{y=1}^{N-1}f(x,y)\sin(\pi xh/M)\sin(\pi yv/M)$，最后通过正弦逆变换获得重积分结果，正弦逆变换方程为

$$u(x,y)=\frac{2}{M}\frac{2}{N}\sum_{h=1}^{M-1}\sum_{v=1}^{N-1}\hat{u}(h,v)\sin\frac{\pi xh}{M}\sin\frac{\pi yv}{N} \tag{6.23}$$

当边值满足诺伊曼(Neumann)条件 $\nabla u|_{\partial\Omega}=0$ 时，$\hat{f}$ 和 $\hat{u}$ 为 f 和 u 的余弦变换，结果由余弦展开式计算得到

$$u(x,y)=\frac{2}{M}\frac{2}{N}\sum_{h=0}^{M}\sum_{v=0}^{N}\hat{u}(h,v)\cos\frac{\pi xh}{M}\cos\frac{\pi yv}{N} \tag{6.24}$$

当 $h=0$、$h=M$、$v=0$ 和 $v=N$ 四个条件中有一个满足时，以上方程乘以 1/2 为最终解。

泊松方程法是一种有效的梯度域阴影去除方法，计算效率较高。但阴影去除的结果依赖于梯度重建的精度，而梯度重建与阴影的检测精度直接相关。同时重积分涉及整幅影像，因此阴影边缘的定位不准确会造成整幅影像的亮度畸变。另外，赋予阴影边缘梯度 0 值会造成结果影像中原始阴影边缘的过平滑，造成局部纹理的中断。

6.3.2　直方图匹配法

在阴影补偿步骤中，Tsai 采用了基于查找表(LUT)的直方图匹配法(Tsai，2006)。首先，通过形态学膨胀算子寻找阴影连通区和相应的非阴影缓冲区，如图 6.3 所示；其次，利用连通区和缓冲区对灰度累积直方图建立查找表，过程如图 6.4 所示；最后，利用建立的查找表对整个阴影区的亮度进行补偿。

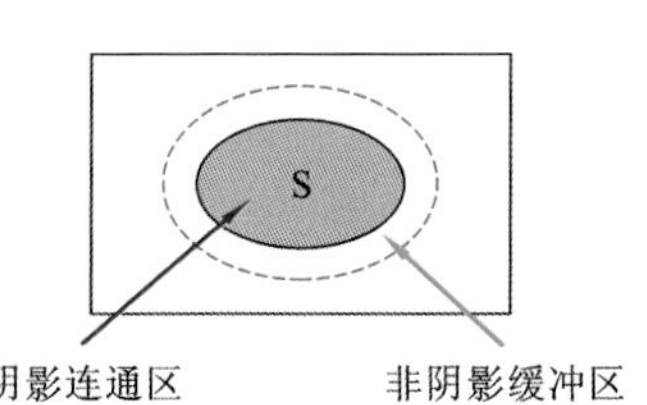

图 6.3　阴影连通区与非阴影缓冲区示意图

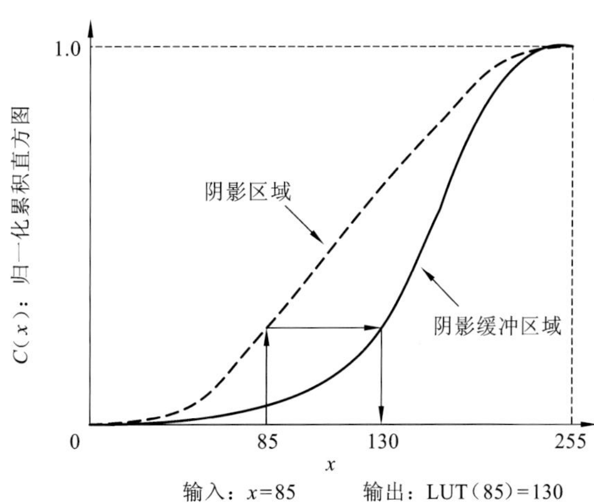

图 6.4　利用累积直方图建立查找表的过程(Tsai，2006)

Tsai 的方法是一种简单高效的阴影去除方法，自动化程度较高，但当阴影连通区与非阴影缓冲区的地物类型不同时，会造成补偿误差。另外，该方法没有对阴影边缘做特殊

处理，导致了结果影像中阴影边缘的残留。

6.3.3 基于类别的阴影处理链

在阴影掩膜已知的前提下，本方法首先采用基于 SVM 监督分类的方法分别对阴影区域和非阴影区域的地物进行区分；然后构建同类地物在阴影区域和非阴影区域之间的线性校正关系，实现阴影的去除；最后为有效减弱阴影边界处的伪痕问题，使用滑动窗口沿着阴影边界进行线性插值处理，从而得到最终的阴影去除结果(Lorenzi et al.,2012)。具体包括以下三个步骤。

1. 分类图的产生

1）多类别分类

通过阴影掩膜对阴影区域和非阴影区域加以区分，采用两个多类别的 SVM 分类器进行训练和分类，从而得到对应的分类结果。为了改善分类效果，采用简单的 3×3 滤波器剔除掉独立类别，并对分类图进行平滑处理。

2）分类精度评价

重建处理直接依赖于分类图，因此有必要对分类的质量进行控制。本方法利用地面真实类别情况，通过计算混淆矩阵来评价分类精度。对于每一个阴影类别，计算其用户精度和生产者精度。如果其中某一精度低于预定值，那么该类别的分类结果认为是低质量的，相应的阴影区则不加以处理。

2. 线性校正关系的构建

本方法假定阴影区域的类别 $\boldsymbol{X}$ 和相应的非阴影区域类别 $\boldsymbol{Y}$ 满足线性关系，故采用参数估计的方式，并认为相应类别间服从高斯分布。在这一假设下，$\boldsymbol{X} \sim N(\boldsymbol{\mu}_{\mathrm{S}},\boldsymbol{\Sigma}_{\mathrm{S}})$ 和 $\boldsymbol{Y} \sim N(\boldsymbol{\mu}_{\bar{\mathrm{S}}},\boldsymbol{\Sigma}_{\bar{\mathrm{S}}})$，其中 $\boldsymbol{\mu}$ 和 $\boldsymbol{\Sigma}$ 分别为均值和标准差矩阵。假设两种分布是线性相关的，x 和 y 关系如下：

$$\boldsymbol{Y} = \boldsymbol{K}\boldsymbol{X} + \boldsymbol{c} \tag{6.25}$$

$$\begin{cases} \boldsymbol{\mu}_{\bar{\mathrm{S}}} = \boldsymbol{K}\boldsymbol{\mu}_{\mathrm{S}} + \boldsymbol{c} \\ \boldsymbol{\Sigma}_{\bar{\mathrm{S}}} = \boldsymbol{K}\boldsymbol{\Sigma}_{\mathrm{S}}\boldsymbol{K}^{\mathrm{T}} \end{cases} \tag{6.26}$$

式中：$\boldsymbol{K}$ 为转化矩阵；$\boldsymbol{K}^{\mathrm{T}}$ 为 $\boldsymbol{K}$ 的转置矩阵；$\boldsymbol{c}$ 为偏移矢量。为了估计 $\boldsymbol{K}$ 和 $\boldsymbol{c}$，使用了 Cholesky 分解的方法，求解结果如下：

$$\begin{cases} \boldsymbol{c} = \boldsymbol{\mu}_{\bar{\mathrm{S}}} - \boldsymbol{K}\boldsymbol{\mu}_{\mathrm{S}} \\ \boldsymbol{K} = \boldsymbol{U}_{\bar{\mathrm{S}}}\boldsymbol{V}_{\mathrm{S}}^{-1} \end{cases} \tag{6.27}$$

式中：$\boldsymbol{U}_{\bar{\mathrm{S}}}$ 和 $\boldsymbol{V}_{\mathrm{S}}$ 分别为下三角和上三角 Cholesky 矩阵，并与非阴影类别和阴影类别相对应。只要估计得到 $\boldsymbol{K}$ 和 $\boldsymbol{c}$ 的值，就可利用式(6.25)对阴影类别中各像素进行补偿。

为了消除阴影去除后噪声的影响，此处采用了变化系数 CV(the coefficient of

variation)用于权衡阴影去除区域的目标方差，其定义如下：

$$CV[i]=\sigma_i/\mu_i \tag{6.28}$$

式中：σ_i 和 μ_i 分别为影像 i 波段的方差和均值。本方法中则计算非阴影类别和阴影类别间的 CV 比率值，即 $N_{CV}[i]=CV_{\bar{S}}[i]/CV_S[i]$，其中 $CV_{\bar{S}}[i]$ 为影像 i 波段中非阴影类别的 CV 值，$CV_S[i]$ 为影像 i 波段中对应的阴影类别的 CV 值。如果 $N_{CV}[i]>1$，那么需要对标准差矩阵进行校正以减小非阴影类别的变化性，校正的标准差矩阵 $\mathrm{cov}_{NEW}[i,k]$ 定义如下：

$$\mathrm{cov}_{NEW}[i,k]=\frac{\mathrm{cov}[i,k]}{N_{CV}[i]\cdot N_{CV}[k]^*},\quad (i,k)\in[1,N]^2 \tag{6.29}$$

3. 阴影边界的处理

在实现阴影去除后，非阴影区域和重建的阴影区域之间还存在较明显的边界线。为了减弱这种差异性，本方法对阴影边界处像素需要进行一种易操作且快速的线性插值方法。首先预定义大小为 $S\times S$ 的滑动窗口，并考虑四个方向来进行线性插值。这四个方向定义为：North-South、West-East、NE-SW 和 NW-SE，其中 NE 为 NorthEast，SW 为 SouthWest，NW 为 NorthWest，SE 为 SouthEast。

沿着某一给定方向，线性插值的定义如下：

$$z=m\cdot i+q \tag{6.30}$$

式中：i 为沿着该方向的坐标；m 和 q 为插值参数。采用最小二乘的方式，通过选取一些系列满足以下条件的点来实现参数估计，样本点分在以下三个区域：①在窗口中；②在边界外；③沿着窗口中心像素的处理方向。计算方法如下：

$$\begin{bmatrix} Z_1 \\ \vdots \\ Z_N \end{bmatrix}=\begin{bmatrix} i_1 & 1 \\ \vdots & 1 \\ {}_N & 1 \end{bmatrix}\begin{bmatrix} m \\ q \end{bmatrix}\Leftrightarrow Z=\Gamma\cdot\beta \tag{6.31}$$

进而可以得到如下参数估计值：

$$\hat{\beta}=(\boldsymbol{\Gamma}^{\mathrm{T}}\boldsymbol{\Gamma})^{-1}\boldsymbol{\Gamma}^{\mathrm{T}}Z \tag{6.32}$$

在得到相应的参数值后，利用线性插值公式即可得到边界处像素值。

基于完整处理链的方法，对阴影的类别信息加以考虑，利用同类地物在阴影区域和非阴影区域的匹配关系进行校正处理，而且对阴影边界处进行了处理，是一种较为完善的处理方法。但阴影去除的效果也直接受到分类精度的影响，而且需要人工选取样本进行监督分类，也加大了工作量。

6.4　非局部正则化约束的遥感影像阴影补偿方法

本节介绍一种基于非局部正则化的自适应阴影补偿方法(Li et al.,2014)，用于高分辨率遥感影像的阴影检测与去除。在阴影检测部分，该方法采用影像抠图的方式来精确提取阴影区域，从而得到相应的阴影概率图，即软阴影。在阴影去除部分，该方法构建了一种非局部正则化的阴影去除模型，通过引入两个非局部算子分别对软阴影图和更新的无阴影图进行约束，并在非局部权重计算中融入空间特性，实现空间的自适应，从而实现阴影的有效去除。

6.4.1 软阴影检测方法

阴影检测是阴影处理的第一步，而大部分阴影检测方法通常将影像绝对地划分为阴影与非阴影两部分，检测结果为一幅二值阴影图，称为硬阴影。由高分辨率遥感影像中阴影的四个特性可以发现，硬阴影不能描述半影和反映阴影的不均一性，因此本方法引入软阴影的概念来定位和描述阴影(Wu et al.,2007)。

相对硬阴影的绝对化，软阴影是一个相对的概念，它定义了每一个像素隶属于阴影的概率，其值域为[0,1]。在软阴影图中，值为1的像素位于本影区域，值为0的像素位于非阴影区域，值介于0～1的像素通常位于半影及其邻近区域。因此，软阴影在定位阴影的同时，定义了像素的阴影概率，用于反映和描述阴影的程度，故软阴影在本章中也被称为阴影概率图。本方法采用6.2.3节介绍的影像抠图法(Levin et al.,2008)来检测遥感影像的软阴影，并在实验部分讨论其在软阴影检测上的有效性。

6.4.2 非局部正则化的阴影去除方法

1. 阴影影像观测模型

对于一幅包含阴影的遥感影像，假设影像上(x,y)处像素的亮度$U_0(x,y)$由三部分组成：反射分量$R(x,y)$、光照分量$L(x,y)$和阴影分量$S(x,y)$。其中，反射分量$R(x,y)$是与地表物理性质相关的常量；光照分量$L(x,y)$在空间上具有平滑和连续性；阴影分量$S(x,y)$反映阴影对地表辐射的影响程度，对阴影影像中的亮度陡变负责。因此，阴影影像的模型可以表示为

$$U_0(x,y)=U(x,y)\cdot S(x,y) \tag{6.33}$$

式中：$U(x,y)=R(x,y)\cdot L(x,y)$为无信息损失的无阴影分量，即模型的求解对象。一个方程包含两个未知数，这是一个病态问题，为了简化计算，本方法将方程转换到对数域求解：

$$u_0(x,y)=u(x,y)+s(x,y) \tag{6.34}$$

式中：u_0、u和s分别为对应U_0、U和S在对数域中的表达。

归一化的阴影分量与软阴影是互补的，即具有较高阴影概率的像素受阴影影响的程度较高，在阴影分量上有较低的值。这种像素间的关系是一一对应的，因此阴影分量与软阴影具有空间分布一致性。本方法将利用这种一致性，以软阴影为基础计算阴影分量的非局部权重，进而对阴影分量施加非局部约束。

2. 非局部正则化算子

传统的影像处理算法多是基于邻域的局部运算，而非局部方法则扩大了相关像素的搜索范围，不局限在邻域，而是延伸到大窗口甚至是整幅影像，并且相关性不仅仅包括像素自身的灰度相似，还包括结构的相似，即以像素为中心的图像块的相似。

2005 年 Buades 等提出了非局部均值的方法用于影像去噪(Buades et al.,2005)：

$$\mathrm{NL}_v(x)=\frac{1}{C(x)}\int_{\Omega}w_v(x,y)v(y)\mathrm{d}y \tag{6.35}$$

式中：离散噪声影像 $v=\{v(x)\mid x\in U_0\}$；权重 $w_v(x,y)$ 和归一化系数 $C(x)$ 可以表示为

$$w_v(x,y)=\exp\left(-\frac{(G_a\mid v(x+\cdot)-v(y+\cdot)\mid^2)(0)}{h^2}\right) \tag{6.36}$$

$$C(x)=\int_{\Omega}w_v(x,y)\mathrm{d}y \tag{6.37}$$

式中：G_a 为标准差为 a 的高斯核；h 为滤波参数，与噪声水平相关，噪声越大，h 的值应该越大，通常可设为噪声的标准差；$v(x+\cdot)$为以像素 x 为中心的图像块。当像素 y 的邻域像素与 x 的邻域像素值相似时，表明 y 与 x 有相似的结构，因而权重 $w_v(x,y)$较大。噪声在影像中是随机分布的，具有结构相似性的像素块之间存在信息互补，因此这种非局部均值的方法能够取得很好的增强边缘和抑制噪声的效果。

为了推广非局部方法的应用，Osher 等提出了非局部方法的变分框架，即非局部正则化算子(Arias et al.,2009；Gilboa et al.,2009；Mairal et al.,2009；Peyré et al.,2008；Wang et al.,2006)。假设影像区域 $\Omega\subset\mathbf{R}^2$、$x,y\in\Omega$，$w(x,y)$是非负对称的权重函数，即 $w(x,y)\geqslant 0$ 且 $w(x,y)=w(y,x)$，非局部梯度的定义如下：

$$\nabla_w v(x)=(v(y)-v(x))\sqrt{w(x,y)} \tag{6.38}$$

那么，基于非局部梯度的非局部正则先验项定义为

$$J(v)=\int_{\Omega}\phi(|\nabla_w v|^2)\mathrm{d}x=\int_{\Omega}\phi\left(\int_{\Omega}(v(y)-v(x))^2w(x,y)\mathrm{d}y\right)\mathrm{d}x \tag{6.39}$$

式中：$\phi(\cdot)$ 为非负函数，常用的有以下两种。

当 $\phi(s)=s$ 时，非局部正则化基于 H^1 半范先验：

$$J_{\mathrm{NL}-H^1}(v)=\int_{\Omega}\int_{\Omega}(v(y)-v(x))^2w(x,y)\mathrm{d}y\mathrm{d}x \tag{6.40}$$

当 $\phi(s)=\sqrt{s}$ 时，非局部正则化基于 TV 先验：

$$J_{\mathrm{NL\text{-}TV}}(v)=\int_{\Omega}\sqrt{\int_{\Omega}(v(y)-v(x))^2w(x,y)\mathrm{d}y}\,\mathrm{d}x \tag{6.41}$$

基于 H^1 半范先验的非局部约束为二次规划问题，模型可以通过任一线性优化的方法简单快速求解，最优解能够充分保证变量的空间平滑性；基于 TV 先验的非局部约束为非线性问题，求解过程相对复杂，计算效率相对偏低，在保证空间平滑性的同时能够更好地保持边缘。在本章介绍的阴影去除变分模型中，非局部先验主要被用来约束变量的空

间平滑性，并抑制噪声，因此为了降低算法的复杂度，提高计算效率，本方法选择基于 H^1 半范先验的非局部正则化约束。

3. 非局部正则化的阴影去除变分模型

非局部正则化的阴影去除变分模型包括三个约束项：第一项为数据规整项，保证非阴影区的亮度不变和阴影区补偿结果的保真度；第二项和第三项为非局部正则化算子，分别用于约束阴影分量和无阴影分量。

1）数据规整项

阴影去除方法在对阴影区域的亮度进行去除的同时，应该尽量保持非阴影区域的亮度不变，同时确保阴影区域的去除结果具有较高的真实度。因此，本方法首先构建一幅无阴影图 $\hat{u}$，作为补偿结果的逼近项。在 $\hat{u}$ 中，无阴影区的亮度保持不变，阴影区的亮度通过简单的阴影与非阴影匹配来估计。这里采用矩匹配的方式对阴影区域的亮度值进行估计。矩匹配是根据数据的分布特征，将源区域的亮度分布特征匹配到目标区域的亮度分布特征。在估计阴影区域亮度值时，源区域为用户选定的阴影区，目标区域为用户选定的非阴影区，且源区域与目标区域属于同种地物类型。假设 $T(u_0(x,y))$ 为匹配后的亮度，ζ 和 $\bar{\zeta}$ 分别为阴影和非阴影区域，μ_ζ 和 σ_ζ 分别为阴影区的均值和标准差，即 ζ 满足分布 $\zeta \sim N(\mu_\zeta, \sigma_\zeta^2)$；相似地，$\mu_{\bar{\zeta}}$ 和 $\sigma_{\bar{\zeta}}$ 分别为非阴影区的均值和标准差，即 $\bar{\zeta}$ 满足分布 $\bar{\zeta} \sim N(\mu_{\bar{\zeta}}, \sigma_{\bar{\zeta}}^2)$，那么矩匹配方程可以表示为

$$T(u_0(x,y)) = \mu_{\bar{\zeta}} + \frac{\sigma_{\bar{\zeta}}}{\sigma_\zeta}(u_0(x,y) - \mu_\zeta) \tag{6.42}$$

在包含阴影的影像中，当 $u_0(x,y) \geqslant 0$ 时，$T(u_0(x,y)) \geqslant 0$，即当阴影像素的亮度值很低甚至为 0 时，匹配方程式(6.42)仍然可以保证匹配后亮度值非负性。

利用在软阴影中像素的阴影概率 p_s，将像素的原始亮度与匹配后的亮度线性组合，本方法可以获得更加自然的无阴影影像 $\hat{u}$ 的初始估计值：

$$\hat{u} = u_0(x,y)(1 - p_s(x,y)) + T(u_0(x,y))p_s(x,y) \tag{6.43}$$

补偿结果影像与无阴影影像估计值的逼近用 L2 范数距离来约束，因此，数据规整项可以表示为

$$D(u) = \sum_{\Omega} \left\| u - \hat{u} \right\|_2^2 \tag{6.44}$$

2）非局部正则项

模型中包含两个非局部正则项：阴影分量的非局部正则约束和无阴影分量的非局部正则约束。

(1) 阴影分量的非局部正则约束

由阴影影像的观测模型可知，影像中亮度的陡变与阴影分量直接相关。阴影分量是一个局部平滑的变量，阴影与非阴影区域的内部是平滑的，而两者的交界区包括半影区，

在一个较狭窄的区域内定义了阴影的边缘,反映了亮度的陡变。对阴影分量施加非局部正则约束是为了保证阴影和非阴影内部的局部平滑,同时使阴影边缘能够反映软阴影的渐变性,保证阴影分量的真实性,从而抑制补偿结果中边缘伪痕的发生。

由于阴影分量未知,且阴影分量与软阴影的空间分布具有一致性,对阴影分量的非局部正则约束的权重以软阴影 p_s 为底图来计算,阴影分量的非局部权重计算公式如下:

$$w_s(x,y)=\exp\left(-\frac{(G_a\ |p_s(x+\cdot)-p_s(y+\cdot)|^2)(0)}{h^2}\right) \tag{6.45}$$

图 6.5 展示了以软阴影为底图的非局部权重计算过程,其中的五个小矩形框代表了中心像素的结构元素。结构元素之间的相似性通过高斯加权的灰度距离来衡量,这种方式考虑了中心像素的邻域,能够顾及影像的纹理,同时避免算法对噪声的敏感。在一个较大的搜索窗口中,以结构元素为单位,所有像素与中心像素之间的权重与结构相似性呈正相关。无论空间距离的远近,只要是与中心像素具有相似结构的像素点都被赋予较高的权重,如像素点 $P1$ 和 $P3$;与中心像素结构迥异的像素被赋予较低的权重,即使它们在空间上距离中心像素较近,如像素点 $P2$ 和 $P4$。

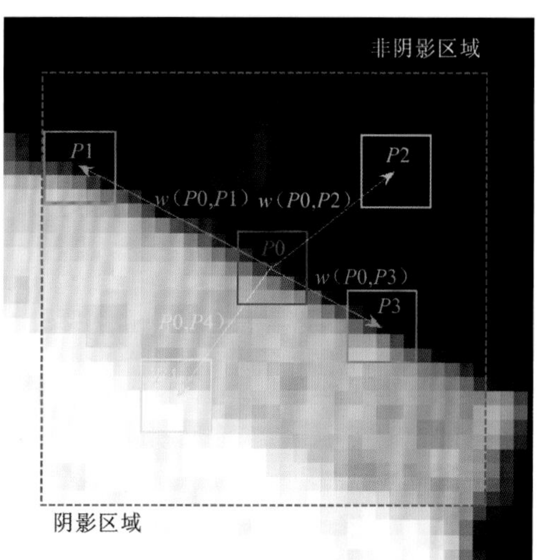

图 6.5　软阴影的非局部权重

在软阴影检测精度较高的条件下,当阴影分量的空间结构能够与软阴影保持一致时,阴影去除是充分的。因此,阴影分量的非局部正则项可以表示为

$$J(s)=\sum_{\Omega}|\nabla_{w_s}s|^2=\sum_{x\in\Omega}\sum_{y\in x^{\mathrm{NL}}}(s(y)-s(x))^2w_s(x,y) \tag{6.46}$$

式中:$s=u_0-u$。

由此,阴影分量中同质区域的平滑性及非同质区的边缘和纹理均能得到很好的保持。

(2) 无阴影分量的非局部正则约束

原始影像在涵盖丰富的纹理和边缘信息的同时也包含噪声,因此通过对无阴影分量 u 施加非局部约束,以达到去噪的同时保持纹理和边缘的目的。由于无阴影分量与阴影分量一样是未知的,本方法需要寻找一个底图用于获取其非局部权重。由于阴影分量的存在,无阴影分量与原始影像的结构信息存在差异,原始影像不适用于非局部权重的计算;而用于构建数据规整项的无阴影分量估计值 $\hat{u}$ 具有与结果影像 u 相似的结构信息,可用于非局部权重的计算。因此,无阴影分量的非局部权重以无阴影分量的估计值为底图进行计算,公式如下:

$$w_u(x,y)=\exp\left(-\frac{(G_a\ |\hat{u}(x+\cdot)-\hat{u}(y+\cdot)|^2)(0)}{h^2}\right) \tag{6.47}$$

至此，对结果影像的非局部约束可以表示为

$$J(u)=\sum_{\Omega}\left|\nabla_{w_u}u\right|^2=\sum_{x\in\Omega}\sum_{y\in x^{\mathrm{NL}}}(u(y)-u(x))^2 w_u(x,y) \tag{6.48}$$

综合以上两个正则项和第一部分的数据规整项，非局部正则化的高分辨率遥感影像阴影去除(non-local regularized shadow removal，NLSR)模型的能量函数可以写成以下形式：

$$E(u)=D(u)+\lambda_s J(s)+\lambda_t J(u) \tag{6.49}$$

能量函数包含了三个约束项：数据规整项和两个非局部正则项。其中 λ_s 和 λ_t 为非负正则化参数，用于权衡第二项和第三项约束的贡献。最小化能量函数 $E(u)$ 即可得到无阴影的结果影像，求解方程如下：

$$u=\arg\min_u\sum_{\Omega}\left[(u-\hat{u})^2+\lambda_s\sum_{y\in x^{\mathrm{NL}}}(s(x)-s(y))^2 w_s(x,y)+\lambda_t\sum_{y\in x^{\mathrm{NL}}}(u(x)-u(y))^2 w_u(x,y)\right] \tag{6.50}$$

3）参数的选择

以上模型包含两个正则化参数 λ_s 和 λ_t。λ_s 越大，阴影分量的平滑度越高，阴影分量过度平滑会导致其对阴影边缘的描述不足，从而在结果影像中残留阴影边缘伪痕，本方法主要是通过手动调节的方式设定 λ_s 的值；λ_t 越大，结果影像的平滑度越高，当影像的平滑度足够去除噪声，抑制边缘伪痕，且较完整的保持原始的边缘和纹理特征时，λ_t 的取值为最优，当 λ_t 继续增大时，会导致结果影像的过平滑甚至模糊。参数 λ_t 与像素的阴影概率之间存在一定的关系，以下介绍一种基于阴影概率的像素级自适应 λ_t 设定方法。

如上所述，软阴影中较小的像素值表示较低的阴影概率，而较大的像素值表示较高的阴影概率。相应地，在空间上，具有非零或较小值的像素位于半影区，具有较大值的像素位于本影区，0 值像素位于非阴影区。NLSR 模型通过数据规整项保持非阴影区与原始影像的一致，同时在最优化求解的过程中始终保持非阴影区亮度的恒定，因此对结果影像的平滑约束局限于本影区和半影区内。为了抑制结果影像中的边缘伪痕，对半影区平滑度的约束需强于对本影区的约束，即当像素位于半影区时，λ_t 值较大，而当像素位于本影区时，λ_t 值较小。而半影的阴影概率低于本影的阴影概率，由此可见，对于阴影区，即 $p_s>0$ 的像素，参数 λ_t 与阴影概率 p_s 之间存在负相关的关系，本方法用负指数函数来模拟这种负相关，λ_t 和 p_s 之间的关系可以表示为

$$\lambda_t=c_1\cdot\exp(-c_2\cdot p_s) \tag{6.51}$$

式中：参数 c_1 和 c_2 均为非负值，c_1 为最大的 λ_t 值，而 c_2 描述了指数曲线的曲率。λ_t 随阴影概率变化的趋势曲线如图 6.6 所示，图中展示了三种不同曲率的变化曲线。当 $c_2>1$ 时，曲线的曲率较大，非局部正则化约束对结果影像的影响在本影和半影之间的差异较大，即平滑程度在区域间的差异较大；反之，当 $c_2\leqslant 1$ 时，平滑程度在不同区域的差异度较小。至此，NLSR 模型实现了对结果影像平滑度的自适应约束，以应对高分遥感影像中的半影和本影不均一的特性。

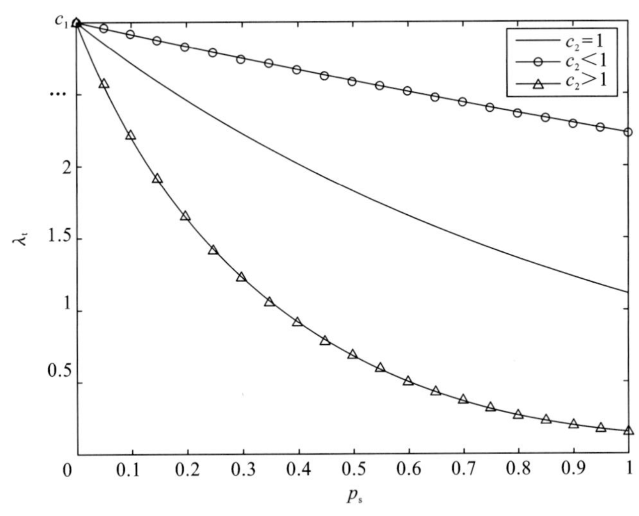

图 6.6　λ_t 随阴影概率的变化趋势

4. 空间自适应的阴影去除模型

非局部正则化的阴影去除模型(NLSR)充分顾及了高分辨率遥感影像中阴影包含半影和 0-值像素且分布不均的特性，然而在高分辨率遥感影像中，人工和自然地物投射的阴影通常是复杂的，覆盖多种地物类型。不同地物物理性质的不同，因此对阴影响应程度不同，即像素亮度的削减程度在不同类型地物间存在差异，这表明阴影分量在阴影内部空间平滑的假设不充分。因此，本方法进一步采用空间自适应的非局部正则化方式(spatially adaptive non-local regularization，SA-NL)，用于约束阴影分量，具体步骤如下。

(1) 对阴影区域内部像素进行聚类，得到聚类后影像 C。

(2) 将聚类后影像与软阴影方式联合，用于获取阴影分量空间自适应的非局部权重：

$$p_s^C = p_s \cdot C \tag{6.52}$$

$$w_s^C(x,y) = \exp\left(-\frac{(G_a \mid p_s^C(x+\cdot) - p_s^C(y+\cdot)\mid^2)(0)}{h^2}\right) \tag{6.53}$$

在聚类基础上获得的非局部权重提高了像素的可分性，同时充分顾及了地物的空间分布特性。具有相似结构但属于不同类型地物的像素间将被赋予较低的权重，只有属于同一类型且结构相似的像素才被赋予较高的权重。这种空间自适应的方式对阴影区平滑度的约束范围局限于阴影内部的同一地物。它能够避免对两种地物相邻公共边界的模糊，达到较好的保持边缘目的。至此，改进的空间自适应非局部正则化的阴影去除模型(spatially adaptive non-local regularization shadow removal，SA-NLSR)可以表示为

$$u = \arg\min_u \sum_{\Omega} \left[(u-\hat{u})^2 + \lambda_s \cdot \sum_{y \in x^{\mathrm{NL}}} (s(x)-s(y))^2 w_s^C(x,y) + \lambda_t \cdot \sum_{y \in x^{\mathrm{NL}}} (u(x)-u(y))^2 w_u(x,y) \right] \tag{6.54}$$

综合上述非局部正则化的阴影去除(NLSR)方法，整个流程如图 6.7 所示，图中数据

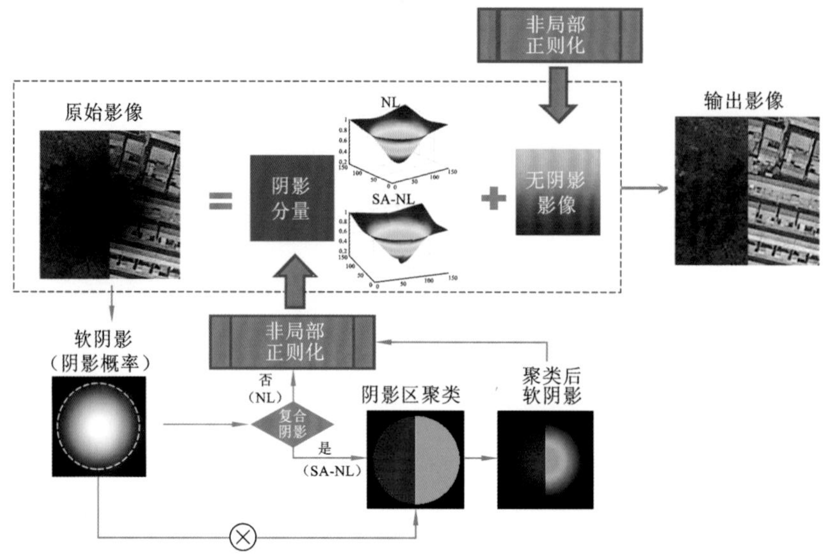

图 6.7 非局部正则化的阴影去除方法流程图

为覆盖两种地物阴影的模拟影像。软阴影中的虚线框标示出了整个阴影区域，包括本影和半影。阴影分量图旁边为曲面的三维显示，上边的为一般的非局部约束获得的阴影分量，下边的为空间自适应的非局部约束获得的阴影分量。可以发现，非局部约束的阴影分量内部是整体平滑的，而空间自适应的非局部约束获得了地物内部的局部平滑结果，保持了两种地物的边界，避免了地物混淆与边缘模糊。同时，附加了对无阴影分量的非局部约束，最后能够获得无阴影边缘伪痕的理想的无阴影影像。

5. 最优化求解

非局部正则化阴影去除模型[式(6.50)和式(6.54)]的最优化求解是一个线性最优化问题，这里采用简单的高斯-赛德尔迭代法来求解，模型的欧拉-拉格朗日方程表示为

$$\frac{\partial E}{\partial u}=(u-\hat{u})+(A_2 u-A_1)+(A_4 u-A_3)=0 \tag{6.55}$$

那么，

$$u(x)=\frac{\hat{u}(x)+A_1(x)+A_3(x)}{1+A_2(x)+A_4(x)} \tag{6.56}$$

式中：

$$A_1(x)=\lambda_s\sum_{y\in x^{\mathrm{NL}}}s(y)w_s(x,y) \tag{6.57}$$

$$A_2(x)=\lambda_s\sum_{y\in x^{\mathrm{NL}}}w_s(x,y) \tag{6.58}$$

$$A_3(x)=\lambda_t\sum_{y\in x^{\mathrm{NL}}}u(y)w_u(x,y) \tag{6.59}$$

$$A_4(x)=\lambda_t\sum_{y\in x^{\mathrm{NL}}}w_u(x,y) \tag{6.60}$$

x^{NL}为像素 x 的非局部邻域；阴影分量 $s=u_0-u$，u 的迭代初始值为无阴影分量的估计值 $\hat{u}$，最优化的像素位于本影和半影的整个阴影区域内。当迭代满足终止条件时，获得无阴影分量的稳定最优解。

6.5　实验结果与分析

在实验中选择以包含不同类型阴影的遥感影像为实验对象，验证非局部正则化阴影去除方法的有效性(Li et al.,2014)。为了对去阴影的效果进行评价，将实验结果与两种经典的去阴影算法结果进行对比分析。

6.5.1　阴影检测

作为处理阴影影像的第一个步骤，阴影检测(SD)的精度对阴影去除的效果有直接影响，因此首先讨论本章采用的影像抠图方法应用于软阴影检测的精度。

图 6.8(a)为一幅包含建筑物和树木阴影的航空影像，其中投射在地表的阴影主要是建筑物和树木对太阳光的阻挡。基于影像抠图的阴影检测方法首先需要标记阴影与非阴影样本，手工标记的样本如图 6.8(b)所示，其中白色标记为前景，即阴影样本，黑色标记为背景，即非阴影样本。软阴影检测的结果是一幅灰度图，其中具有较大值的像素隶属于本影的概率较高，反之，具有较小值的像素隶属于非阴影的概率较高，如图 6.8(c)所示。对比图 6.8(c)与原始影像可以看出，几乎所有的阴影都被检测出来，这表明抠图方法对软阴影检测的完整度较高。通过阈值对软阴影进行分割，可以获得传统意义上的二值阴影，如图 6.8(d)所示。为了进一步提高二值阴影的精度，利用形态学的开和闭运算来消除图 6.8(d)中的碎片并填补狭小的缝隙，最终获得二值阴影图如图 6.8(e)所示。如前所述，半影的存在表明从本影到非阴影的亮度变化是一个速率较大的渐变，而不是突变。软阴影能够恰当地描述亮度在半影区的渐变，而传统的硬阴影由 0 和 1 两个值构成，缺少对过渡区像素的描述。

(a) 原始影像

（b）阴影标记（白）和非阴影标记（黑）

（c）检测得到的软阴影

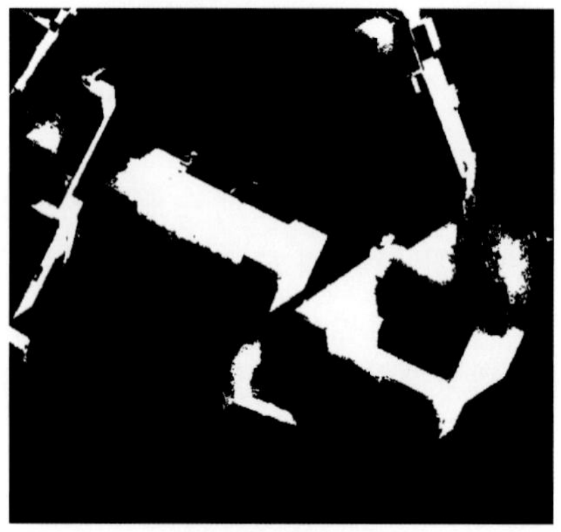

（d）阈值分割二值阴影

（e）形态学滤波后的二值阴影

图 6.8　第一幅航空影像的阴影检测结果

为了进一步检验软阴影对阴影定位和描述的有效性，本章从航空影像中选取了 4 个半影区[图 6.9(a)]，对应像素在原始影像和软阴影中的亮度剖面如图 6.9(b)～(e) 所示。需要说明的是，剖面图中的亮度值为归一化后的值，值域为[0,1]。视觉判断四个半影的宽度分别为 5 个像素、8 个像素、8 个像素和 5 个像素。相应地，软阴影的边缘也覆盖同样数目的像素宽度。其中，亮度在第一、第三和第四半影上的变化是线性的，因为阴影与非阴影邻接处的地物类型是单一的。从剖面曲线可以看出，软阴影剖面的亮度变化趋势与原始影像中半影剖面的亮度变化趋势恰好互补，即当原始像素的亮度值较高时，对应在软阴影中的阴影概率值则较低。当半影中包含多种地物时，如图 6.9(c)中剖面 2 所示，原始影像的剖面曲线中有亮度跳跃，对应的软阴影剖面的曲率恰当地与原始剖面互补。因此，抠图获得的软阴影相对于二值硬阴影，能够更好地描述与定位阴影中的半影和不均一特性。

为了定量评价阴影检测的精度，本节对抠图获得的软阴影进行阈值分割，获得二值的硬阴影图，并与参考阴影区域进行比较。图 6.10(a)是来自中佛罗里达大学(University of Central Florida，UCF)数据库包含阴影的航空影像，数据库中包含了手绘的参考阴影

（a）四个半影剖面在原始影像中的位置

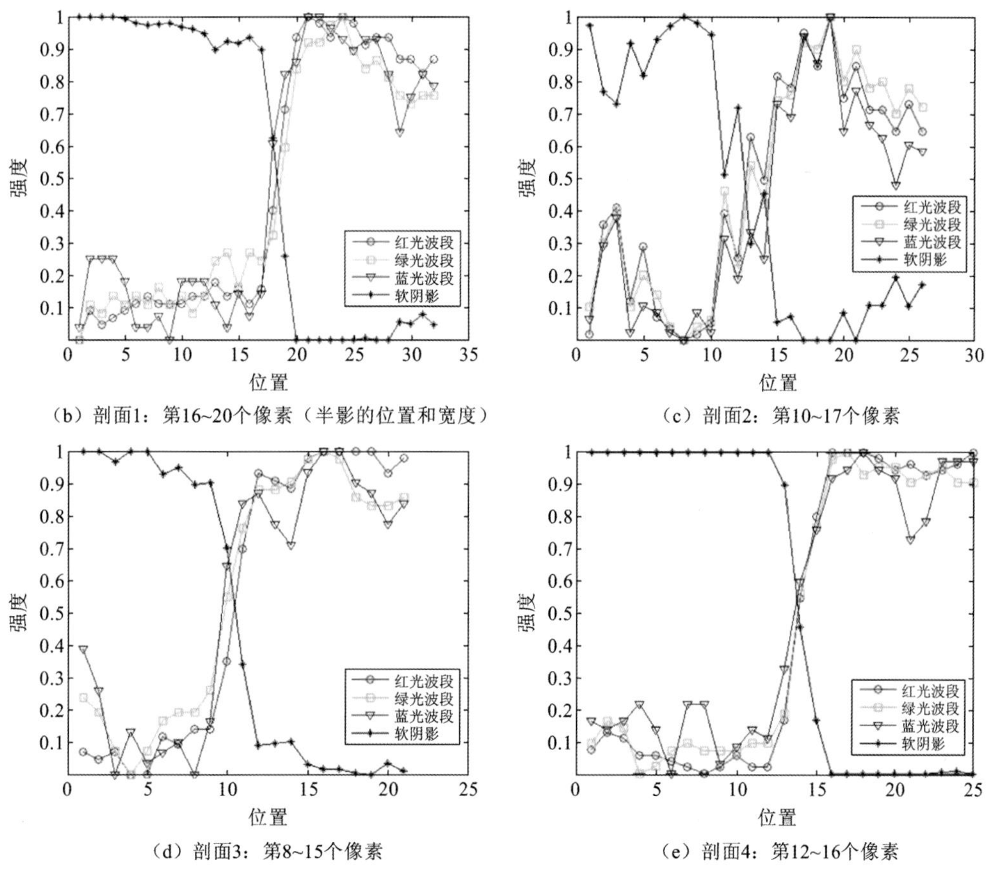

（b）剖面1：第16~20个像素（半影的位置和宽度）

（c）剖面2：第10~17个像素

（d）剖面3：第8~15个像素

（e）剖面4：第12~16个像素

图 6.9　四个半影区的原始和软阴影剖面

区域，如图 6.10(b)所示。软阴影的二值化硬阴影图，如图 6.10(c)所示。

目视对比参考阴影与检测阴影可以发现，所有的阴影区域都被检测出来，且阴影的形状与对应的参考阴影基本一致。逐像素统计阴影检测结果的查全率与查准率。

通过统计计算，图 6.10 中建筑物阴影检测的查全率为 86.94%，查准率为 96.22%，

(a) 原始影像

(b) 参考的二值阴影

(c) 检测的二值阴影

图 6.10 UCF 数据库中的航空阴影影像:建筑物阴影

因而对抠图检测的软阴影设定适当的阈值后能够获得精度较高的二值阴影。

6.5.2 阴影去除

成像瞬间的光照条件和阴影覆盖的地物类型造成了半影和不均一阴影的产生、0-像素的存在及复杂阴影的出现。这部分主要讨论算法针对以上半影和不均一阴影、0-像素及复杂阴影的处理能力。

1. 半影和不均一阴影的去除

由 6.5.1 节的分析可知,在遥感影像的阴影上存在明显的半影和不均一阴影的特性。图 6.11(b)展示了在以上软阴影检测的基础上,基于一般非局部正则化阴影去除(NLSR)模型的结果,其中 $\lambda_s=9$,λ_t 是根据参数 c_1 和 c_2 自适应选取得到,$c_1=8$,$c_2=2$。

(a) 原始影像

(b) 无阴影结果

图 6.11 半影和不均一阴影的去除结果

从结果影像可以看出,图 6.11(a)中阴影覆盖的地物类型较单一,NLSR 方法对检测出的所有阴影区域的亮度进行了补偿,使其与邻域的非阴影区域亮度达到一致,得到了良好的去阴影效果。从而证明了软阴影与非局部算子的结合能够有效去除影像上的半影和不均一阴影。

2. 0-像素的去除

本影区的亮度来自地表对大气散射环境光的反射，在可见光的三个波段中，蓝光的波长最短，被大气散射的能量最高；相对地，红光的波长最长，被大气散射的能量最低。因此，在真彩色的阴影影像中，接收到的辐射能量值最少，红光波段的影像经常包含 0-值像素。本部分实验选取图 6.12(a)中的航空影像，此影像红光波段中的 0-像素用黑色标记，而其他像素用白色标记，如图 6.12(b)所示，在两幅影像中，0-像素占所有阴影像素的比例为 18.28%。图 6.12(c)展示了非局部正则化阴影去除的结果，可以发现，阴影区域的亮度得到了充分补偿，且边缘没有产生伪痕。

(a) 原始影像

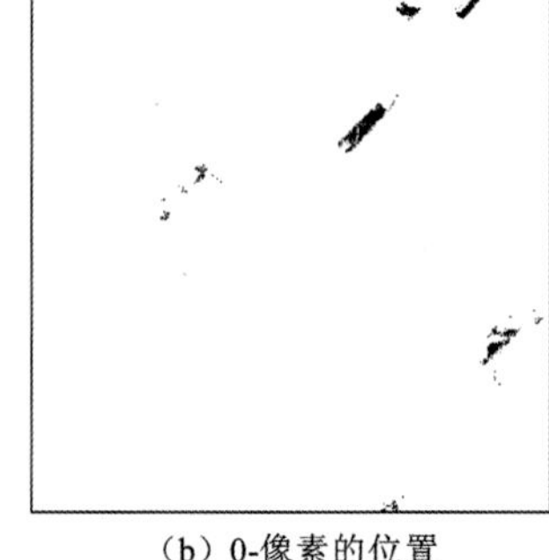
(b) 0-像素的位置

(c) 阴影去除结果

图 6.12　0-像素阴影去除的实验

数据规整项能够保证极低亮度值甚至 0-像素的阴影亮度得到有效提升；非局部约束解决了半影区易产生伪痕的问题；同时，模型对无阴影分量的非局部约束保证了结果在半影区的平滑过渡，以及本影区的无噪声。因此，非局部阴影去除方法能够在去除阴影的同时很好地保持影像的整体平滑性，避免伪痕的产生。

以上 0-像素阴影去除的实验表明：①以软阴影为底图的非局部正则化约束对于消除半影区伪痕是有效的；②自适应正则化参数的设定能够充分补偿不均一阴影，保证结果影像中阴影内部和边缘的平滑性；③非局部约束的方法能够有效补偿 0-像素的亮度，且不产生色偏和伪痕。

3. 地物复杂阴影的去除

以下实验主要讨论高分辨率遥感影像中复杂阴影的去除，复杂阴影覆盖的区域通常包含两种或更多种地物类型，实验对象为两幅航空影像图 6.13(a)和图 6.15(a)。以图 6.13 为例，图 6.13(b)图中的 1 号阴影覆盖了两种地物：绿地和裸地，而不同类型地物对同一阴影的响应程度不同，因此同一阴影内的像素有不同的阴影概率值。两幅航空影像对应的软阴影如图 6.13(b)和图 6.15(b)所示，不同的像素值不仅反映了阴影的不均一性，也

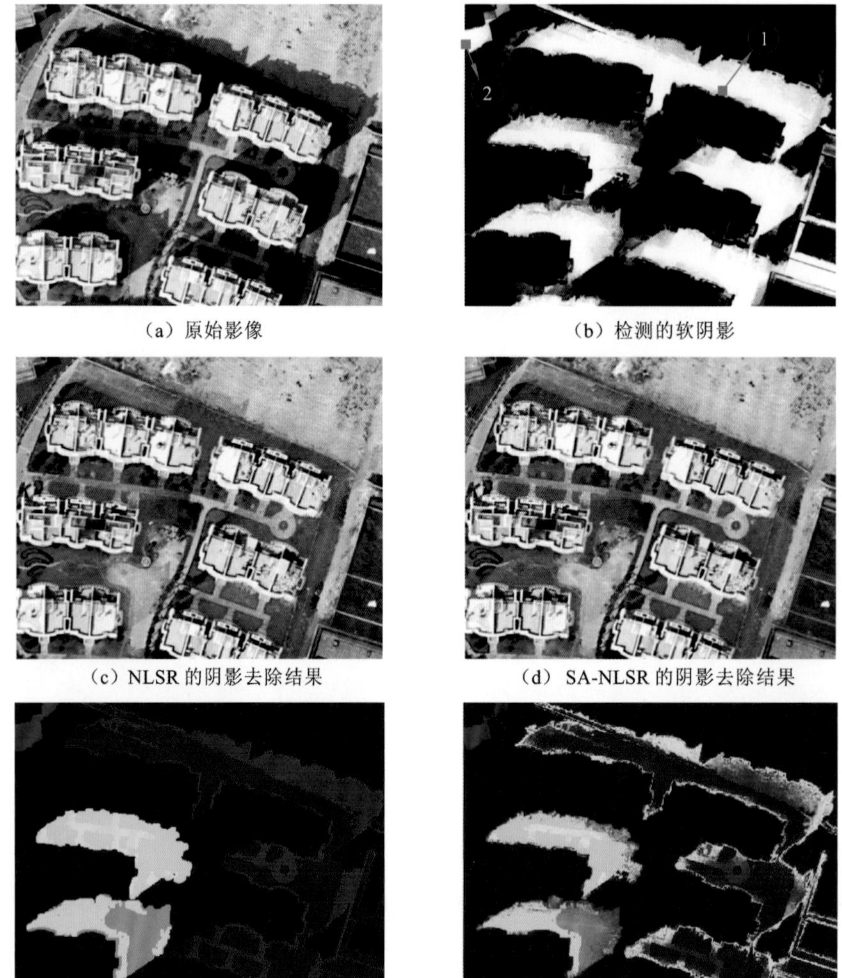

（a）原始影像　（b）检测的软阴影

（c）NLSR 的阴影去除结果　（d）SA-NLSR 的阴影去除结果

（e）阴影区的聚类图　（f）联合聚类的软阴影

图 6.13　第一幅包含复杂阴影的航空影像实验结果

描述了不同地物对阴影的不同响应，但不够充分。基于软阴影的非局部正则化阴影去除结果如图 6.13(c)和图 6.15(c)所示，可以看出，该方法在去除阴影的同时在半影区产生了一些伪痕，参考局部放大图 6.14(a)、(b)和图 6.16(a)、(b)；重建的无阴影区中地物边界模糊，且出现了一定程度的色偏，如图 6.14(c)和图 6.16(c)所示。为了消除伪痕，单纯地放大参数 λ_t，那么重建的无阴影影像整体会更加模糊，而伪痕的消除效果不明显。以上问题主要是算法忽略了不同地物对阴影的响应不同，即复杂阴影的特性。复杂阴影的阴影分量应该是与地物类型相关而局部平滑的，而不是阴影内部的整体平滑。否则，即使是基于软阴影的非局部算子与自适应正则化参数的组合也不能得到理想的去阴影结果。因此，对于复杂阴影问题，需要采用空间自适应的非局部正则化模型。

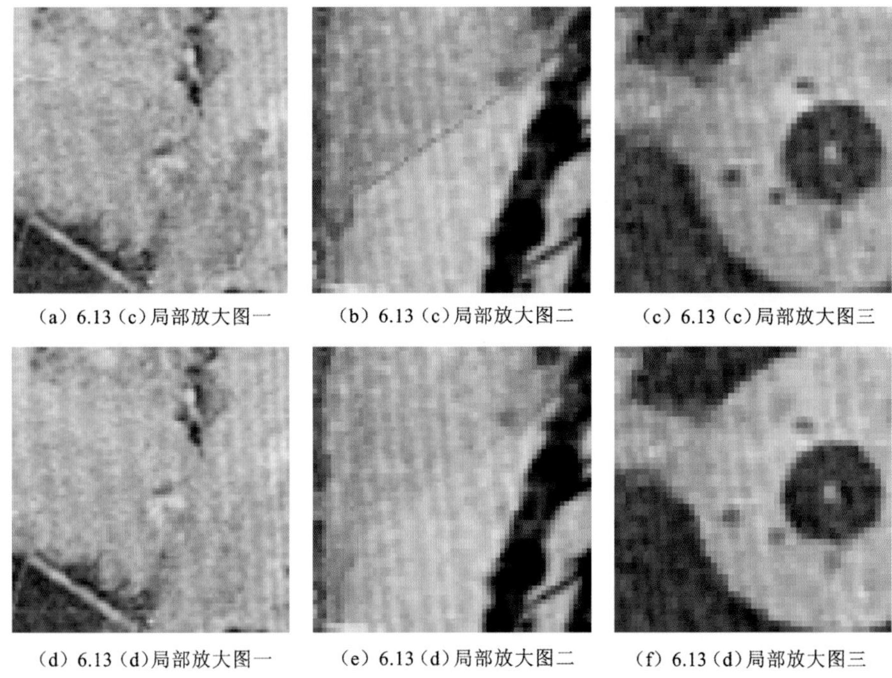

(a) 6.13 (c)局部放大图一　(b) 6.13 (c)局部放大图二　(c) 6.13 (c)局部放大图三

(d) 6.13 (d)局部放大图一　(e) 6.13 (d)局部放大图二　(f) 6.13 (d)局部放大图三

图 6.14　局部区域放大图

非局部正则化的阴影去除方法根据面积将阴影区分为大阴影和小阴影。小阴影被认为覆盖的地物类型是单一的，如图 6.13(b)中的 2 号阴影；面积大于 10 000 个像素的阴影被定义为大阴影，实验中充分考虑其覆盖的地物类型进行局部处理。大阴影的处理步骤包括：①确定阴影覆盖地物类型的种类，用 K 均值方法对原始影像中的阴影区域进行聚类。本方法通常通过视觉解译来判断阴影中的地物类型种类，顾及航空影像的高分辨率和建筑物的高度，大阴影中通常包含两到三种地物类型。以图 6.13 为例，图中的大阴影包含两种地物，K 均值聚类后的分类结果如图 6.13(e)所示，不同阴影中不同类型的地物用不同的颜色表示。②综合阴影的复合性和不均一性，以软阴影与聚类图构建聚类后的软阴影 p_s^C，如图 6.13(f)所示。③以聚类后软阴影 p_s^C 为底图计算，用于约束阴影分量的非局部权重，进而对模型优化重建无阴影影像，如图 6.13(d)所示，其局部放大区域如图 6.14(d)～(f)所示。对比非局部正则化方法和空间自适应的非局部正则化方法的去阴影结果，图 6.13(c)和(d)可以发现，图 6.13(d)中没有图 6.13(c)中的阴影边缘伪痕，且色彩保持度更高，没有色偏。同样地，对图 6.15 中数据采取相同的操作，其中大阴影的聚类数目为 3，阴影去除结果如图 6.15(d)～(f)和图 6.16(d)～(f)所示。可以发现，空间自适应的方法在抑制伪痕和色偏的同时，能够有效地还原阴影区内部原有的地物边界，避免过度模糊。

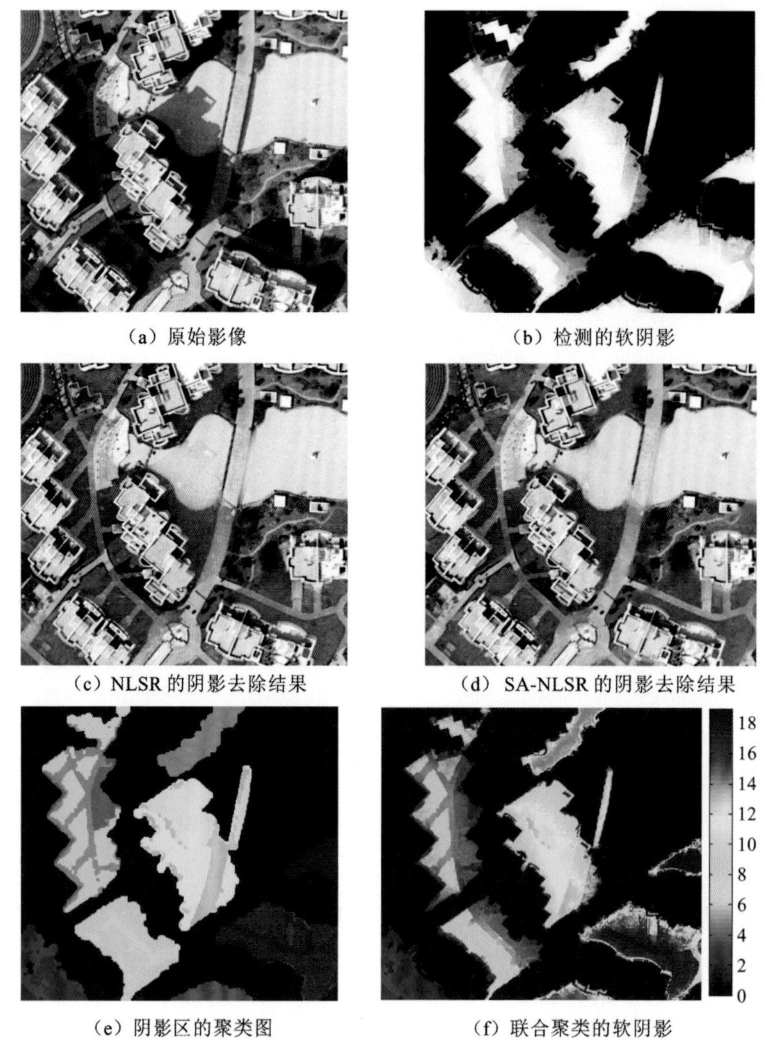

（a）原始影像　（b）检测的软阴影

（c）NLSR 的阴影去除结果　（d）SA-NLSR 的阴影去除结果

（e）阴影区的聚类图　（f）联合聚类的软阴影

图 6.15　第二幅包含复合阴影的航空影像实验结果

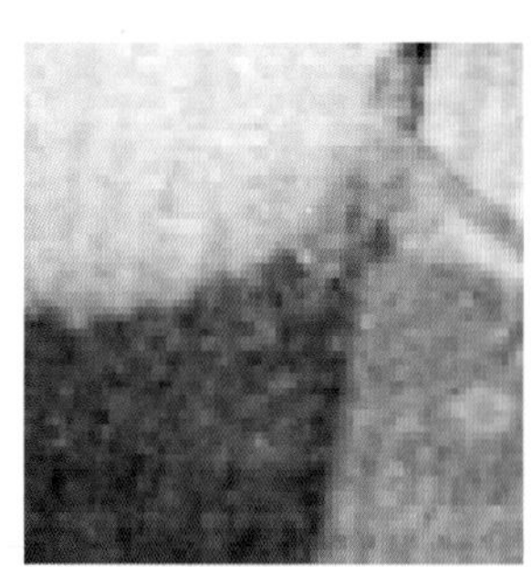

（a）6.15（c）局部放大图一

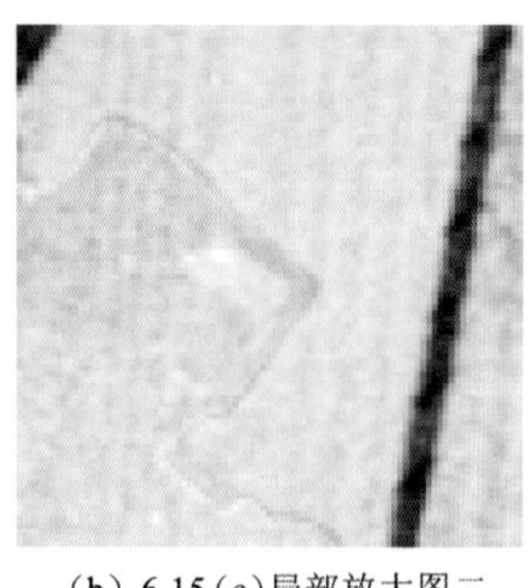

（b）6.15（c）局部放大图二

（c）6.15（c）局部放大图三

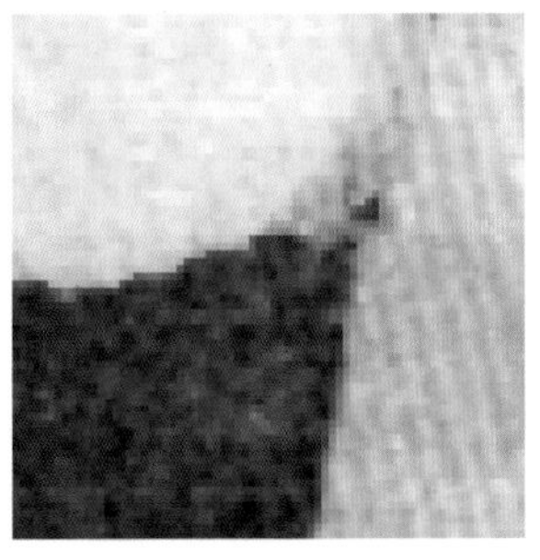
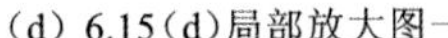

(d) 6.15(d)局部放大图一

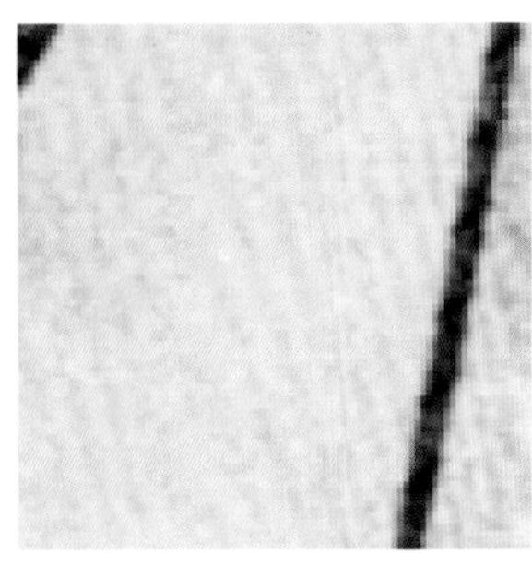

(e) 6.15(d)局部放大图二

(f) 6.15(d)局部放大图三

图 6.16　局部区域放大图

以上航空影像实验验证了空间自适应的非局部约束方法在处理复合阴影时的有效性，对阴影分量的空间局部平滑约束是解决复合阴影难题的有效途径。同时，在空间自适应的基础上，正则化参数的自适应调整能够充分顾及阴影的不均一性，有效抑制阴影边缘伪痕的产生。由此可见，在空间自适应的非局部正则化阴影去除模型中，数据规整项和两个非局部约束项的组合能够有效顾及高分辨率遥感影像上阴影的特性，其最优解能够生成理想的无阴影结果。

6.5.3　对比实验

为了进一步评价非局部正则化方法在阴影去除中的有效性，将实验获得的结果与另外两种去阴影方法进行了比较：直方图匹配方法（Tsai，2006）和泊松方程法（Finlayson et al.，2006）。为了使对比评价的结果真实可靠，三种去阴影算法基于同一阴影检测方法。三种方法对五幅影像的去阴影结果如图 6.17 所示，非局部正则化方法、直方图匹配方法和泊松方程法的结果分别列于第一列、第二列和第三列。对比三种去阴影结果可以发现，直方图匹配方法有以下明显的不足：①半影区存在明显的边缘伪痕；②补偿后阴影区的像素曝光过度，导致结果中出现大量噪声，尤其是阴影概率较低的像素；③亮度值较低和 0-像素的阴影重建精度不高，大部分 0-像素被渲染成红色，如图 6.17(b2)和(b3)所示，而亮度较低的阴影像素被渲染成绿色，如图 6.17(b1)所示。相对地，非局部正则化方法充分利用软阴影避免了伪痕的产生，对结果空间平滑度的控制保持了影像的整体曝光度，数据规整项保证了对 0-像素的修复效果。

观察第三列去阴影效果，可以发现泊松方程法能够较好地处理半影，避免伪痕的产生。该方法与直方图匹配方法有一个共同的不足是，它对 0-像素的补偿失效，如图 6.17(c2)和(c3)所示，阴影区的修复结果中出现了严重错误。泊松方程法的另一个不足是，它是一个全局调整算法，在修复阴影区的同时也影响了非阴影区的亮度，因此结果影像常出现整体色偏，尤其是当原始影像中阴影程度较深时，如图 6.17(c1)～(c3)所示。当影像中的阴影程度较浅时，泊松方程法能够达到较好的去阴影效果，如图 6.17(c4)和(c5)所示，但是重建的阴影区对比度较非阴影区较低，这主要是因为算法缺乏对不同地物物理特性先验的学习。相对地，空间自适应的非局部正则化方法充分顾及了地物的特性，能够重建清晰的地物边界，且保持自然的色彩。

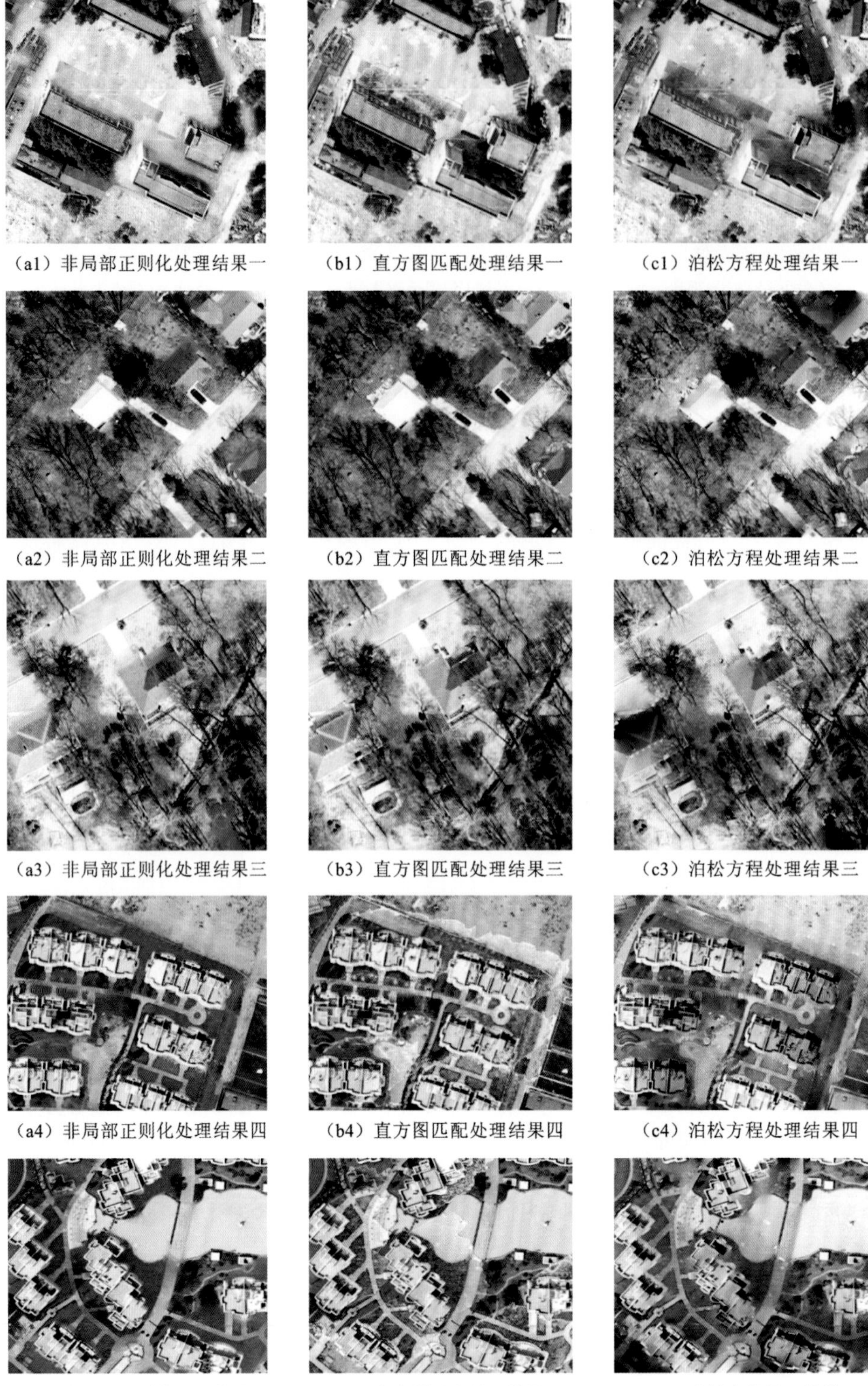

(a1) 非局部正则化处理结果一　(b1) 直方图匹配处理结果一　(c1) 泊松方程处理结果一

(a2) 非局部正则化处理结果二　(b2) 直方图匹配处理结果二　(c2) 泊松方程处理结果二

(a3) 非局部正则化处理结果三　(b3) 直方图匹配处理结果三　(c3) 泊松方程处理结果三

(a4) 非局部正则化处理结果四　(b4) 直方图匹配处理结果四　(c4) 泊松方程处理结果四

(a5) 非局部正则化处理结果五　(b5) 直方图匹配处理结果五　(c5) 泊松方程处理结果五

图 6.17　三种阴影去除方法的比较

综合以上实验和分析，非局部正则化阴影去除方法优于直方图匹配方法和泊松方程法，充分顾及了高分辨遥感影像中阴影的特性，能够取得地表边缘清晰、无明显伪痕和无色偏的阴影去除结果。

6.6 小　结

本章针对高分辨率遥感影像阴影校正方法进行了系统研究，并重点阐述了一种自适应非局部正则化方法。在阴影检测方面，基于软阴影的思想与影像抠图方法，能够更充分地反映半影和不均一阴影，从而更准确地实现对阴影的描述与定位。在阴影补偿方面，非局部正则化模型通过多个约束项，既保证了非阴影区域的保真度，又保持了阴影内部的纹理和边缘，同时也抑制了噪声和伪痕，与直方图匹配方法和泊松方程法的结果对比表明。非局部正则化方法在边缘、纹理、色彩和伪痕的处理方面均具有显著的优势。

值得说明的是，在一些情况下，高分辨率遥感影像中的阴影可能比本章处理的数据更加复杂，特别是出现阴影重叠交叉的现象，如建筑物阴影投射到另一建筑物上。因此，要得到一种普适性强、精度高的全自动阴影检测与去除算法仍存在着不少困难，还需要对现有方法做进一步的改进和完善。

参考文献

艾维丽，吴志红，刘艳丽，2015. 结合区域配对的室外阴影检测. 中国图象图形学报，20(4)：551-558.

鲍海英，李艳，尹永宜，2010. 城市航空影像的阴影检测和阴影消除方法研究. 遥感信息，(1)：44-47.

段光耀，宫辉力，李小娟，等，2014. 结合特征分量构建和面向对象方法提取高分辨率卫星影像阴影. 遥感学报，18(4)：760-770.

方菊芹，陈帆，和红杰，等，2014. 结合局部分类水平集与颜色特征的遥感影像阴影检测. 自动化学报，40(6)：1156-1165.

方涛，霍宏，马贺平，2016. 高分辨率遥感影像智能解译. 北京：科学出版社.

高贤君，万幼川，杨元维，等，2014. 高分辨率遥感影像阴影的自动检测与自动补偿. 自动化学报，40(8)：1709-1720.

黄微，傅利琴，王琛，2013. 基于梯度域的保纹理图像阴影去除算法. 计算机应用，33(8)：2317-2319+2324.

季顺平，袁修孝，2007. 一种基于阴影检测的建筑物变化检测方法. 遥感学报，11(3)：323-329.

李慧芳，2013. 多成因遥感影像亮度不均的变分校正方法研究. 武汉：武汉大学.

柳稼航，2011. 基于视觉特征的高分辨率光学遥感影像目标识别与提取技术研究. 上海：上海交通大学.

夏怀英，郭平，2011. 基于统计混合模型的遥感影像阴影检测. 遥感学报，15(4)：778-791.

叶勤，徐秋红，谢惠洪，2010. 城市航空影像中基于颜色恒常性的阴影消除. 光电子激光，(11)：1706-1712.

ADELINE K R M，CHEN M，BRIOTTET X，et al.，2013. Shadow detection in very high spatial resolution aerial images：A comparative study. ISPRS journal of photogrammetry and remote sensing，80：21-38.

ARÉVALO V，GONZÁLEZ J，AMBROSIO G，2008. Shadow detection in colour high-resolution satellite images. International journal of remote sensing，29(7)：1945-1963.

ARBEL E，HEL-OR H，2011. Shadow removal using intensity surfaces and texture anchor points. IEEE transactions on pattern analysis and machine intelligence，33(6)：1202-1216.

ARIAS P, CASELLES V, SAPIRO G, 2009. A variational framework for non-local image inpainting. International workshop on energy minimization methods in computer vision and pattern recognition (EMMCVPR), 5681(1): 345-358.

BUADES A, COLL B, MOREL J M, 2005. A non-local algorithm for image denoising. IEEE computer society conference on computer vision and pattern recognition (CVPR), 2(7): 60-65.

CHEN Y, WEN D, JING L, et al., 2007. Shadow information recovery in urban areas from very high resolution satellite imagery. International journal of remote sensing, 28(15): 3249-3254.

CHUNG K L, LIN Y R, HUANG Y H, 2009. Efficient shadow detection of color aerial images based on successive thresholding scheme. IEEE transactions on geoscience and remote sensing, 47(2): 671-682.

DARE P M, 2005. Shadow analysis in high-resolution satellite imagery of urban areas. Photogrammetric engineering and remote sensing, 71(2): 169-177.

FINLAYSON G D, DREW M S, LU C, 2009. Entropy minimization for shadow removal. International Journal of computer vision, 85(1): 35-57.

FINLAYSON G D, HORDLEY S D, CHENG L, et al., 2006. On the removal of shadows from images. IEEE transactions on pattern analysis and machine intelligence, 28(1): 59-68.

FINLAYSON G D, HORDLEY S D, DREW M S, 2002. Removing shadows from images. 7thedi. Copenhagen, Denmark: European conference on computer vision (ECCV): 823-836.

GILBOA G, OSHER S, 2009. Nonlocal operators with applications to image processing. Multiscale modeling & simulation, 7(3): 1005-1028.

HUANG J, XIE W, TANG L, 2004. Detection of and compensation for shadows in colored urban aerial images. Hangzhou world congress on intelligent control and automation (WCICA): 3098-3100.

KHAN S H, BENNAMOUN M, SOHEL F, et al., 2016. Automatic shadow detection and removal from a single image. IEEE transactions on pattern analysis and machine intelligence, 38(3): 431-446.

KHEKADE A, BHOYAR K, 2015. Shadow detection based on RGB and YIQ color models in color aerial images. Noida, India: international conference on futuristic trends on computational analysis and knowledge management (ABLAZE): 144-147.

LALONDE J F, EFROS A A, NARASIMHAN S G, 2010. Detecting ground shadows in outdoor consumer photographs. Heraklion, Greece: European conference on computer vision (ECCV): 322-335.

LEVIN A, LISCHINSKI D, WEISS Y, 2008. A closed-form solution to natural image matting. IEEE transactions on pattern analysis and machine intelligence, 30(2): 228-242.

LI H, ZHANG L, SHEN H, 2014. An adaptive nonlocal regularized shadow removal method for aerial remote sensing images. IEEE transactions on geoscience and remote sensing, 52(1): 106-120.

LI Y, GONG P, SASAGAWA T, 2005. Integrated shadow removal based on photogrammetry and image analysis. International journal of remote sensing, 26(18): 3911-3929.

LIASIS G, STAVROU S, 2016. Satellite images analysis for shadow detection and building height estimation. ISPRS journal of photogrammetry and remote sensing, 119: 437-450.

LIU W, YAMAZAKI F, 2012. Object-based shadow extraction and correction of high-resolution optical satellite images. IEEE journal of selected topics in applied earth observations and remote sensing, 5(4): 1296-1302.

LORENZI L, MELGANI F, MERCIER G, 2012. A complete processing chain for shadow detection and reconstruction in VHR images. IEEE transactions on geoscience and remote sensing, 50(9): 3440-3452.

MA H, QIN Q, SHEN X, 2008. Shadow segmentation and compensation in high resolution satellite images. Boston, USA: IEEE international geoscience and remote sensing symposium (IGARSS): 1036-1039.

MAIRAL J, BACH F, PONCE J, et al., 2009. Non-local sparse models for image restoration. Kyoto, Japan, The 12th international conference on computer vision(ICCV):2272-2279.

MAKARAU A, RICHTER R, MULLER R, et al., 2011. Adaptive shadow detection using a blackbody radiator model. IEEE transactions on geoscience and remote sensing, 49(6):2049-2059.

MASSALABI A, HE D C, BENIE G B, et al., 2004. Detecting information under and from shadow in Panchromatic Ikonos images of the city of Sherbrooke. Anchorage, USA: IEEE international geoscience and remote sensing symposium(IGARSS):2000-2003.

MCFEELY R, HUGHES C, JONES E, et al., 2011. Removal of non-uniform complex and compound shadows from textured surfaces using adaptive directional smoothing and the thin plate model. IET image processing, 5(3):233-248.

MOVIA A, BEINAT A, CROSILLA F, 2016. Shadow detection and removal in RGB VHR images for land use unsupervised classification. ISPRS journal of photogrammetry and remote sensing, 119: 485-495.

OTSU N, 1979. A threshold selection method from gray-level histograms. IEEE transactions on systems, man, and cybernetics, 9(1):62-66.

PEYRÉ G, BOUGLEUX S, COHEN L, 2008. Non-local regularization of inverse problems. Marseille, France: The 10th european conference on computer vision(ECCV):57-68.

RUFENACHT D, FREDEMBACH C, SUSSTRUNK S, 2014. Automatic and accurate shadow detection using near-infrared information. IEEE transactions on pattern analysis and machine intelligence, 36(8): 1672-1678.

SARABANDI P, YAMAZAKI F, MATSUOKA M, et al., 2004. Shadow detection and radiometric restoration in satellite high resolution images. Anchorage, USA: IEEE international geoscience and remote sensing symposium(IGARSS):3744-3747.

SHEN L, CHUA T. W, LEMAN K, 2015. shadow optimization from structured deep edge detection. Boston, USA: IEEE conference on computer vision and pattern recognition (CVPR):2067-2074.

SU N, ZHANG Y, TIAN S, et al., 2016. Shadow detection and removal for occluded object information recovery in urban high-resolution panchromatic satellite images. IEEE journal of selected topics in applied earth observations and remote sensing, 9(6):2568-2582.

TOLT G, SHIMONI M, AHLBERG J, 2011. A shadow detection method for remote sensing images using VHR hyperspectral and LIDAR data. Sendai, Japan: IEEE international geoscience and remote sensing symposium(IGARSS):4423-4426.

TSAI V J D, 2006. A comparative study on shadow compensation of color aerial images in invariant color models. IEEE transactions on geoscience and remote sensing, 44(6):1661-1671.

VICENTE T F Y, HOAI M, SAMARAS D, 2017. Leave-one-out kernel optimization for shadow detection and removal. IEEE transactions on pattern analysis and machine intelligence, 40(3):682-695.

WANG J, GUO Y W, YING Y T, et al., 2006. Fast non-local algorithm for image denoising. Atlanta, USA: IEEE international conference on image processing(ICIP):1429-1432.

WANG Q J, YAN L, YUAN Q Q, et al., 2017. An automatic shadow detection method for VHR remote sensing orthoimagery. Remote sensing,9(5):469.

WU J D,BAUER M E,2013. Evaluating the effects of shadow detection on quick bird image classification and spectroradiometric restoration. Remote sensing,5(9):4450-4469.

WU T P, TANG C K, BROWN M S, et al., 2007. Natural shadow matting. ACM transactions on graphics,26(2):8.

ZHANG H Y,SUN K M,LI W Z,2014. Object-oriented shadow detection and removal from urban high-resolution remote sensing images. IEEE transactions on geoscience and remote sensing, 52(11): 6972-6982.

ZHANG L,ZHANG Q,XIAO C X,2015. Shadow remover:Image shadow removal based on illumination recovering optimization. IEEE transactions on image processing,24(11):4623-4636.

ZHOU G Q,HAN C Y,YE S Q,et al.,2015. An integrated approach for shadow detection of the building in urban areas. Guilin,China:international conference on intelligent earth observing and applications, 9808:98082w-1- 98082w-6.

ZHU J J,SAMUEL K G G,MASOOD S Z,et al.,2010. learning to recognize shadows in monochromatic natural images. San Francisco, USA: IEEE conference on computer vision and pattern recognition (CVPR):223-230.

第 7 章　遥感影像镶嵌中的辐射差异校正方法

遥感系统具有一定的成像幅宽，因此经常会出现研究区域不能被完整包含在同一景影像内的情况，此时就需要将多幅影像进行拼接以扩大其覆盖范围，也就是影像镶嵌。由于传感器、光照、大气等成像条件的不同，多幅影像如果仅按几何位置直接拼接起来，往往会出现明显的辐射差异。为了消除这些差异，本章从辐射配准、接缝线查找、羽化校正三个方面展开研究，重点介绍基于局部信息的辐射配准方法、自动分段动态规划接缝线查找方法及基于余弦反距离加权的羽化校正方法，并结合高分辨率遥感影像镶嵌的辐射差异校正实验，对以上方法进行验证。

7.1 引　　言

影像镶嵌，就是把两幅甚至多幅具有重叠区域的影像拼接到一起，形成一幅平滑连续影像(Schechner et al.,2003)的技术过程。影像镶嵌综合了两幅或多幅影像的信息，形成全面、视觉效果好的全景影像(Szeliski,2006)，对遥感影像的应用具有重要意义(Du et al.,2001)。

影像镶嵌的基本流程如图 7.1 所示，主要分为以下几个步骤。

(1) 几何配准。几何配准是遥感影像镶嵌的基本前提，通过几何配准使影像在几何位置上高度对齐，是后续处理步骤的基础。

(2) 重叠区域确定。通常以几何配准为基础，确定待镶嵌影像之间相互重叠的区域，以便于统计相邻影像之间的辐射信息。

(3) 辐射配准。影像镶嵌要求两幅或者多幅影像形成一个自然的整体，而不同影像的辐射差异割裂了镶嵌影像的统一性。因此，镶嵌之前往往需要进行辐射配准，尽量消除影像间辐射差异(Eden et al.,2006)。

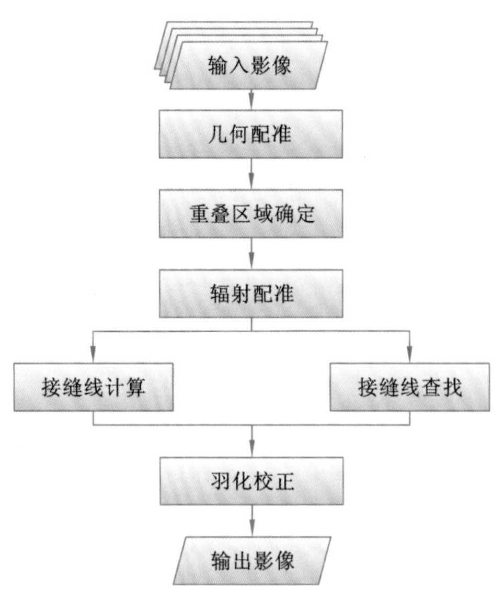

图 7.1 遥感影像镶嵌中的辐射差异校正流程图

(4) 接缝线计算与查找。一般情况下,根据几何关系选取重叠区中间线、对角线或者角平分线得到接缝线。这种方法对中低分辨率的遥感影像效果较好,而对于地物细节更加清晰的高分辨率遥感影像来说,如果接缝线穿过建筑物等起伏的地面目标内部,在拼接影像上往往会表现出明显的错位现象。因此,通常需要在重叠区域内查找一条合适的曲线,避开建筑物等地物而形成最优的接缝线。

(5) 羽化校正。在接缝线查找的基础上,进行羽化校正,消除拼接痕迹,使得镶嵌影像达到辐射亮度上的平滑过渡。

本章主要针对高分辨率遥感影像镶嵌展开介绍,其中包括辐射配准、接缝线查找及羽化校正(Mills et al.,2009)三个关键内容。

7.2 辐射配准

用于镶嵌的遥感影像之间通常会具有辐射差异(李德仁 等,2006),即使是同一传感器的影像,不同时间成像的光照条件、大气条件等也会带来辐射亮度的不同(蒋红成,2004),这时就需要进行辐射配准以达到亮度的统一(卢军,2008;易尧华 等,2003)。本节将介绍几种经典的辐射配准方法,并以区域矩匹配方法(local moment matching,LMM)为例系统介绍基于局部信息的辐射配准方法。

7.2.1 辐射配准基本方法

1. 基于直方图匹配的辐射配准方法

影像灰度直方图是一种简单又很重要的分析工具。它以灰度级作为横坐标,以灰度级出现的频率作为纵坐标，反映影像的灰度范围、不同灰度级像素出现的频率、灰度级的分布状况、整幅影像的明暗程度等，能够客观地反映一幅影像的灰度分布特征（卢军，2008）。在理想条件下，相邻影像在重叠区域内应该完全相同，两者的灰度直方图也应该是一致的。以该特点发展的直方图匹配方法，就是以一幅影像为基准，将另一幅影像映射到基准影像上，使两者的直方图形状具有最大的一致性（贾永红，2003）。

设 $P_a(u_a)$、$P_c(u_c)$ 分别是已归一化的待镶嵌影像和参考影像重叠区域的灰度概率密度函数；$E_{qa}(u_a)$、$E_{qc}(u_c)$ 分别是待镶嵌影像和参考影像重叠区域直方图均衡化的变换函数，由上述可知：

$$E_{qa}(u_a) = \int P_a(u_a)\mathrm{d}u_a \tag{7.1}$$

$$E_{qc}(u_c) = \int P_c(u_c)\mathrm{d}u_c \tag{7.2}$$

由于对参考影像和待镶嵌影像重叠区域做了均衡化处理，它们具有相同的概率密度函数。设 Z_b 为两影像重叠区域变换后的灰度值，则

$$Z_b = E_{qa}(u_a) \tag{7.3}$$

$$Z_b = E_{qa}(u_c) \tag{7.4}$$

对参考影像重叠区域做逆变换：

$$u_c = E_{qc}^{-1}(Z_b) = E_{qc}^{-1}[E_{qa}(u_a)] \tag{7.5}$$

用直方图匹配法进行辐射配准（图 7.2）的步骤如下（蒋红成，2004）。

(1) 做出待镶嵌影像重叠区域的累积直方图 $Z_b = E_{qa}(u_a)$，对待镶嵌影像重叠区域进行均衡化变换。

(2) 做出参考影像重叠区域的累积直方图 $Z_b = E_{qc}(u_c)$，对参考影像重叠区域进行均衡化变换。

(3) 利用参考影像与待镶嵌影像重叠区域的均衡化结果建立两者的映射关系。

(4) 根据上述映射关系，对待镶嵌影像进行处理，得到经过规定化处理后的新影像。

经过以上直方图匹配处理，待镶嵌影像的灰度分布大致相同，削弱了辐射差异，使得两景影像达到辐射统一。

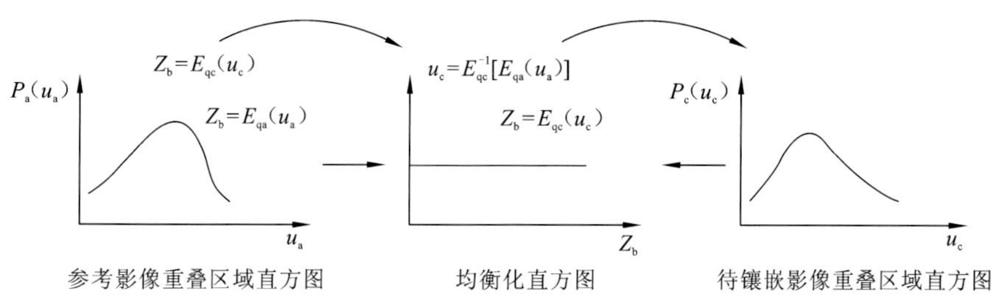

图 7.2　直方图匹配示意图

2. 基于均值-方差(标准差)的辐射配准

从统计学的角度来看,影像的整体辐射亮度可通过各像素点的灰度均值来反映,灰度的波动范围通过方差或者标准差来反映。当光照条件、传感器拍摄角度等都保持不变时,相邻影像在重叠区域的辐射应该保持一致,也应该具有相同的均值和方差(标准差)。基于均值-方差的方法,也叫做 Wallis 滤波方法,就是利用这一特性,使它们具有相似的均值和标准差以实现辐射配准。

设在(x,y)坐标系内,$u_c(x,y)$、$u_a(x,y)$分别为参考影像和待调整影像的灰度值。a、b 为影像 u_a 和 u_c 的重叠区域映射关系的调整系数,a 为增益系数,b 为偏置系数,则调整后影像 $\hat{u}_c$ 的灰度值可以表示为 $au_a(x,y)+b$。要使影像 u_a 的辐射性质调整到与影像 u_c 一致,就要让调整后影像的灰度值与参考影像的灰度值差的累积平方和最小,即满足条件(卢军,2008;蒋红成,2004;Zhang et al.,2003):

$$I = \sum\sum\left[au_a(x,y)+b-u_c(x,y)\right]^2 = \min \tag{7.6}$$

式(7.6)分别对系数 a、b 求偏导数,由$\dfrac{\partial I}{\partial b}=0$ 得

$$b=M_{u_c}-aM_{u_a} \tag{7.7}$$

式中:M_{u_a}、M_{u_c} 分别为影像 u_a 和 u_c 对应的均值:

$$M_{u_a} = \frac{1}{S}\sum_x\sum_y u_a(x,y) \tag{7.8}$$

$$M_{u_c} = \frac{1}{S}\sum_x\sum_y u_c(x,y) \tag{7.9}$$

其中:S 为重叠区域内像素的总数。

由$\dfrac{\partial I}{\partial a}=0$ 得

$$a = \frac{\delta^2_{u_a u_c}}{\delta^2_{u_a u_a}} \tag{7.10}$$

式中:$\delta_{u_a u_c}$ 为协方差;$\delta_{u_a u_a}$ 为影像 u_a 的标准差:

$$\delta^2_{u_a u_c} = \sum_x\sum_y\left[u_c(x,y)-M_{u_c}\right]\times\left[u_a(x,y)-M_{u_a}\right] \tag{7.11}$$

$$\delta^2_{u_a u_a} = \sum_x\sum_y\left[u_a(x,y)-M_{u_a}\right]^2 \tag{7.12}$$

将 $a=\dfrac{\delta^2_{u_a u_c}}{\delta^2_{u_a u_a}}$ 代入 $b=M_{u_c}-aM_{u_a}$ 中可得

$$b = M_{u_c}-\frac{\delta^2_{u_a u_c}}{\delta^2_{u_a u_a}}M_{u_a} \tag{7.13}$$

调整后影像的灰度值$\hat{u}_a(x,y)$ 为

$$\hat{u}_a(i,j) = au_a(x,y)+b = \frac{\delta^2_{u_a u_c}}{\delta^2_{u_a u_a}}\left(u_a(x,y)-M_{u_a}\right)+M_{u_c} \tag{7.14}$$

此外,还有基于均值-标准差的方法,通常也叫做矩匹配方法,其调整系数为

$$a=\frac{\delta_{u_a u_c}}{\delta_{u_a u_a}}$$
$$b=M_{u_c}-aM_{u_a} \tag{7.15}$$

矩匹配方法与 Wallis 滤波方法的主要区别在于求 a 的公式差异，但在应用中两种方法的效果非常接近。

3. 基于最小二乘法的辐射配准方法

最小二乘法起初作为一种概率统计参数估计方法，是对一组线性相关量拟合的方法，其基本原理是使估计值与真实值之差的平方和最小。

设在(x,y)直角坐标系内，x 与 y 之间的函数关系由方程表示为

$$y=ax+b \tag{7.16}$$

有 n 组等精度测量的数据(x_i,y_i)，其中 $i=1,2,\cdots,n$，利用最小二乘法拟合一条直线表征 x，y 的线性关系。以图 7.3 为例，蓝色直线表示拟合出的回归线。

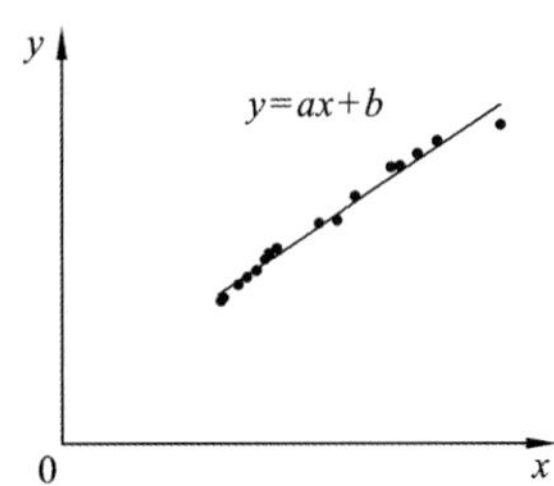

图 7.3　最小二乘线性拟合

假定 x_i 是准确的，则误差由 y_i 决定，要求 y_i 偏差的平方和为最小，即

$$\sum_{i=1}^{n}[y_i-(ax_i+b)]^2 \tag{7.17}$$

是最小。根据这个要求，对系数 a，b 分别求偏导数，则有

$$\frac{\partial}{\partial a}\sum_{i=1}^{n}[y_i-(ax_i+b)]^2=-2x_i\sum_{i=1}^{n}(y_i-ax_i-b)=0 \tag{7.18}$$

$$\frac{\partial}{\partial b}\sum_{i=1}^{n}[y_i-(ax_i+b)]^2=-2\sum_{i=1}^{n}(y_i-ax_i-b)=0 \tag{7.19}$$

整理得到

$$\begin{cases}bn+a\sum x_i=\sum y_i\\ b\sum x_i+a\sum x_i^2=\sum x_iy_i\end{cases} \tag{7.20}$$

从中求解出系数 a、b：

$$a=\frac{n\left(\sum x_iy_i\right)-\left(\sum x_i\right)\left(\sum y_i\right)}{n\left(\sum x_i^2\right)-\left(\sum x_i\right)^2}$$
$$b=\frac{\left(\sum x_i^2\right)\left(\sum y_i\right)-\left(\sum x_i\right)\left(\sum x_iy_i\right)}{n\left(\sum x_i^2\right)-\left(\sum x_i\right)^2} \tag{7.21}$$

将最小二乘线性拟合法用于影像辐射配准，就是根据相邻影像重叠区建立线性映射关系，对整幅待调整影像进行线性拉伸而达到向参考影像辐射靠拢的目的，调整后的影像灰度值 $\hat{u}_a(i,j)$为

$$\hat{u}_a(i,j)=au_a(i,j)+b \tag{7.22}$$

4. 基于影像信息熵的辐射配准

一个随机事件发生后所带来的信息量称为自信息量，简称自信息，定义为其发生概率对数的负值。如随机事件 x_i 发生的概率为 $P(x_i)$，那么它的自信息量 $I(x_i)$ 用公式表示为

$$I(x_i) = -\log_2 P(x_i) \tag{7.23}$$

各个离散消息自信息量的数学期望就是信源的平均信息量，一般称为信息熵，也叫信源熵或香农熵，简称熵，即

$$H(x) = E[I(x_i)] = E\left[\log_2 \frac{1}{P(x_i)}\right] = \sum_{i=1}^{n} P(x_i)\log_2 P(x_i) \tag{7.24}$$

熵的大小与信源的概率分布有密切的关系。各符号出现的概率分布不同，信息熵也不同。可以证明，当各信源符号出现的概率相等，相邻影像在重叠区域内的平均信息量应该相同。基于信息熵的辐射配准方法就是熵映射，消除相邻影像间的辐射差异。

设两相邻影像在重叠区的最大、最小灰度值和熵分别为 $u_{a_{max}}$、$u_{a_{min}}$、H_{u_a} 和 $u_{c_{max}}$、$u_{c_{min}}$、H_{u_c}，两影像的第 i 灰度级发生的概率分别为 $P_{u_a}(i)$、$P_{u_c}(i)$，则

$$H_{u_a} = -\sum_{u_{a_{min}}}^{u_{a_{min}}} P_{u_a}(i)\log_2 P_{u_a}(i) \tag{7.25}$$

$$H_{u_c} = -\sum_{u_{c_{min}}}^{u_{c_{max}}} P_{u_c}(i)\log_2 P_{u_c}(i) \tag{7.26}$$

以 u_c 影像为参考，对 u_a 影像进行映射，则映射公式为

$$\frac{u_a(x,y) - u_{a_{min}}}{u_c(x,y) - u_{c_{min}}} = \frac{H_{u_a}}{H_{u_c}} \tag{7.27}$$

调整后 $\hat{u}_a(x,y) = \hat{u}_c(x,y)$，则映射公式为

$$\hat{u}_a(x,y) = \frac{H_{u_c}}{H_{u_a}}(u_a(x,y) - u_{a_{min}}) + u_{c_{min}} \tag{7.28}$$

7.2.2 基于局部统计信息的辐射配准方法

7.2.1 节的方法都是整体辐射配准的方法，虽然速度较快，但是对于大区域的高分辨率遥感影像，仅用一对辐射配准关系进行调整，通常会忽略局部辐射特征，造成影像局部辐射不一致现象。鉴于此，针对大区域影像的辐射配准，介绍一种基于局部信息的辐射配准方法，并以区域矩匹配(Li et al.,2015)为例进行说明。

区域矩匹配(local moment matching,LMM)是在传统矩匹配方法上融入局部思想，利用一种分块调整的方式，在保持快速高效优势的同时，也顾及遥感影像的局部辐射特征。假定局部区域是由 $i-R$ 行到 $i+R$ 行组成的一个 $2R+1$ 行的矩形区域，其中 R 是一个固定的参数。如图 7.4 所示，黄色矩形框区域是影像 u_c 和 u_a 的重叠区域，而黑色矩形

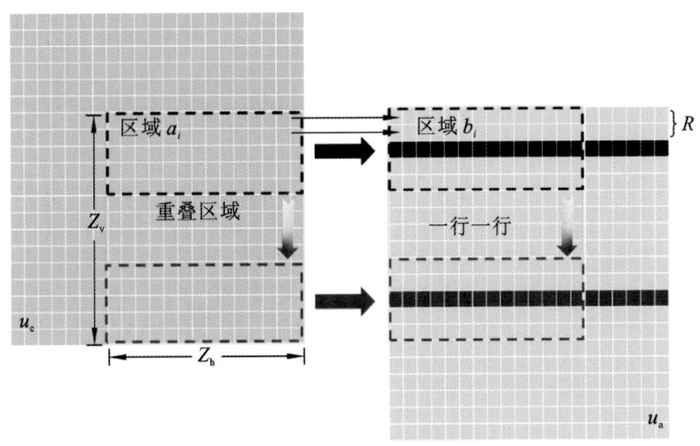

图 7.4　LMM 法示意图

框区域则是进行区域矩匹配的基本单元，对应一组区域 a_i 和区域 b_i。区域 a_i 是影像 u_c 在重叠区域内由连续的 $2R+1$ 行组成的；区域 b_i 是影像 u_a 在重叠区域内由连续的 $2R+1$ 行组成的。LMM 方法针对每一组 a_i 与 b_i，使用矩匹配方法求出一组系数 A_i 和 B_i，其中 A_i 是增益系数，B_i 是偏置系数：

$$\hat{u}_a(x,y)=A_i \cdot u_a(x,y)+B_i \tag{7.29}$$

式中，在每一组对应的 a_i 与 b_i 内：

$$\begin{aligned} A_i &= \frac{\delta_{ra}}{\delta_{rb}} \\ B_i &= M_{ra}-M_{rb}\times A_i, \quad R<i\leqslant Z_v-R \end{aligned} \tag{7.30}$$

式中：δ_{ra} 和 δ_{rb} 为区域 a_i 与 b_i 的标准差，M_{ra} 和 M_{rb} 为相应的均值。在图 7.4 中，Z_v、Z_h 分别为影像 u_c 和 u_a 重叠区域的高度和宽度。自上而下，伴随着区域 a_i 和区域 b_i 的移动，实现影像 u_a 的逐行调整。

下面详细介绍 LMM 的过程。

(1) 首先确定固定参数 R，它决定每一对 a_i 和 b_i 的大小，且 $1\leqslant R\leqslant 1/2Z_v$。实际上，$R$ 取值为 0 时，是利用行对行的关系进行配准。R 取值为 $1/2Z_v$ 时，是对整幅影像 u_a 进行一次性配准，也就是矩匹配法。

(2) 当 $i=R+1$ 时，区域 a_i 和区域 b_i 黑色矩形框所对应的位置。对于重叠区域内 $1\leqslant i\leqslant R$ 的行，将影像 u_c 的第 $1\sim R$ 行作为参考，用影像 u_c 和 u_a 逐行进行映射，建立行与行之间的函数关系，求出对应的系数 A_i 和 B_i，并应用于影像 u_a 的第 $1\sim R$ 行。

(3) 当 $R<i<Z_v-R$ 时，在重叠区域内，以区域 a_i 为参考，在 a_i 与 b_i 之间使用矩匹配，求出一对系数 A_i 和 B_i，将系数应用于影像 u_a 的第 i 行。随着 i 值的连续增加，完成对影像 u_a 的逐行调整。

(4) 当 $Z_v-R\leqslant i\leqslant Z_{u_a}$ 时，区域 a_i 与 b_i 到达重叠区域的底端。为保持影像灰度的连续变化，将(3)中 $i=Z_v-R$ 时的系数 A_i 和 B_i 应用于影像 u_a 上重叠区域外的部分。

LMM方法根据连续移动区域进行匹配。在自上而下的移动中，相邻区域始终保持着重叠，很大程度上减少由区域突变而引起的不连续现象。此外，区域a_i和区域b_i不能过大，否则难以顾及影像的局部辐射特征。特别地，当区域大小达到重叠区大小时，LMM就等价于传统矩匹配方法。

7.2.3 辐射配准实验

本节将通过实验比较几种辐射配准方法的效果。图7.5是实验的原始数据，为0.1 m空间分辨率的城市航拍影像。该影像清晰度非常高，甚至可以清楚看到人、车等地面情况，房屋建筑十分密集，并且有几条明显的主干道。依据判断，两幅影像是左上-右下的位置关系。

(a) 左边影像（6 700像素×8 900像素×3像素）

(b) 右边影像（6 500像元×8 800像元×3像元）

图7.5 原始影像(重叠区域的尺寸是4 700像元×8 300像元)

在实验中，以左边影像的重叠区域为参考，对右边影像进行辐射配准，采用最小二乘法、矩匹配法及LMM法进行对比实验。图7.6(a)～(c)依次是用上述三种方法配准的结果，图中红箭头指示的为红色矩形框区域的放大图，绿色箭头指示的为绿色矩形框区域的放大图。在图7.6中观察红框和绿框区域，可以发现最小二乘法配准的图7.6(a)具有明显的辐射差异。矩匹配法调整的图7.6(b)和LMM法调整的图7.6(c)都有较好的配准效果，达到整体辐射一致。而矩匹配法在绿框的放大图上显示，调整后的影像比原始影像整体偏绿；而LMM法在红框的放大图上显示，调整后的影像比原始影像整体偏暗灰。这是因为LMM法考虑了影像的局部辐射特征，配准结果更好。

下面将分析区域大小对LMM辐射配准结果的影响。图7.7展示了LMM方法在不同大小的区域进行辐射配准的结果。图7.7中，使用不同大小的区域时，辐射配准的结果差异比较显著。当区域的宽度为3行时，配准后出现条带现象，如图7.7(a)所示；区域的

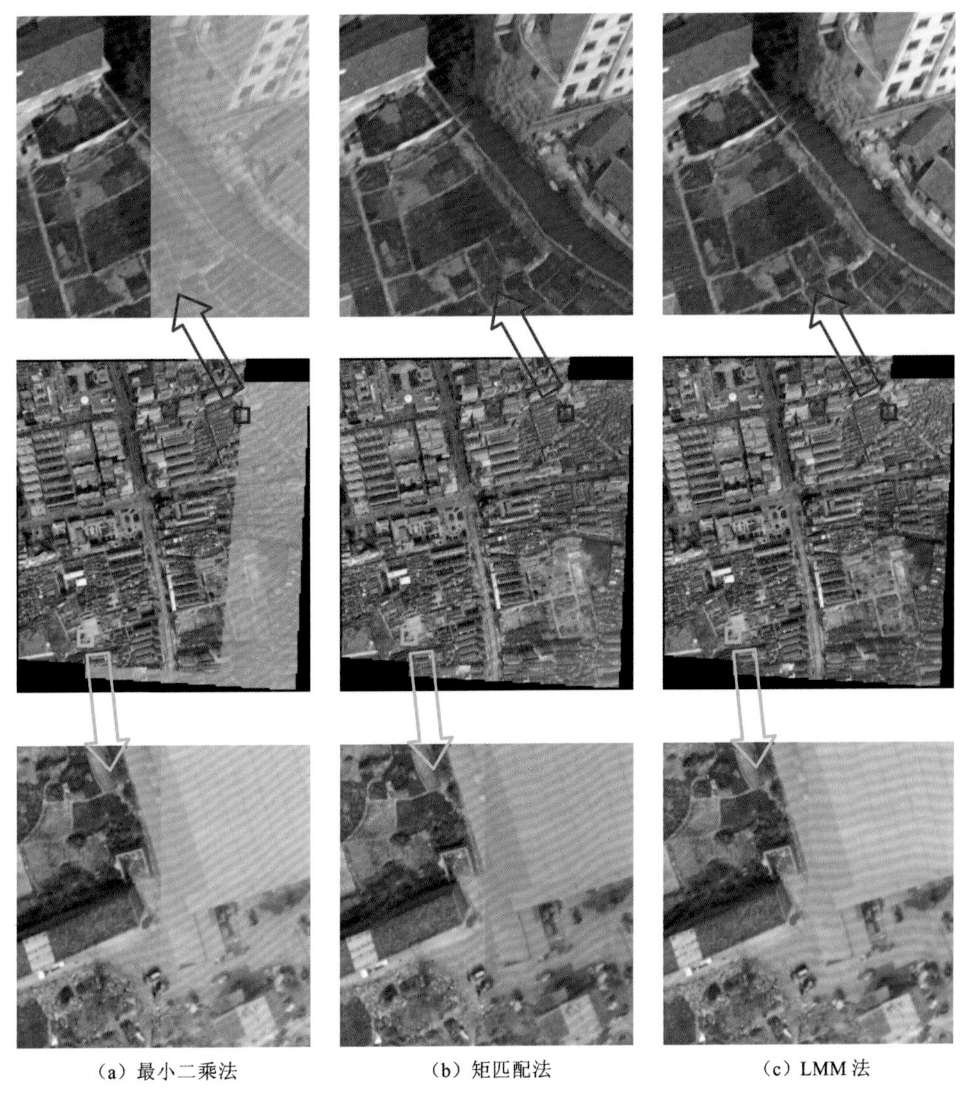

(a) 最小二乘法　(b) 矩匹配法　(c) LMM 法

图 7.6　辐射配准结果

宽度为 11 行时，条带现象已经减弱，如图 7.7(b)所示；宽度为 21 行时已经基本上看不到横条纹现象，如图 7.7(c)所示；而宽度为 31 行的结果相对 21 行的结果没有明显差异，如图 7.7(d)所示。究其原因，因为拍摄角度不同，影像几何校正以后，在相同地理坐标位置上的地物并非完全相同。当区域宽度为 3 行($R=1$)时，两幅影像行与行的相关性较差，相邻行的调整容易出现不连续性，也就是如图 7.7(a)里出现的条带现象。当 R 增大时，区域的范围增大，相关性变强，条带现象就减弱。实验表明当 R 超过一定值时，再继续增大，配准结果的视觉效果改善不大。总的来说，辐射配准的效果，与原始数据的大小、相邻影像的灰度差异大小及重叠程度大小都有关系。通过多组实验，建议使用 $10\leqslant R\leqslant 20$ 宽度的区域进行辐射配准。

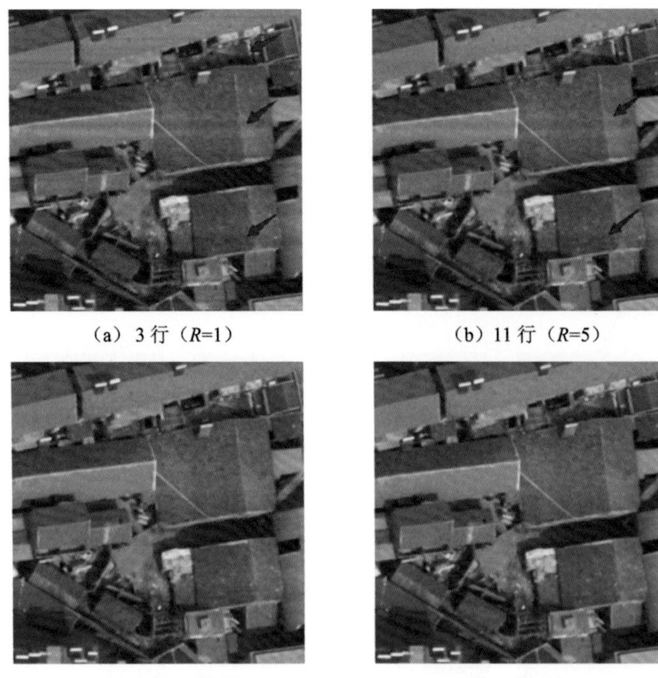

(a) 3行(R=1)　(b) 11行(R=5)

(c) 21行(R=10)　(d) 31行(R=15)

图 7.7　LMM 辐射配准结果(区域大小不同)

7.3　接缝线计算与查找

由于地面环境的微小变化、成像角度不同等因素的影响,镶嵌影像在拼接边界附近的灰度差异经常不可避免。寻找影像差异最小的部分,将其作为最佳拼接分界线可以有效减小这种差别。拼接分界线也被叫做接缝线,它与镶嵌影像中地物完整性和辐射一致性密切相关。对中低分辨率遥感影像进行镶嵌时,一般根据影像中地物的几何关系选取重叠区中间线、对角线或者角平分线作为接缝线即可。然而,高分辨率影像细节丰富、纹理清晰,如果仍然采用直线作为接缝线,当其穿过建筑物等地物内部时就会造成明显的空间错位,因此需要选择一条绕着地物边缘的最佳接缝线(曲线)。已有学者提出,最佳接缝线应满足两个条件:在这条线上,相邻影像的辐射差异最小;结构、纹理差异最小(Duplaquet,1998)。本节将介绍几种常见的接缝线查找方法,并重点介绍一种自动分段动态规划查找方法(APDP)(Li et al.,2015)。

7.3.1　接缝线查找的基本方法

1. 基于 Dijkstra 的接缝线查找

Dijkstra 最短路径算法是代表性的单源最短路径算法,它以初始点为中心,层层往外扩展直至终点，而寻找一条最短路径。这一思想，可以用于寻找最优接缝线（Davis，1998；Dijkstra，1959）。

设 $D=(U,A,\omega)$ 是一个非负权网络，$U=(u_1,u_2,\cdots,u_n)$ 是节点序列，A 是路径序列，ω 是路径长度，则 D 中最短路径 $(u_i,u_j)\in A$ 满足方程（张福浩 等，2004；秦昆 等，2002）：

$$\begin{aligned} &u_1=0 \\ &u_j=\min(u_k+w_{kj}),\quad j=2,3,\cdots,n \end{aligned} \tag{7.31}$$

如果 D 中的顶点 u_1 到其余各顶点最短路径按照大小排序为：$u_{i1}\leqslant u_{i2}\leqslant\cdots\leqslant u_{in}$。这里 $i_1=1$，$u_{i1}=0$，则由式(7.31)可得

$$\begin{aligned} u_{ij}&=\min_{k\neq j}\{u_{ik}+w_{ikij}\} \\ &=\min\{\min_{k<j}\{u_{ik}+w_{ikij}\},\min_{k>j}\{u_{ik}+w_{ikij}\}\},\quad j=2,3,\cdots,n \end{aligned} \tag{7.32}$$

当 $k>j$ 时，$u_{ij}>u_{ik}$，且 $w_{ikij}>0$，从而：

$$u_{ij}\leqslant u_{ik}+w_{ikij} \tag{7.33}$$

即

$$u_{ij}\leqslant\min_{k>j}\{u_{ik}+w_{ikij}\} \tag{7.34}$$

所以：

$$u_{ij}=\min_{k<j}\{u_{ik}+w_{ikij}\} \tag{7.35}$$

容易证明：

$$\begin{aligned} &u_{i1}=0 \\ &u_{ij}=\min_{k<j}\{u_{ik}+w_{ikij}\} \end{aligned} \tag{7.36}$$

的解 $(u_{i1},u_{i2},\cdots,u_{in})$ 中的 u_{ij} 是 D 中最短路径长度，$j=1,2,3,\cdots,n$。

图 7.8 是一个从 A 到 D 简单的网络，根据各点之间的关系和距离，可以计算其对应的距离矩阵和邻接矩阵，在此基础上用 Dijkstra 算法来计算从 A 到 D 的最短路径（秦昆 等，2002），用着色法表示：

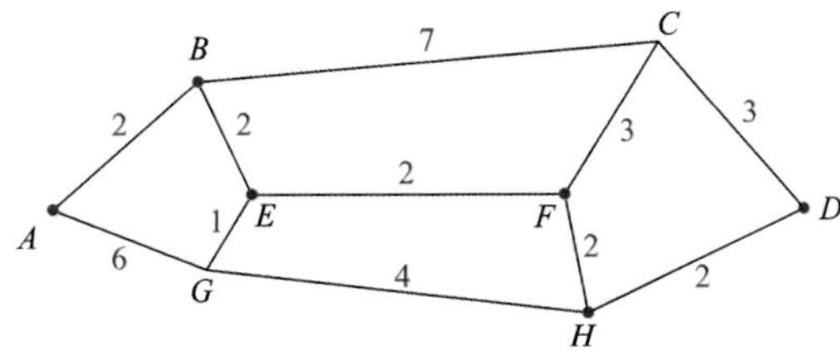

图 7.8　带权路径图

第一步，A 着色（如图 7.8 红色小点所示），令 $d(\cdot)$ 表示路径长度，$d(A)=0$，$d(D)=\infty$。

第二步，设 y 表示每一步的起点，$y=A$，$d(B)=2$ 为最小，对 B 着色（如图 7.8 红色小点所示）：

$$d(B)=\min(d(B),d(A)+a(A,B))=\min(\infty,0+2)=2 \tag{7.37}$$

$$d(G)=\min(d(G),d(A)+a(A,G))=\min(\infty,0+6)=6 \tag{7.38}$$

第三步，$y=B$，$d(E)=4$ 为最小，对 E 着色（如图 7.8 红色小点所示）：

$$d(E)=\min(d(E),d(B)+a(B,E))=\min(\infty,2+2)=4 \tag{7.39}$$

$$d(C)=\min(d(C),d(B)+a(C,E))=\min(\infty,2+7)=9 \tag{7.40}$$

第四步，$y=E$，$d(G)=5$ 为最小，对 G 着色（如图 7.8 红色小点所示）：

$$d(G)=\min(d(G),d(E)+a(E,G))=\min(6,4+1)=5 \tag{7.41}$$

$$d(F)=\min(d(F),d(E)+a(E,F))=\min(\infty,4+2)=6 \tag{7.42}$$

第五步，$y=G$，$d(H)=9$ 为最小，对 H 着色（如图 7.8 红色小点所示）：

$$d(H)=\min(d(H),d(G)+a(G,H))=\min(\infty,5+4)=9 \tag{7.43}$$

第六步，$y=H$，$d(F)=6$ 为最小，对 F 着色（如图 7.8 红色小点所示）：

$$d(D)=\min(d(D),d(G)+a(H,D))=\min(\infty,9+2)=11 \tag{7.44}$$

$$d(F)=\min(d(F),d(H)+a(H,F))=\min(6,9+2)=6 \tag{7.45}$$

第七步，$y=F$，$d(H)=8$ 为最小，对 H 着色（如图 7.8 红色小点所示）：

$$d(C)=\min(d(C),d(F)+a(F,C))=\min(9,6+3)=9 \tag{7.46}$$

$$d(H)=\min(d(H),d(F)+a(F,H))=\min(9,6+2)=8 \tag{7.47}$$

第八步，$y=H$，$d(D)=10$ 为最小，对 D 着色（如图 7.8 红色小点所示），完成后停止运算。

$$d(D)=\min(d(D),d(H)+a(H,D))=\min(\infty,8+2)=10 \tag{7.48}$$

那么从 A 到 D 的最短路径就是 10。

从上述例子可以看出，利用 Dijkstra 算法来对重叠区提取最短路径时，需要存储每个点的邻接矩阵和距离矩阵。例如，对 n 个节点的网络，就需要 $n\times n$ 的数组来存储，那么对于一个 1 000 像素×1 000 像素的重叠区，就需要用到 1 M×1 M 的存储空间。对于数据量较大的高分辨率遥感影像，所需的空间太大，算法效率也很低，难以满足生产的需要（Chon et al.，2004）。

2. 基于对称动态轮廓模型的接缝线查找

Kerschner(2001)提出利用对称动态轮廓模型(twin snakes)查找影像镶嵌的接缝线。在该方法中，能量函数的最小化运动方向控制着轮廓线位置的改变方向和形状（方亚玲 等，2007）。最小能量函数对应的轮廓线就是最佳接缝线的位置（金雪军 等，2006）。能量函数由三个特征项构成：内部能量 E_{int}、光度能量 E_{pho} 及外部能量 E_{ext}，三者相互协作进行工作。

对称动态轮廓模型是在动态轮廓模型基础上衍生出的一种最优轮廓线检测方法，动态地提取地物线性特征。它首先根据影像特征，给出曲线形状初始位置的估计，然后不断地进行迭代运算，得到轮廓线的最终形状。

轮廓线 $v(s)$ 可以用公式 $v(s)=(x(s),y(s))$ 来描述，其中，s 为曲线的弧长，则能量公式可以用如下公式表示(方亚玲 等,2007)：

$$E_{\text{snake}}^{*}=\int_{0}^{1}E_{\text{snake}}(v(s))\mathrm{d}s=\int_{0}^{1}(E_{\text{int}}(v(s))+E_{\text{pho}}(v(s))+E_{\text{ext}}(v(s)))\mathrm{d}s \tag{7.49}$$

内部能量由曲线的一阶导数和二阶导数两项组成：

$$E_{\text{int}}=\frac{\alpha\left|v'(s)\right|^{2}+\beta\left|v''(s)\right|^{2}}{2} \tag{7.50}$$

1990 年 Amini 等首次将其引入到动态编程中，主要的改进方法是：将动态轮廓线模型离散网格化，转换到像元坐标系统中(曹远星 等,2006；Amini et al.,1990)。动态轮廓线由原来的曲线形式转换为多边形的形式 $v_i=(x_i,y_i)$，能量函数公式也相应的离散化：

$$E_{\text{snake}}^{*}=\sum_{i=0}(E_{\text{int}}(v_i)+E_{\text{pho}}(v_i)+E_{\text{ext}}(v_i)) \tag{7.51}$$

离散化的方程可以被应用到栅格影像上，用于检测栅格影像上的轮廓线。图 7.9 是基于对称动态轮廓模型查找最佳接缝线的过程。

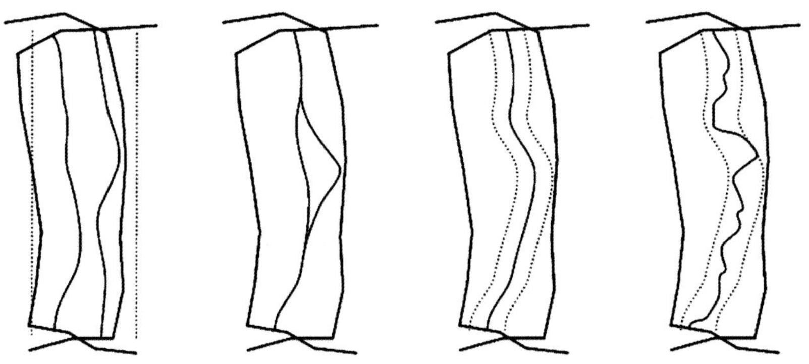

(a) 对称轮廓线初始位置　(b) 迭代更新后位置　(c) 局部极值且距离最近　(d) 一条最佳接缝线

图 7.9　基于对称动态轮廓模型查找最佳接缝线(Kerschner,2001；Korel et al.,1988)

以两幅影像左上-右下的位置关系为例简述操作步骤(Kerschner,2001)。

(1) 根据影像的地理信息，确定相邻影像的重叠区域。

(2) 将影像由 RGB 空间转换到 IHS 空间，利用影像辐射、纹理差异信息确定对称轮廓线的初始位置[图 7.9(a)]。

(3) 当两条轮廓线同时达到局部极值时，求出两条轮廓线之间的距离。如果距离较远，则比较平均能量值。修改能量较大的轮廓线位置[图 7.9(b)]。重复进行以上步骤，直到两条轮廓线之间的距离达到期望值以内[图 7.9(c)]。

(4) 在两条轮廓线距离最近的地方，将其合并为一条轮廓线。这样就找到连接两个已知端点最佳接缝线的位置[图 7.9(d)]。

3. 基于动态规划的接缝线查找

动态规划(dynamic programming)是运筹学的一个分支,是求解决策过程(decision process)最优化的数学方法(Efros et al.,2015)。在影像拼接中为避免产生明显的拼接缝隙,理论上接缝线应该穿过重叠区域最相似的地方。最佳接缝线被定义为(Fonseca et al.,1996):①在该接缝线上两者的亮度值之差为所有接缝线中最小;②该接缝线上两者的几何结构最相似,即几何结构差最小。

能够同时满足这两项条件的接缝线并不一定存在,应该寻找尽量满足这些条件的接缝线。Duplaquet认为最可能避免产生明显拼接缝隙的情况是,接缝线穿过相邻影像灰度最相似的地方,或者沿着共同的自然边界。基于此,他提出一种基于动态规划的寻找最佳接缝线的方法(Duplaquet,1998),求解算法如下:

$$E(x,y)=E_{\mathrm{dif}}(x,y)-\lambda E_{\mathrm{edge}}(x,y) \tag{7.52}$$

式中:

$$E_{\mathrm{dif}}=\frac{1}{N_V}\sum\left|I_1(x+i,y+i)-I_2(x+i,y+i)\right| \tag{7.53}$$

$$E_{\mathrm{edge}}(x,y)=\min(g_1(x,y),g_2(x,y)) \tag{7.54}$$

式中:$E_{\mathrm{dif}}(x,y)$、$E_{\mathrm{edge}}(x,y)$分别为影像的灰度差异和几何结构差异;I_1、I_2分别为两幅影像在对应像素上的亮度值;N_V为在该像素附近一个V大小的矩形框内像素个数;g_1、g_2分别为两幅影像里垂直与水平方向的梯度和;λ为可以自定义的权重系数,一般情况下亮度与几何结构采用相同的比重。

7.3.2 自动分段动态规划接缝线查找方法

Duplaquet的动态规划接缝线查找方法虽然可以找到比较合适的接缝线,但是可能会使原始影像的部分边界成为拼接缝;其次利用灰度差、一阶梯度分别代表灰度差异、几何结构差异,约束力度还不够,导致结果不一定最优;另外,接缝线查找的误差会不断累积,即一旦接缝线查找的位置不合理,查找的过程不会终止。

为了改善以上问题,Li等(2015)提出自动分段动态规划接缝线查找方法(automatic piecewise dynamic program,APDP),其改进主要集中在以下三个方面:①在查找过程中,充分顾及接缝线的位置与相邻影像的位置关系(Pan et al.,2009)。例如,图7.10(a)影像的位置为左上-右下时,最佳接缝线的两端为重叠区域的右上顶点和左下顶点,从而避免部分边界成为接缝线。②采用分段的方式查找接缝线,以减小查找的误差累积。③配合分段查找,改进计算接缝线查找代价的计算公式。

主要利用两个因素的阈值分段:每一段接缝线的长度阈值TL和当前像素点的查找代价TN。如图7.11所示的分段查找过程,在sp00左右等距离范围内选取适量的点作为接缝线查找起点(sp00～sp04);在各个起点上,向左、右、左下、下、右下查找接缝线

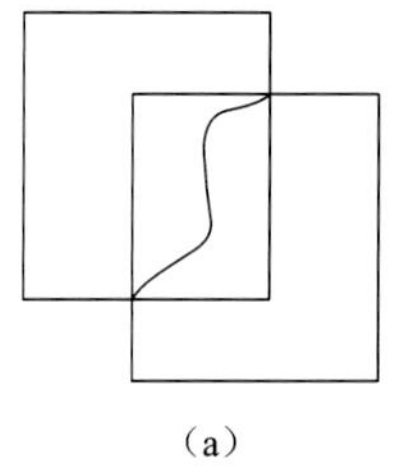
(a)

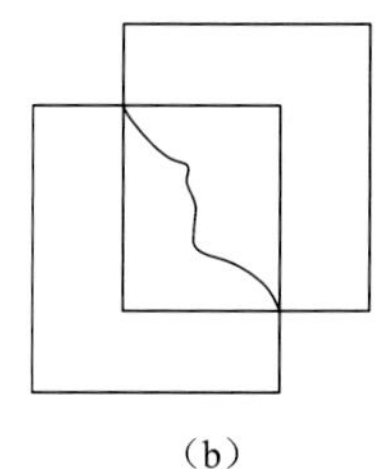
(b)

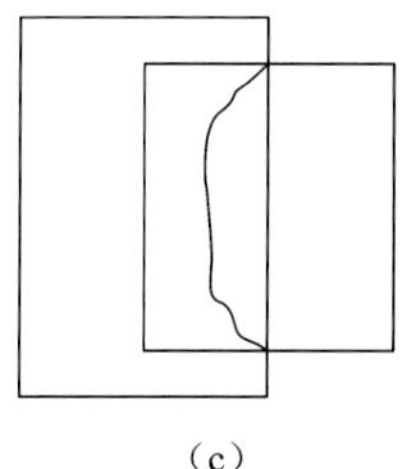
(c)

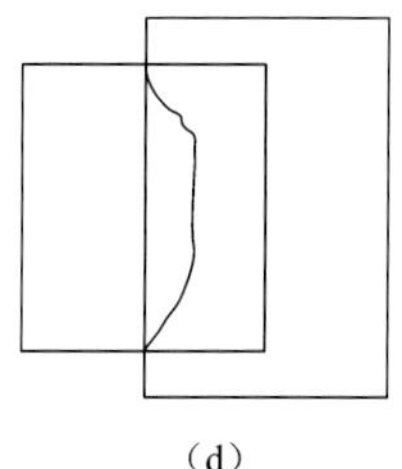
(d)

图 7.10　影像位置关系

(Xing et al.,2010);当接缝线的长度或当前像素点上查找的代价达到所设定的阈值,结束这段接缝线。在当前不同起点(sp00～sp04)的接缝线当中,选取一条最长且平均查找代价最小的作为这一段的最佳接缝线。然后以这个最佳接缝线的终点作为下一段最佳接缝线查找的起始点 sp10。在 sp10 左右等距离范围内选取适量的点(sp10～sp15)作为新的接缝线查找起点。重复前面的步骤直到重叠区域的底端。将每一段最佳接缝线连接起来,就是所查找的最佳接缝线(红色栅格构成的线为最佳接缝线,如图 7.11 所示)。

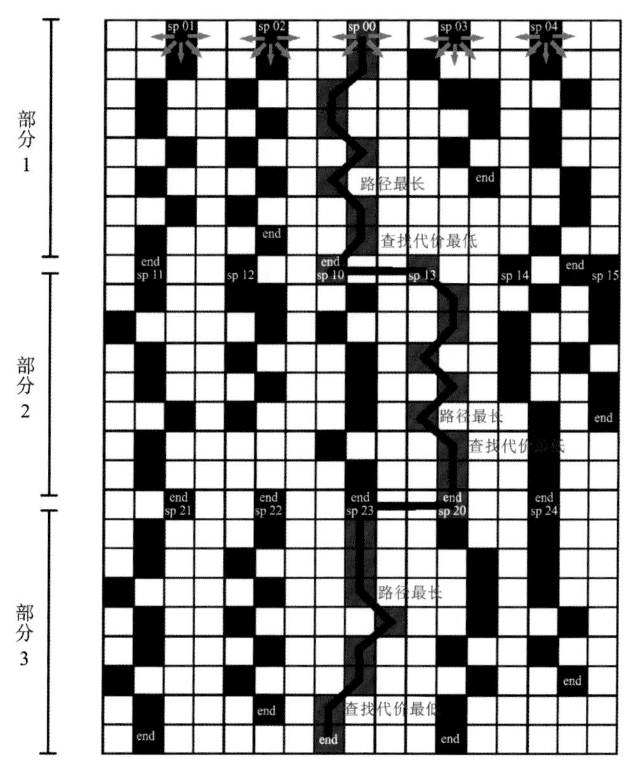

图 7.11　接缝线分段查找示意图

以重叠区域第一行的各点为接缝线查找起点,设 N_s 是每条接缝线对应的平均查找代价。重叠区域内最长及具有最小平均查找代价的接缝线为最佳接缝线。N_{op} 和 L_{op} 分别为最佳接缝线的平均查找代价及长度。用以下公式来求解最佳接缝线:

$$N_s = \sum_{k=1}^{L_s} \min(N_{dmk}^s + N_{emk}^s + N_{gmk}^s)/L_s, \quad m=0,1,2,3,4 \quad s=1,2,\cdots,Z_h$$
$$N_{op} = \min(N_s)$$
$$L_{op} = \max(L_s) \tag{7.55}$$

式中：

$$N_{dmk}^s(i_{mk}^s, j_{mk}^s) = \frac{1}{(2X+1)(2Y+1)} \sum_{x=-X}^{X} \sum_{y=-Y}^{Y} |g(i_{mk}^s + x, j_{mk}^s + y) - \hat{f}(i_{mk}^s + x, j_{mk}^s + y)|$$
$$N_{gmk}^s(i_{mk}^s, j_{mk}^s) = \min(\text{grad}_{u_c}(i_{mk}^s, j_{mk}^s), \text{grad}_{\hat{u}_a}(i_{mk}^s, j_{mk}^s))$$
$$N_{emk}^s(i_{mk}^s, j_{mk}^s) = \sum_{t=1}^{8} |G_t(i_{mk}^s, j_{mk}^s)| \tag{7.56}$$

且：

$$G_t(i_{mk}^s, j_{mk}^s) = (u_c(i_{mk}^s, j_{mk}^s) - \hat{u}_a(i_{mk}^s, j_{mk}^s)) \times \text{Sobel}_t \tag{7.57}$$

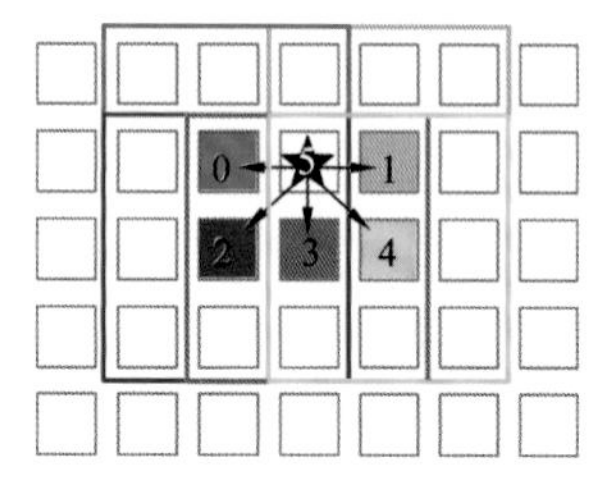

图 7.12 最佳接缝线的查找方向

对于接缝线上每一个像素点(i_k^s, j_k^s)都有一组对应的点(i_{mk}^s, j_{mk}^s)。如图 7.12 所示，点 5 是接缝线上当前点，0～4 是左、右、左下、下、右下五个查找方向上的备选点。对点(i_{mk}^s, j_{mk}^s)计算查找代价，具有最小代价的点将成为接缝线上的下一个像素点。N_d 是点(i_{mk}^s, j_{mk}^s)周围$(2X+1)(2Y+1)$的空间内灰度均值，代表灰度差异。N_e 是点(i_{mk}^s, j_{mk}^s)周围八邻域内的 sobel 算子的梯度和，代表点周围的几何结构(Xing et al.,2010)。N_g 是点(i_k^s, j_k^s)与点(i_{mk}^s, j_{mk}^s)之间的一阶梯度关系，代表接缝线上当前点与备选点之间的梯度变化。$G(i_k^s, j_k^s)$是 sobel 梯度算子在一个方向上的梯度。Sobel_t 是一个方向上的 sobel 梯度算子(Gonzalez et al.,2007)。grad_{u_c} 和 $\text{grad}_{\hat{u}_a}$ 分别是影像 u_c 和 $\hat{u}_a$ 上，点(i_k^s, j_k^s)与点(i_{mk}^s, j_{mk}^s)之间的一阶梯度。$\min(a,b)$和 $\max(a,b)$分别代表 a 和 b 之间的较小值和较大值。

如图 7.13 所示，分段动态规划的接缝线查找步骤如下。

(1) 以重叠区域第一行的所有点为起始点，向着图 7.12 所示的五个方向查找接缝线，选择具有最小平均查找代价 N_s 的点为接缝线上的下一个像素点。如此循环直到重叠区域的底端。在所有这些能够到达重叠区域底端的接缝线当中，选取平均查找代价 N_s 最小的作为初步的最佳接缝线。记录下起点$(u,0)$，作为分段查找接缝线的起始点(u,c)。

(2) 以(u,c)为中点，向它的左右等距离选取 10 个点，作为新的起始点。每一个起始点，向五个方向查找，选择具有最小平均查找代价 N_s 的点为接缝线的下一个像素点。当查找代价超过设定的阈值 TN，或者是当前接缝线的长度已经超过设定的阈值 TL 时，当前接缝线的查找结束。在所有接缝线中选取平均查找代价 N_s 最小的作为这一段的最佳接缝线，并记录下这段最佳接缝线的终点。

(3) 以上一步中记录的终点为起始点，在它的左右等距离选取 10 个像素点，作为新

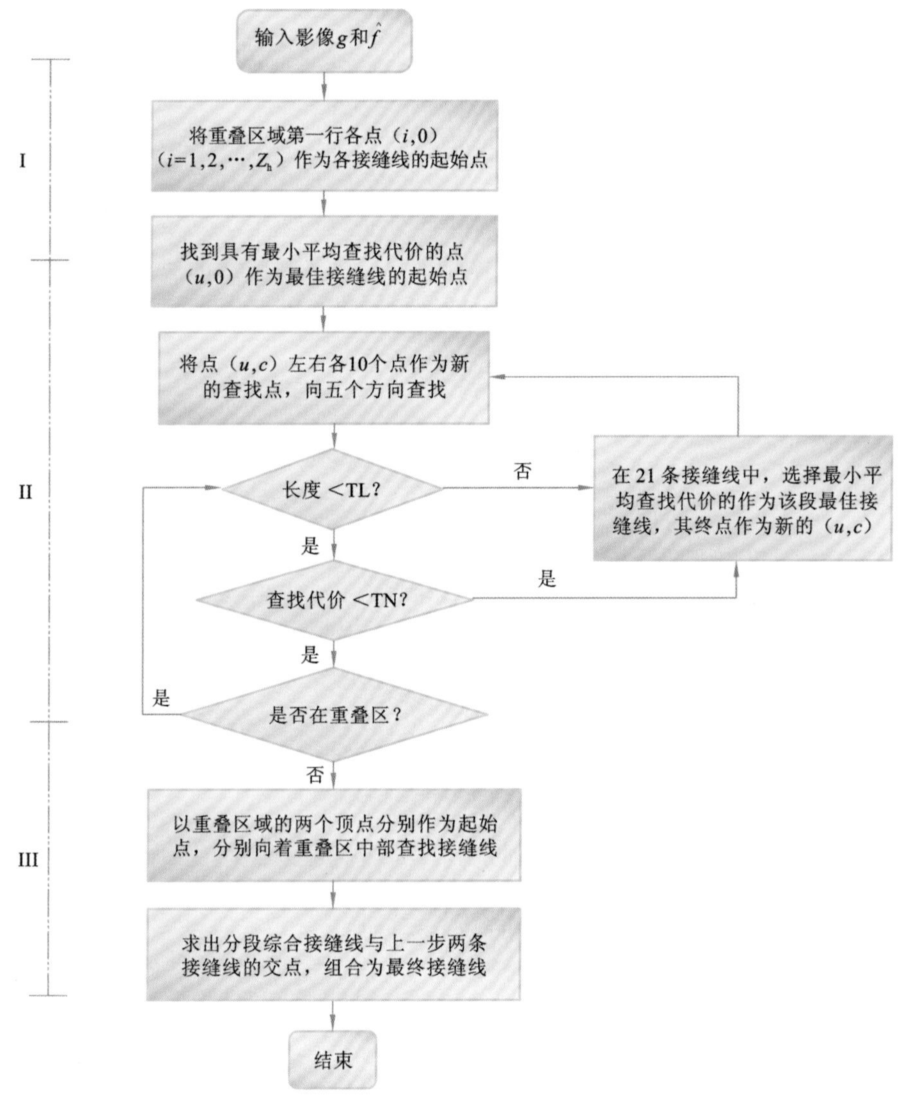

图 7.13　分段查找接缝线流程图

的起始点。重复步骤(2)，逐段查找最佳接缝线，直到重叠区域的底端。将所有段的最佳接缝线连接起来，形成一条完整的接缝线。

(4) 由于图 7.10 所示的影像位置关系对接缝线的影响，以重叠区域的左下顶点作为起始点，向右边、右上、上方这三个方向查找接缝线，并求出该接缝线与前面分段查找最佳接缝线的交点。以重叠区域的右上顶点作为起始点，向左边、左下、下方三个方向查找接缝线，求出该接缝线与前面分段查找最佳接缝线的交点。将这三部分的接缝线连接起来形成最终的接缝线。

7.3.3 接缝线查找实验

本节将 APDP 方法与基于动态规化的接缝线查找方法、Info Orthovista 软件接缝线查找方法进行对比分析。由于相邻影像的位置关系影响接缝线的位置，APDP 方法的最终接缝线由三个部分组成：第一部分自重叠区域左上或者右上顶点发出；第二部分是在大致竖直的方向查找最佳接缝线；第三部分是自重叠区域左下或者右下顶点发出。基于动态规化查找的接缝线相当于 APDP 方法查找接缝线的第二部分，其结果如图 7.14(a)所示。为了进行公平对比，在图 7.14(b)中给出了 APDP 方法查找接缝线第二部分的结果。

(a) 基于动态规化查找的接缝线

(b) APDP 方法在竖直方向的查找结果

图 7.14 不同方法的接缝线查找结果

基于动态规化查找的接缝线在整体上近似竖直，并且穿越大面积复杂的区域。它穿过了建筑物，容易在接缝线两侧出现明显的错位，因此它不是最佳的接缝线[图 7.14(a)]。APDP 方法在竖直方向的查找结果，基本上沿着影像上的一条主干道路，是一条非常好的接缝线[图 7.14(b)]。APDP 方法向左、右、左下、下、右下五个方向查找，使用分段的方式查找，利用分段长度及接缝线查找代价来控制每一段接缝线，从而减小接缝线的累积误差。

下面将进一步分析 APDP 算法查找最佳接缝线的结果。N_d 代表当前像素八邻域内两幅影像灰度差均值。N_g 是当前像素八邻域内基于 sobel 梯度算子的梯度总和，其值越小，代表周围的区域越平坦。N_e 是当前像素与五个查找方向上各个像素点一阶梯度的最小值，其值代表两个像素之间的变化越小。下面将具体分析 N_d、N_e、N_g 及三者的任意组合对结果的影响。

图 7.15(a)～(c)依次是单独使用 N_d、N_e、N_g 查找最佳接缝线的结果。图 7.15(a)查找最佳接缝线的指标只有 N_d，接缝线穿过了影像中偏右下方的一块裸地，但是在上面区域穿过了很多建筑物。图 7.15(b)的查找指标只有 N_e，表征当前像素附近区域几何结构的复杂程度，接缝线能够在大部分区域沿着一条主干道，少部分区域穿过建筑物。图

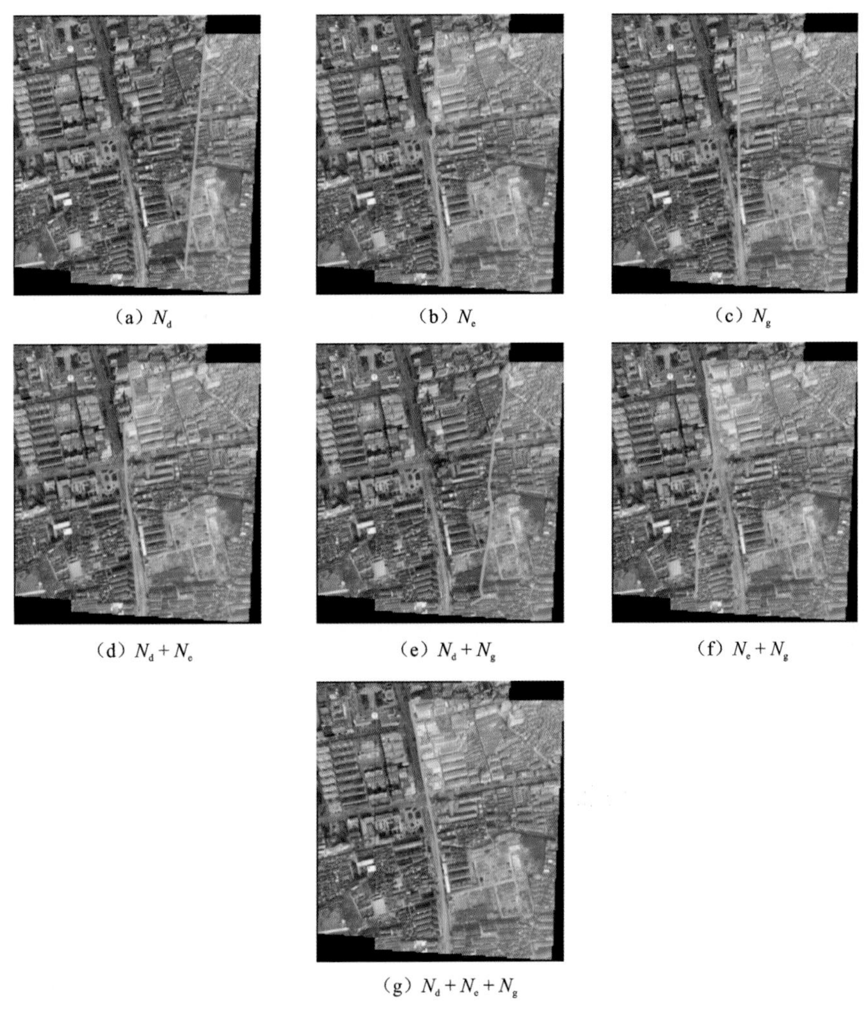

(a) N_d　(b) N_e　(c) N_g

(d) N_d+N_e　(e) N_d+N_g　(f) N_e+N_g

(g) $N_d+N_e+N_g$

图 7.15　N_d、N_e、N_g 不同组合的分段接缝线查找结果(未经辐射配准)

7.15(c)的查找指标是 N_g，代表接缝线在相邻像素间的变化情况，但是单独使用的时候没有表现出优越性。对比这三幅影像，可以发现单独使用 N_d、N_e、N_g 时均不能找到很合适的接缝线。不过，在一定程度上也反映了它们对接缝线走势的影响。图 7.15(d)～(f)是分别使用两项组合来进行最佳接缝线查找的结果。图 7.15(d)、图 7.15(e)的结果分别与图 7.15(b)、图 7.15(a)的结果很相近，图 7.15(f) N_e+N_g 的查找结果在后半部分不太好。图 7.15(g)将三项组合使用，接缝线就能准确沿着道路，表明 N_d、N_e、N_g 三项各自对接缝线都有一定的约束，组合起来作为查找准则对接缝线有很强的约束力，可以使接缝线能够尽量沿着最平坦的区域。

图 7.15 是直接在没有辐射配准的影像上查找接缝线，那么如果对辐射配准后的结果进行查找接缝线又是如何呢？这就是下面实验讨论的内容。图 7.16(a)单独使用 N_d 就

查找到比较合适的接缝线，这是因为两幅影像辐射相近的时候，灰度变化最小的区域也是较平坦区域。图 7.16(b)使用 N_e 查找的接缝线虽然穿过了建筑区，但是基本上都沿着建筑物边缘。当影像重叠区内没有合适的完整平坦区域时，沿着楼房、汽车等地物边缘，也能够在很大程度上减少接缝线两侧影像的结构差异，并且影像的辐射差异越小，sobel 梯度算子对沿着地物自然边界的优越性就越明显。图 7.16(c)是单独使用 N_g 作为查找准则，在前后两组实验中都没有比较满意的结果。N_g 表征接缝线上当前点与五个查找方向下一个像素点的一阶梯度，用于查找灰度变化平缓的地区。虽然单独使用效果不佳，但是与其余项组合起来还是起到一定作用。图 7.16(d)～(f)两项组合的实验结果与上一组实验一样都没有得到满意的接缝线。图 7.15(g)和图 7.16(g)都查找到了很合适的接缝线，说明 APDP 方法对于辐射差异较大，或者辐射接近的影像都有很好的效果。

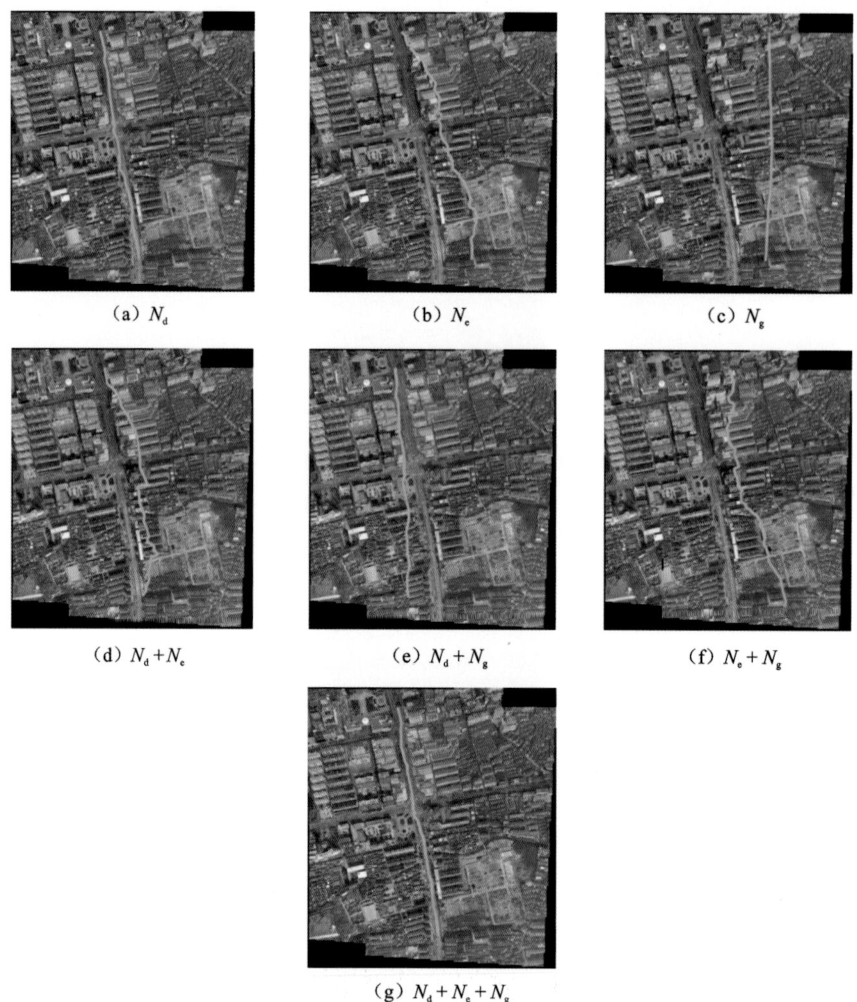

(a) N_d　(b) N_e　(c) N_g

(d) N_d+N_e　(e) N_d+N_g　(f) N_e+N_g

(g) $N_d+N_e+N_g$

图 7.16　N_d、N_e、N_g 不同组合的分段接缝线查找的结果(LMM 辐射配准后)

用软件 Info Orthovista 查找接缝线的结果与 APDP 方法查找接缝线的结果对比如图 7.17 所示。图 7.17(a)和图 7.17(b)分别是软件 Info Orthovista 查找的接缝线和 APDP 方法的最终接缝线。整体上看,两幅影像上接缝线的位置很相似。但是,Info Orthovista 的接缝线沿着道路的边缘,在部分区域会穿过路边地物,如图 7.17(c)所示。APDP 方法所查找到的接缝线几乎都沿着道路中间部分,如图 7.17(d)所示。对比细节可以发现,APDP 方法能找到更合适的接缝线。

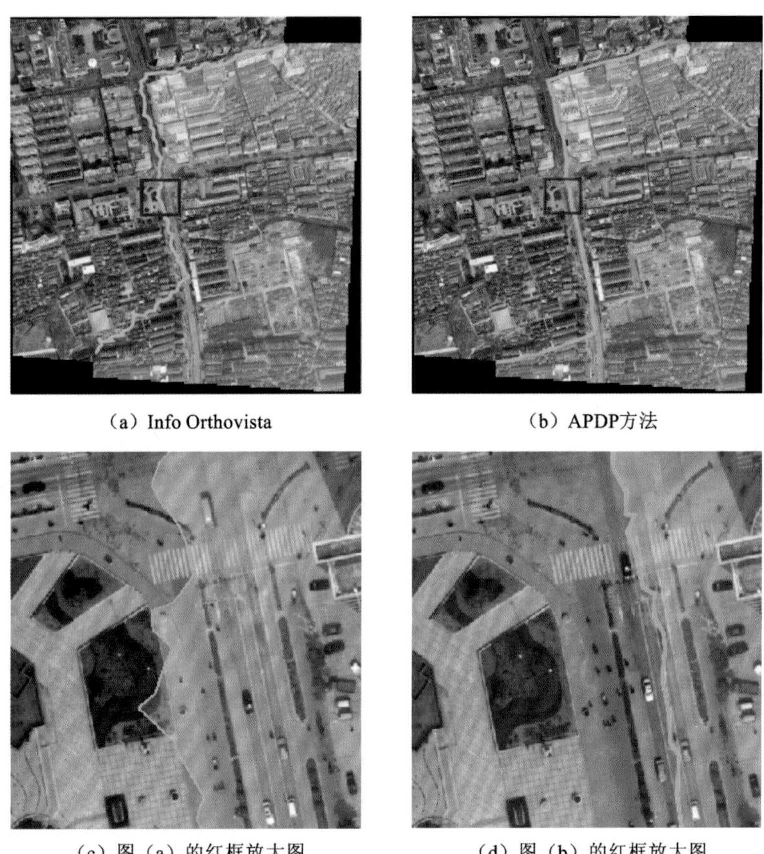

(a) Info Orthovista　　(b) APDP方法

(c) 图 (a) 的红框放大图　　(d) 图 (b) 的红框放大图

图 7.17　Info Orthovista 与 APDP 查找接缝线的结果

7.4　羽化校正

在接缝线查找的基础上,最后一步就需要进行接缝线消除(王军,2011;Peleg,1981),也称为羽化校正,主要目的就是使接缝线附近的亮度能够平滑过渡,目视上看不出拼接的痕迹。下面将介绍几种常用的羽化校正方法,并重点阐述基于余弦反距离加权的方法(CDWB)(Li et al.,2015)。

7.4.1 羽化校正基本方法

1. 强制改正方法

朱述龙(2004)提出遥感影像接缝线强制改正算法，在接缝线两侧一定范围内将灰度差异强制消除。该算法比较简单，其基本思想是，对于影像上每一小段的接缝线，如果是竖直方向的，则统计它左右两侧一定宽度内的灰度差，然后将灰度差按照距离计算权重，重新分配到统计的宽度内；同样，如果该线段是水平方向的，则统计线段上下一定宽度范围内的灰度差，重新分配。

以图 7.18 为例，对接缝线 $abcdef$ 上的每一个斜线段进行方向判别，当 $|y_b-y_a|/|x_b-x_a|\leqslant 1$ 时，该线段为水平方向，反之当 $|y_b-y_a|/|x_b-x_a|>1$ 时，就认为这段接缝线是垂直方向的。

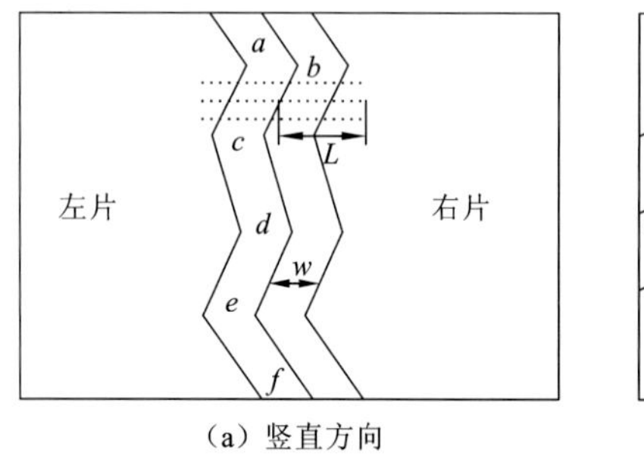

(a) 竖直方向

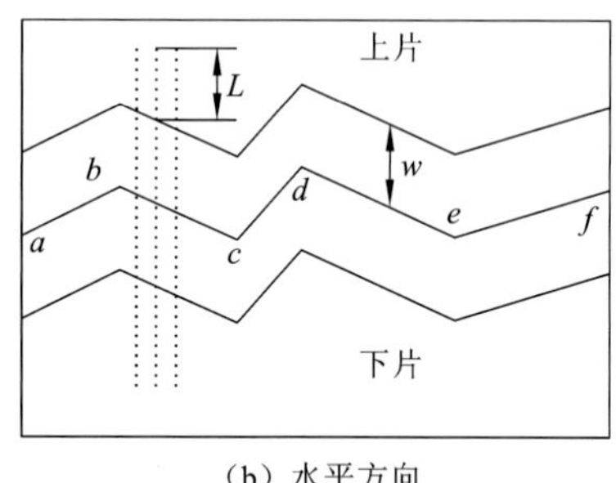

(b) 水平方向

图 7.18 强制改正方法(朱述龙，2004)

以图 7.19(a)为例，裁剪线呈竖直方向，则对线段左右宽度为 L 的区域进行强制修正后得到图 7.19(b)。具体方法为统计裁剪线左右宽度 L 以内的灰度差 Δg，然后根据 L 以内各像素点到裁剪线的距离，计算权重，将灰度差 Δg 分配到裁剪线两侧 w 宽度内的区域。改正宽度 w 的大小与灰度差 Δg 成正比，Δg 越大，改正宽度 w 也越大。离裁剪线段越近的像点，灰度值被修改得越多，离裁剪线段越远的像点，灰度值被修改得越少。

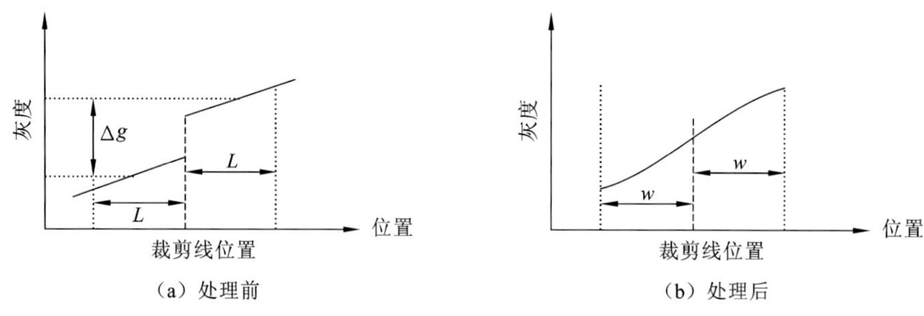

(a) 处理前 (b) 处理后

图 7.19 强制改正方法处理前后灰度差异(朱述龙，2004)

$$\Delta g' = \frac{w-d}{w} \times \Delta g \tag{7.58}$$

利用这种强制修改的方法，在影像辐射差异非常小的时候，效果较好。然而，它并没有充分利用重叠区，这是它主要的不足。其次，该方法不断地判断每一小段接缝线方向为水平或者竖直，理论上看似很严密，但是当栅格影像每一小段接缝线的方向在不断变化时，修改的位置也不断地在水平与竖直切换，就会造成缓冲区不连续的现象。

2. 基于小波变换的方法

基于小波变换的羽化校正方法的基本思想是：首先对相邻影像进行小波分解，根据不同频率选择相应的拼接宽度，在不同的宽度下拼接小波分量，再对分量进行重构，恢复拼接后的整个影像，最终实现接缝线的消除（董张玉，2011；林卉 等，2005）。

将影像 g 和 $\hat{f}$ 进行小波分解，它们的数据分别为 $C_g^0 = C_g^0(n,m)$、$C_{\hat{f}}^0 = C_{\hat{f}}^0(n,m)$，利用正交小波正变换算法，可以得到各小波分量如下（葛耀林，2011）：

$$(d_g^{11}, d_g^{12}, d_g^{13}), \cdots, (d_g^{N1}, d_g^{N2}, d_g^{N3}), C_g^N$$
$$(d_{\hat{f}}^{11}, d_{\hat{f}}^{12}, d_{\hat{f}}^{13}), \cdots, (d_{\hat{f}}^{N1}, d_{\hat{f}}^{N2}, d_{\hat{f}}^{N3}), C_{\hat{f}}^N$$

如图 7.20 所示，其中：d_g^{n1}、d_g^{n2}、d_g^{n3}、$d_{\hat{f}}^{n1}$、$d_{\hat{f}}^{n2}$、$d_{\hat{f}}^{n3}$ 为影像 g 和 $\hat{f}$ 第 n 层小波分解后的高频水平方向、垂直方向、对角方向的细节分量；C_g^N、$C_{\hat{f}}^N$ 是影像 g 和 $\hat{f}$ 第 n 层小波分解后的近似低频分量。

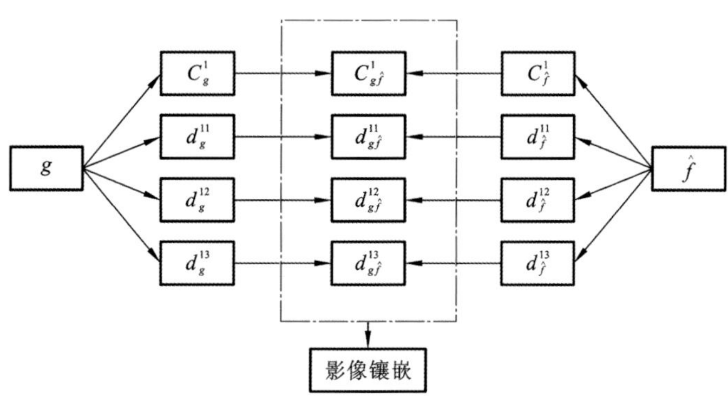

图 7.20　小波分解与重构

研究表明人眼对于高频分量更加敏感，因而对高频部分的处理尤其重要。假设重叠区内影像的空间域频率为 $W_{\min} \sim W_{\max}$，记 T_1 和 T_s 分别为 $W_{\min}$ 与 $W_{\max}$ 对应的波长，为使拼接后的影像不出现拼接缝，则灰度值修改的范围应不小于 T_1；同时，为了保持影像清晰度，修正的范围应该超过 $2T_s$。各层小波分量经过拼接以后，再利用重构函数把这些子影像组合起来就得到最终结果。

3. 反距离加权消除方法

反距离加权法是一种基于影像重叠区加权叠加的羽化校正方法，主要根据当前像素点到某一影像边界的距离与重叠区宽度的比重来计算权值。它是最方便快捷的一种方法，思路简单，容易实现，计算量也非常小。一般情况下，通过对接缝线两侧的重叠影像加权求和可以得到自然的过渡。而针对高分辨率遥感影像，常用的消除策略是将接缝线附近一定宽度的范围作为缓冲区，在该区域内消除接缝线，实现相邻影像的自然过渡。在缓冲区的外部邻域，选取邻近影像作为镶嵌影像的一部分。即在缓冲区以左，直接将左边影像作为镶嵌影像的一部分；在缓冲区以右，将右边影像作为镶嵌影像的一部分。在缓冲区内部，则使用加权叠加的方式求镶嵌后影像的灰度值。

图 7.21 中黄色矩形区域是影像的重叠区域，红色实线是最佳接缝线，蓝色虚线是缓冲区的边界，两条蓝色虚线之间是缓冲区。$P(i,j)$是缓冲区内任意一点，$P(i,j)$距离缓冲区左边界较近时，左边影像在点 $P(i,j)$的灰度所占比例就较大。$P(i,j)$距离缓冲区左边界较远时，左边影像在点 $P(i,j)$的灰度所占比例就较小。

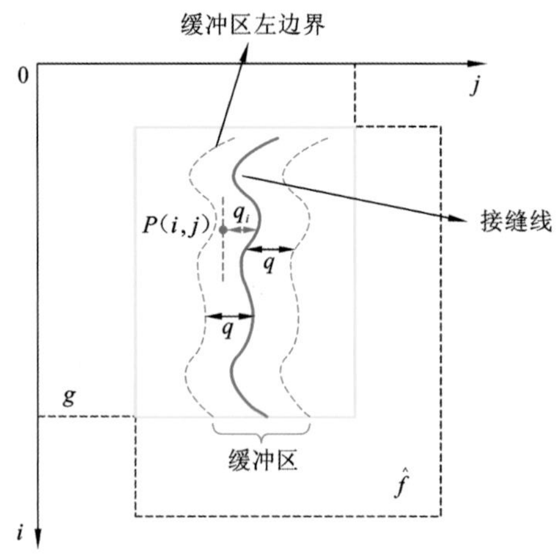

图 7.21 接缝线缓冲区

设 M 为拼接后的影像；$w_l(i,j)$ 和 $w_r(i,j)$分别为左右影像所占的权重，则有公式（付云洁，2013）：

$$M(i,j)=\begin{cases} g(i,j), & (i,j)\in g \\ w_l(i,j)\times g(i,j)+w_r(i,j)\times \hat{f}(i,j), & (i,j)\in (g\cap \hat{f}) \\ \hat{f}(i,j), & (i,j)\in \hat{f} \end{cases} \tag{7.59}$$

式中：

$$\begin{aligned} & w_l(i,j)+w_r(i,j)=1, \\ & 0\leqslant w_l(i,j),w_r(i,j)\leqslant 1 \end{aligned} \tag{7.60}$$

在接缝线左右宽度各为 q 的缓冲区内，对接缝线附近的任意一点 $P(i,j)$，到接缝线的距离为 q_i，则点 $P(i,j)$到缓冲区左边界的距离为 $q-q_i$，则反距离加权法的权值为

$$
\begin{aligned}
w_{\mathrm{r}}(i,j)&=\frac{q-q_i}{2q}\\
w_{\mathrm{l}}(i,j)&=1-\frac{q-q_i}{2q},\quad -q\leqslant q_i\leqslant q
\end{aligned}
\tag{7.61}
$$

例如，当 $P(i,j)$ 在缓冲区左边界上时，左边影像所占权重为 1，右边影像所占权重为 0。同理，当 $P(i,j)$ 在缓冲区右边界上时，右边影像所占权重为 1，左边影像所占权重为 0。伴随着距离 q_i 从 $-q$ 到 q 的改变，缓冲区内像素的灰度由左边影像逐渐过渡到右边影像，实现接缝线的消除（史金霞 等，2005）。

7.4.2　基于余弦反距离加权的方法

基于余弦反距离加权（cos ine distance weighted blending，CDWB）的方法是 Li 等（2015）在上述反距离加权的基础上，提出的一种基于余弦曲线的权值计算方法，实现接缝线附近缓冲区内灰度的平滑过渡。

根据前文内容，可知左右两幅影像的权值需要满足 $w_{\mathrm{l}}(i,j)+w_{\mathrm{r}}(i,j)=1$ 和 $0\leqslant w_{\mathrm{l}}(i,j),w_{\mathrm{r}}(i,j)\leqslant 1$ 这两个条件，接缝线消除就是要在缓冲区内实现权值从 0 到 1 的平滑过渡。余弦曲线能够满足这种连续性的变化，同时在两端处的变化更加平缓，不会造成边缘处的辐射突变。

设权值为 $R(d)$，其中 d 为当前像素点到缓冲区左侧边界的距离，与整个缓冲区宽度的比值，即 $d=wl(i,j)=1-(q-q_i)/2q$。$R_{\mathrm{l}}(d)$ 为左边影像所占的权值，$R_{\mathrm{r}}(d)$ 为右边影像所占的权值，则需要满足以下条件。

（1）在缓冲区两侧边界处过渡要平缓，$R(d)$ 的一阶倒数为 0：$R'(0)=0$；$R'(1)=0$。可以使影像在缓冲区边界的地方过渡平缓。

（2）在缓冲区两侧边界处权重为 0 或 1，即 $R(0)=0$ 或 1，$R(1)=1$ 或 0；为使缓冲区边界处与原始影像保持一致，则 $R_{\mathrm{l}}(0)=1$ 且 $R_{\mathrm{r}}(0)=0$；$R_{\mathrm{l}}(1)=0$ 且 $R_{\mathrm{r}}(1)=1$。

（3）在缓冲区之内，$R_{\mathrm{l}}(d)+R_{\mathrm{r}}(d)=1$，使影像逐渐由左边影像过渡到右边影像。

根据以上法则，利用待定系数法求解基于余弦曲线的权值：

$$
R(d)=\omega\cos(\alpha d+\beta)+\gamma \tag{7.62}
$$

式中：α、β、γ 为待求参数。根据上述准则求解方程组：

$$
\begin{cases}
\omega\cos(\beta)+\gamma=0\\
\omega\cos(\alpha+\beta)+\gamma=1\\
-\alpha\omega\sin(\beta)=0\\
-\alpha\omega\sin(\alpha+\beta)=0
\end{cases}
\tag{7.63}
$$

又已知 $R(d)$ 与 d 有关，所以 $\alpha\neq 0$，$\omega\neq 0$，解得

$$
\begin{cases}
\alpha=\pi\\
\beta=0\\
\gamma=\dfrac{1}{2}\\
\omega=-\dfrac{1}{2}
\end{cases}
\tag{7.64}
$$

所以得到改正权值公式为

$$R(d)=-\frac{1}{2}\cos(\pi d)+\frac{1}{2} \tag{7.65}$$

利用CDWB进行接缝线消除时，影像在缓冲区边界的地方相对于传统的反距离加权法过渡更加自然(图7.22)。

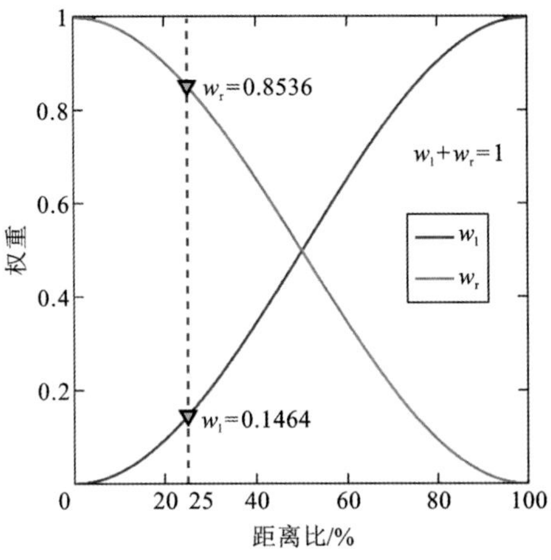

图7.22　基于余弦反距离的权重变化曲线

7.4.3　羽化校正实验

实验中，使用强制改正法、反距离加权法、CDWB方法进行羽化校正与对比分析。由图7.23可知，未经过辐射配准的影像辐射差异很明显，图7.23(a)在道路中间有条明显的接缝线；图7.23(b)接缝线的痕迹有所减弱，但是依旧比较明显；图7.23(c)和图7.23(d)中接缝线的痕迹相对图7.23(b)进一步削弱，说明在重叠区内加权方法比直接对影像做强制校正更有优势，过渡更自然。但在此组实验中，利用反距离加权法与CDWB方法的结果没有明显的差别。

(a) 未消除接缝线

(b) 强制改正法

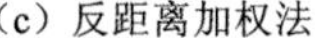

(c) 反距离加权法

(d) CDWB 方法

图 7.23　羽化校正结果(未经过辐射配准)

图 7.24 是使用 2.44 m 分辨率快鸟影像羽化校正的对比实验,数据来源于 2002 年和 2005 年的武汉大学及其周边地区。从图 7.24 中可以看出,两景影像呈现明显的色调差异。羽化校正的局部区域如图 7.25(a)～(d)所示,依次是未消除接缝线、强制改正法、反距离加权法、CDWB 方法。由于接缝线两侧原始影像具有很大的辐射差异,且没有做辐射配准,图 7.25(a)中可见十分明显的拼接痕迹;图 7.25(b)经过强制改正后,在接缝线附近的区域内,有模糊的过渡带,但是辐射过渡不够自然,甚至有伪痕出现;图 7.25(c)、图 7.25(d)中过渡十分平缓,形成了较为自然的过渡带;对比图 7.25(c)和图 7.25(d),在箭头指示的位置,可以发现图 7.25(d)的辐射过渡比图 7.25(c)更加自然。

(a) 2002 年

(b) 2005 年

图 7.24　武汉大学附近区域的快鸟影像

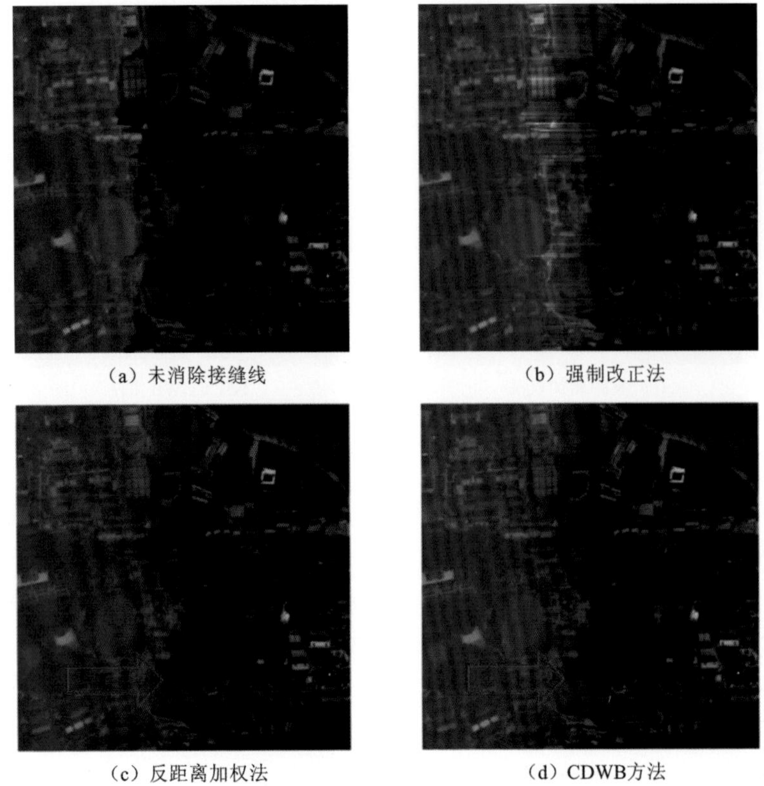

(a) 未消除接缝线　(b) 强制改正法

(c) 反距离加权法　(d) CDWB方法

图 7.25　图 7.24 局部地区的羽化校正结果(未经过辐射配准)

7.4.4　联合实验

针对图 7.23 和图 7.25 的两组实验,在 CDWB 羽化校正之前分别进行 LMM 辐射配准、APDP 接缝线查找,即将三个步骤的方法进行联合应用,结果如图 7.26 所示,可以看出整体镶嵌效果非常好,影像中几乎看不出任何拼接痕迹,在目视效果上是一幅自然的完

(a) 图 7.23 镶嵌结果

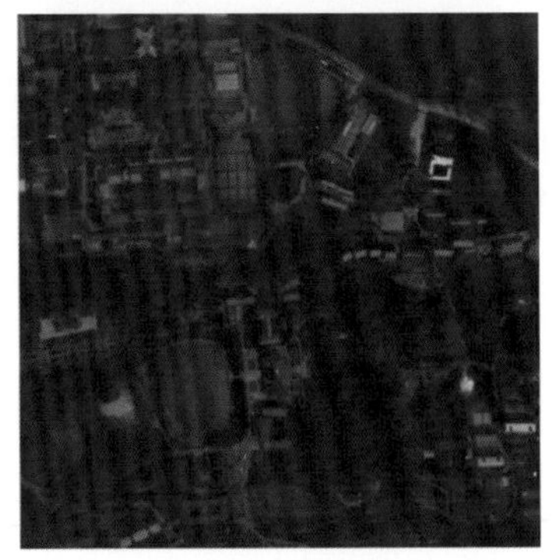

(b) 图 7.25 镶嵌结果

图 7.26　三步骤联合应用的镶嵌结果

整影像。进一步选取分辨率为 0.1 m 的多光谱航拍影像和分辨率为 2.44 m 的快鸟影像进行补充实验，实验结果如图 7.27 和图 7.28 所示，同样获得了理想的拼接效果。以上说明，将本章前述的辐射配准、接缝线查找、羽化校正方法结合起来，可以得到一套全流程的影像镶嵌方法，对高分辨率遥感影像镶嵌问题十分适用。

(a) 直接沿影像边界拼接

(b) 联合应用的镶嵌结果

图 7.27　0.1 m 航拍影像镶嵌结果

(a) 直接沿影像边界拼接

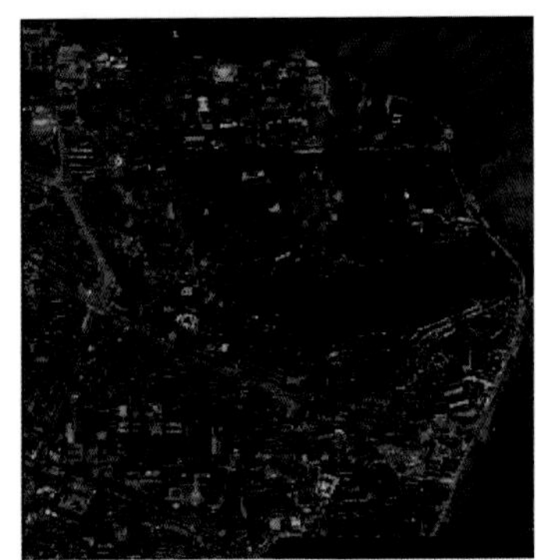
(b) 联合应用的镶嵌结果

图 7.28　2.44 m 快鸟影像镶嵌结果

7.5　小　　结

本章针对影像镶嵌过程中的辐射差异问题展开深入探讨，不仅介绍了辐射配准、接缝线查找及羽化校正的常用方法，还分别研究了进一步的改进方法。其中，基于区域矩匹配的辐射配准方法，充分考虑了遥感影像局部辐射变化不一的情况，可实现整体辐射差异的最优校正；自动分段动态规划的最佳接缝线查找方法，综合利用灰度、梯度、几何结构作为接缝线查找的约束项，并采用分段的方式查找最佳接缝线，能够在高分辨率遥感影像中沿着道路、房屋建筑物边缘查找最佳接缝线；基于余弦反距离的加权羽化校正方法，可以使接缝线缓冲区内亮度变化更平缓，过渡更加自然。

参 考 文 献

曹远星,董育宁,2006.蛇模型综述.信息技术,30(3):113-116.

董张玉,2011.一种改进的小波变换融合算法及其质量评价研究.芜湖:安徽师范大学.

方亚玲,焦伟利,2007.利用对称动态轮廓模型自动检测图像最优镶嵌线.科学技术与工程,7(14):3451-3456.

付云洁,2013.遥感影像拼接缝消除算法改进研究.测绘与空间地理信息,(9):151-153.

葛耀林,2011.图像处理中的小波变换算法原理及其应用.企业技术开发(下),(18):70-71.

贾永红,2003.数字图像处理.武汉:武汉大学出版社.

蒋红成,2004.多幅遥感图像自动裁剪镶嵌与色彩均衡研究.北京:中国科学院遥感应用研究所.

金雪军,蔡家楣,冯晓斐,2006. SNAKE 初始模型及其改进算法的研究.浙江工业大学学报,34(2):166-169.

李德仁,王密,潘俊,2006.光学遥感影像的自动匀光处理及应用.武汉大学学报信息科学版,31(9):753-756.

林卉,杜培军,张莲蓬,2005.基于小波变换的影像融合算法与效果评价.矿业研究与开发,25(2):48-52.

卢军,2008.不同分辨率遥感影像镶嵌和色彩均衡研究.贵阳:贵州师范大学.

秦昆,关泽群,李德仁,等,2002.基于栅格数据的最佳路径分析方法研究.国土资源遥感,14(2):38-41.

史金霞,王铮,2005.一种拼接缝消除方法.现代电子技术,28(13):116-117.

王军,2011.遥感图像拼接缝消除算法研究.郑州:解放军信息工程大学.

解小莉,2004.突变与 Shannon 信息熵.杨凌:西北农林科技大学.

易尧华,龚健雅,秦前清,2003.大型影像数据库中的色调调整方法.武汉大学学报(信息科学版),28(03):311-314.

张福浩,刘纪平,李青元,2004.基于 Dijkstra 算法的一种最短路径优化算法.遥感信息,(2):38-41.

朱述龙,2004.遥感影像镶嵌时拼接缝的消除方法.遥感学报,6(3):183-187.

AFEK Y,BRAND A,1998. Mosaicking of orthorectified aerial images. photogrammetric engineering and remote sensing,64(2):115-125.

AMINI A A,WEYMOUTH T E,JAIN R C,1990. Using dynamic programming for solving variational problems in vision. IEEE transactions on pattern analysis and machine intelligence,12(9):855-867.

CHON J,KIM H,FUSE T,et al.,2004. Visually optimal seam-line determination in image mosaicking. Chiang Mai,Thailand:The 25th Asian conference on remote sensing(ACRS):477-482.

DAVIS J,1998. Mosaics of scenes with moving objects. Santa Barbara,USA:IEEE computer society conference on computer vision and pattern recognition(CVPR):354-360.

DIJKSTRA E W,1959. A note on two problems in connexion with graphs. Numerische mathematik,1(1):269-271.

DU Y,CIHLAR J,BEAUBIEN J,et al.,2001. Radiometric normalization,compositing,and quality control for satellite high resolution image mosaics over large areas. IEEE transactions on geoscience and remote sensing,39(3):623-634.

DUPLAQUET M L,1998. Building large image mosaics with invisible seam lines. The international society for optical engineering,3387:369-377.

EDEN A, UYTTENDAELE M, SZELISKI R, 2006. Seamless image stitching of scenes with large motions and exposure differences. New York, USA: IEEE computer society conference on computer vision and pattern recognition(CVPR), 2: 2498-2505.

EFROS A A, FREEMAN W T, 2015. Image quilting for texture synthesis and transfer. New York, USA: The 28th annual conference on computer graphics and interactive techniques: 341-346.

FONSECA L M, MANJUNATH B S, 1996. Registration techniques for multisensor remotely sensed imagery. Photogrammetric engineering and remote sensing, 62(9): 1049-1056.

GONZALEZ R C, WOODS R E, 2002. Digital image processing. Upper Saddle River, New Jersey: Prentice-Hall Inc.

KERSCHNER M, 2001. Seamline detection in colour orthoimage mosaicking by use of twin snakes. ISPRS journal of photogrammetry and remote sensing, 56(1): 53-64.

KOREL B, LASKI J, 1988. Dynamic program slicing. Information processing letters, 29(3): 155-163.

LI X, HUI N, SHEN H, et al., 2015. A robust mosaicking procedure for high spatial resolution remote sensing images. ISPRS journal of photogrammetry and remote sensing, 109: 108-125.

MILLS A, DUDEK G, 2009. Image stitching with dynamic elements. Image and vision computing, 27(10): 1593-1602.

PAN J, WANG M, LI D R, et al., 2009. Automatic generation of seamline network using area voronoi diagrams with overlap. IEEE transactions on geoscience and remote sensing, 47(6): 1737-1744.

PELEG S, 1981. Elimination of seams from photomosaics. Computer graphics and image processing, 16(1): 90-94.

SCHECHNER Y, NAYAR S, 2003. Generalized mosaicing: high dynamic range in a wide field of view. International Journal of computer vision, 53(3): 245-267.

SZELISKI R, 2006. Image alignment and stitching: a tutorial. Foundations & trends® in computer graphics & vision, 2(1): 1-104.

UYTTENDAELE M, EDEN A, SZELISKI R, 2001. Eliminating ghosting and exposure artifacts in image mosaics. Kauai, USA: IEEE computer society conference on computer vision and pattern recognition (CVPR), 2: 509-516.

XING C, WANG J, XU Y, 2010. An optimal seam line based mosaic method for UAV sequence images. The international conference on civil and environmental engineering (ICCEE), Rio de Janeiro, Brazil.

ZHANG Z, LI Z, ZHANG J, et al., 2003. Use of discrete chromatic space to tune the image tone in a color image mosaic. Beijing, China: The 3rd international symposium on multispectral image processing and pattern recognition, 5286: 16-21.

第 8 章 多源遥感数据的归一化校正方法

受遥感成像过程中诸多因素的影响，多源遥感数据之间经常存在辐射不一致问题，从而限制了遥感数据的综合应用。因此，利用多源遥感数据归一化技术，消除数据间的辐射不一致，是充分耦合多源遥感数据的重要基础。本章首先归纳国内外的多源遥感数据归一化方法，然后阐述基于粗分辨率参考的多源遥感数据归一化处理框架及其评价体系，最后在该框架基础上重点介绍一种基于局部类内拟合的归一化方法，并基于不同数据对归一化结果进行综合评价与分析。

8.1 研究背景

遥感观测系统在时间、空间、光谱分辨率等指标上的相互制约，及其成像容易受到天气条件、传感器性能等条件的影响，导致单纯依靠某一个成像系统往往难以实现对地表研究区域的高时空密度监测，限制了遥感观测数据在各领域中的应用。随着遥感技术的发展，日益丰富的遥感观测系统，为全面、准确、及时地捕获地表变化提供了良好的传感器资源。因此，综合集成不同传感器的数据，有效地利用现有观测资源，形成不同观测系统的时间信息与空间信息互补，具有重要的意义。

然而，传感器本身特性的差异如光谱响应特性、空间响应特性等，会造成不同传感器之间的观测数据存在不一致。同时，遥感影像在成像过程中受到各种外在因素的影响，如光照、大气状态、地表特性等，也会导致不同时相、不同空间的遥感数据所反映的地物特性与实际情况存在差异，如图 8.1 所示。并且，随着传感器特性和外在因素影响的差别，这些差异也会有较大的不同。这种多源遥感数据在时间和空间上的辐射不一致问题广泛存在于各类遥感定量产品中，如地表反射率、

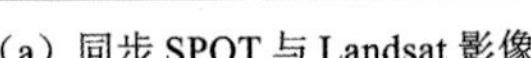
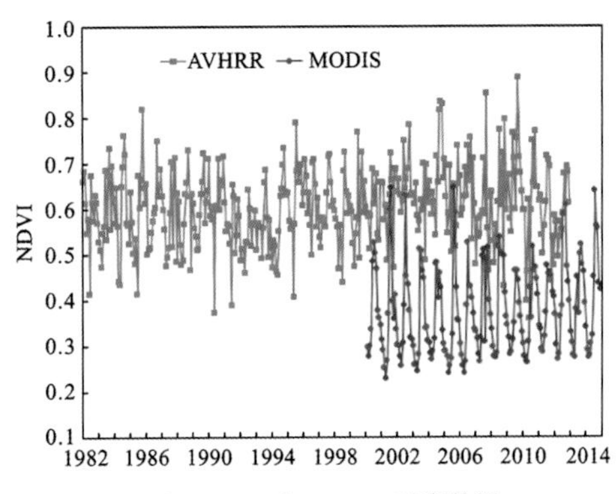

(a) 同步 SPOT 与 Landsat 影像　　(b) MODIS 与 AVHRR时序数据

图 8.1　多源数据时空不一致示意图

地表反照率、植被指数、叶面积指数等，因而限制了多源遥感产品的综合应用(黄启厅 等,2016;王璟睿 等,2016)。如何解决定量遥感产品间辐射不一致、参量不统一等问题，提高已有数据的利用率及其在全球与区域的监测能力，是研究与应用领域广泛关注的问题。

进行多源遥感数据的归一化，消除多源观测数据的时空差异，生成具备时间一致性和空间可比性的遥感观测数据集和定量产品集，是一种行之有效的方法。归一化按目的可以分为空间归一化和时间归一化。空间归一化的目的是使数据具备空间上的一致性和可比性，即同一空间位置的多源遥感参量应该一致，不同空间区域的参量在数值上也要具备可比性。例如，两相邻区域的地表反射率，不因其来源于不同的数据而不可比较。时间归一化的目的是使单源或多源的不同时相数据之间具备一致性或可比性，即同一时间段的多源遥感数据集其变化趋势应该一致，不同时间段的数据集在变化趋势上也要具备可比性。例如，对于来自多传感器的地表反射率的时间序列，其表达的趋势应与地物本身特点相符，而不因为数据来源不同而无法正确揭示。针对多源遥感数据的归一化问题，国内外已经有了较多的研究和算法，主要可以归纳为以下三类：基于物理模型的绝对校正方法、基于半物理模型的归一化校正方法、基于统计模型的归一化校正方法。

8.1.1　基于物理模型的绝对校正方法

在遥感成像过程中，大气条件、光照条件、地表起伏、传感器光谱响应特征、太阳-地物-传感器几何等因素都会影响传感器最终观测得到的辐射信号。因此可以从遥感成像物理过程出发进行研究，消除遥感成像过程中包括传感器本身及各种外在因素的影响，从而得到与地物实际情况一致的属性值，如地表反射率、发射率等。对不同时相、不同空间、不同传感器的遥感数据，根据不同的实际情况进行绝对校正，从而实现这些多源遥感数据的归一化。

国内外学者提出了针对成像中各因素的归一化校正方法，包括大气校正、角度效应校正及对传感器本身特性的处理等(黄微 等,2005;Trishchenko et al.,2002;Li et al.,1996)。目前已发展的诸多大气校正算法有基于 MODTRAN 4+或 6S 辐射传输模型的 ACORN、FLAASH、ATCOR 方法等(甘文霞 等,2014);角度效应校正的方法包括基于经验关系的角度效应纠正方法,以及基于辐射传输模型或几何光学模型等的地表二向性反射函数(BRDF)方法(唐勇,2004)。对于传感器本身特性对遥感成像影响的研究,Gao 等指出大气中水汽含量影响近红外波段观测结果,并提出了通过 MODIS 红光、绿光两波段的加权代替 AVHRR 的红光波段数据进行两者之间的归一化(Gao et al.,2000);Teillet 等基于 ETM+传感器观测数据,计算了光谱响应差异对传感器测量结果的影响,结果表明光谱响应差异会造成不同传感器的观测数据之间存在明显差异(Teillet et al.,2001);汪小钦等以光谱响应函数为基准,进行了不同传感器的光谱归一化,取得了较好的结果,有效地消除了传感器差异(汪小钦 等,2011)。这类方法虽然有较强的理论基础,但是往往模型复杂并且参数获取困难,参数的不准确性及其相互间的作用关系会给归一化结果带来较大的不确定性。

8.1.2 基于半物理模型的归一化校正方法

相较于基于物理模型的绝对校正方法,基于半物理模型的归一化校正方法通常是基于传感器信号模拟,采用地面实测光谱数据或者高光谱传感器数据,结合传感器光谱响应曲线、大气辐射传输等物理模型,生成不同传感器的模拟观测数据,进而得到不同数据之间的归一化转换模型。Steven 等通过实验数据,基于不同传感器的光谱响应函数,模拟了当前主要传感器的植被冠层反射光谱,研究其相关性并计算得到了不同传感器冠层归一化植被指数(NDVI)的转换公式,利用 SPOT、TM、ATSR-2 和 AVHRR 数据进行验证,结果表明各传感器 NDVI 的相关性很高,并且相互转换误差在 1%~2%(Steven et al.,2003);Leeuwen 等在 Steven 的基础上,从地表实测光谱数据出发,加入了 SAIL 植被冠层辐射传输模型和 6S 大气辐射传输模型,模拟了信号在不同大气条件、不同传感器特性情况下的表观反射率(top of atmosphere reflectance, TOA reflectance)信号,给出了不同传感器 NDVI 之间的线性转换关系(Leeuwen et al.,2006);Miura 等基于 EO-1 Hyperion 高光谱数据,模拟不同传感器的 NDVI,并给出了相互之间的线性转换关系(Miura et al.,2013)。与此类似的研究在国内外都较为多见,但模拟信号通常难以完整准确地表达传感器特性,且不能完全考虑遥感成像中各种因素的影响,因此方法的稳定性和普适性有待进一步提升。

8.1.3 基于统计模型的归一化校正方法

基于统计模型的归一化校正方法是指求解待归一化数据之间的统计关系模型用于多源数据的归一化,其思路是依据同步或准同步观测数据的内在一致性联系,通过统计获取不同传感器遥感数据的数学转换模型。这类方法通常模型简单、容易实现,现有的研究较大部分都属于该种类型。目前已有较多成熟的并且广泛应用的经验性相对校正方法,如伪不变特征法、暗集-亮集法、直方图匹配法等(余晓敏 等,2012)。国内外学者对此也做了许多工作。例如，Cavalieri 等建立了多传感器亮温数据的线性归一化模型（Cavalieri et al.，2012）；Beck 等对 NDVI 数据进行研究，给出了四种 AVHRR 产品与 Landsat 数据之间相互转换的线性模型（Beck et al.，2011）；徐涵秋等研究给出了 ASTER 与 Landsat 之间的 NDVI 线性相互转换模型（徐涵秋 等，2011；张杰 等，2007）；Yoshioka 等对多源传感器植被指数等值线理论作了相关介绍，并提出了基于等值线理论的多源植被指数转换方法（Yoshioka et al.，2003）。

以上方法均是基于经验模型的归一化方法，通常会对模型给予一定的假设之后再进行模型参数的求解，如线性模型、多项式模型等。然而很多归一化的实际应用问题其内在机制往往是复杂的、不确定的模式。例如，Miura 等研究表明不同传感器观测值之间的关系并非是线性或者其他的确定模式，而表现出难以精确描述的非线性模式（Miura et al.，2006）。近年来，一些基于机器学习的非线性方法也出现在各类研究中并展现出可观的发展前景，如神经网络模型、支持向量机模型、回归树等方法。在归一化领域，也可以见到一些相关工作，Gao 等利用多元回归树模型，基于 MODIS 数据得到了 Landsat 的叶面积指数（Gao et al.，2012）；Sadeghi 等将神经网络模型应用于多时相数据的归一化，并且发现神经网络模型的归一化结果优于线性模型（Sadeghi et al.，2013）；Zhang 等在研究中使用支持向量机方法进行了传感器之间的辐射误差校正（Zhang et al.，2013）。

8.2　基于粗分辨率参考数据的辐射归一化方法

基于统计模型的归一化校正方法是目前应用最广、实用性最强的一类方法。传统上，该类方法直接对两个传感器数据进行归一化处理，这就要求数据之间具有一定的空间重叠或者时间重叠，而在实际应用中此要求有时会难以满足，从而限制了该类方法的应用范围。为了解决这一问题，可以引入具有较大时空覆盖度的第三源数据作为参考，并保证其与待处理的多源数据都具有时空重叠，这样就可以把它们统一到与该数据一致，从而完成数据之间的归一化处理。然而，成像指标之间相互制约，具有较大的时空覆盖度，这意味着具有更粗的空间分辨率。利用粗分辨率的参考数据对更为精细的多源数据进行归一化，这具有更大的挑战性。

8.2.1　归一化校正的基本原理

用粗分辨率数据作为参考的归一化方法最早出现于 2005 年 Olthof 等的研究中（Olthof et al.，2005），其利用 SPOT VEGETATION（VGT）10 天合成数据对 Landsat ETM＋的反射率数据进行辐射归一化。其后，Gao 等对这种思路进行了拓展，利用 MODIS 的标准产品对不同传感器的中分辨率反射率数据进行归一化，包括 Landsat TM/ETM＋、AWiFS 和 CEBRS（Gao et al.，2010）。基于粗分辨率参考的多源数据归一化模型，其基本思路是利用粗分辨率数据集的时空一致性，达到多源数据时间或空间一致的目的。如图 8.2 所示，以粗分辨率数据作为标准数据，消除各中分辨率数据（传感器 S_A，S_B，…）与标准数据之间的偏差，从而间接消除各中分辨率数据之间的差异，实现其归

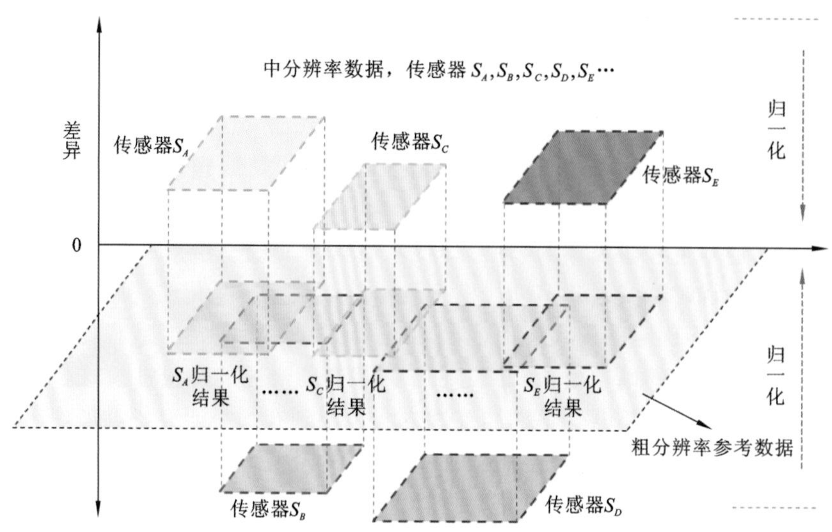

图 8.2 基于粗分辨率参考的中分辨率多源遥感参数归一化方法思想示意图

一化。这一框架可以用于空间归一化和时间归一化两个目的。由于粗分辨率参考数据经过了大气校正、角度效应校正等处理，其影像中不同位置的数据是具备空间可比性的，它们之间的差异只与地物有关，而与其空间位置无关。与此同时，多源数据受成像条件、传感器特性的影响而存在差异，这些数据都位于该粗分辨率数据对应的空间范围之内，因此可以将该粗分辨率数据作为参照，把不同传感器的数据均归一化与其一致，消除它们各自与粗分辨率数据之间的差异。利用粗分辨率数据的空间可比性，这些中分辨率数据之间所存在的差异也因此被消除。与此同时，可以将这一思想推广到时间维度，通过某一具备时间一致性的数据集作为基准，利用这一数据集，实现来自不同传感器的不同时相数据之间的归一化。如果有研究区域时间一致的高质量时间序列数据，可以将来自不同传感器的数据，以各自的同步粗分辨率数据作为参照进行归一化，从而使不同传感器不同时相数据具备时间可比性，能够表现地物的真实变化。

在经过归一化后，数据依旧保持原有的空间分辨率，但其辐射属性将与所选的参考数据保持一致，归一化的结果因继承参考数据的时间/空间一致性而具备时空可比性。因此，参考数据作为多源数据归一化的“基准”数据，其选择对于归一化结果有重要影响。参考数据本身应当具有良好的时间或者空间一致性，这种一致性属性将最终传递到多源观测数据的归一化结果上。根据归一化的目的，对空间归一化和时间归一化参考数据选择的具体准则可以展开为：①空间归一化需要利用参考数据的空间一致性属性，因此参考数据的空间范围必须能覆盖所有待归一化数据，并且其本身应当在所需要的区域内具备空间一致性；②时间归一化选择的参考数据是研究区域的多时相数据集，利用参考数据集的时间一致性来对多源多时相数据进行归一化，这要求参考数据具备较好的时间一致性，并能够准确地传递出与地物属性相符合的时间动态变化信息，因此时间归一化所需要的参考数据集应当具备较高的时间分辨率。根据上述对参考数据的期望，具备较高时间分辨率和较大幅宽的传感器是相对比较理想的参考数据。静止卫星数据如 GOES、FY-2、Meteosat，极轨卫星如 MODIS、AVHRR、SPOT 等均可成为合适的参考数据。

8.2.2　顾及尺度效应的处理策略

尺度效应在遥感领域指的是空间分辨率所造成的对建模和产品的影响，在多源数据归一化中主要表现为遥感建模中的尺度效应，尤其在基于粗分辨率参考的归一化方法中，尺度效应是必须要考虑的问题。遥感产品基本是通过反射率、发射率等的非线性函数所计算得到，如叶面积指数、植被指数、地表温度、地表反照率等，参量的非线性运算和地表覆盖的异质性，导致了尺度效应是存在且必须要考虑的问题。如图 8.3 所示，由反射率先计算遥感产品再重采样和先对反射率重采样再计算的遥感产品，这两者虽然具有相同的分辨率，但它们之间会存在明显差异，即尺度差异。

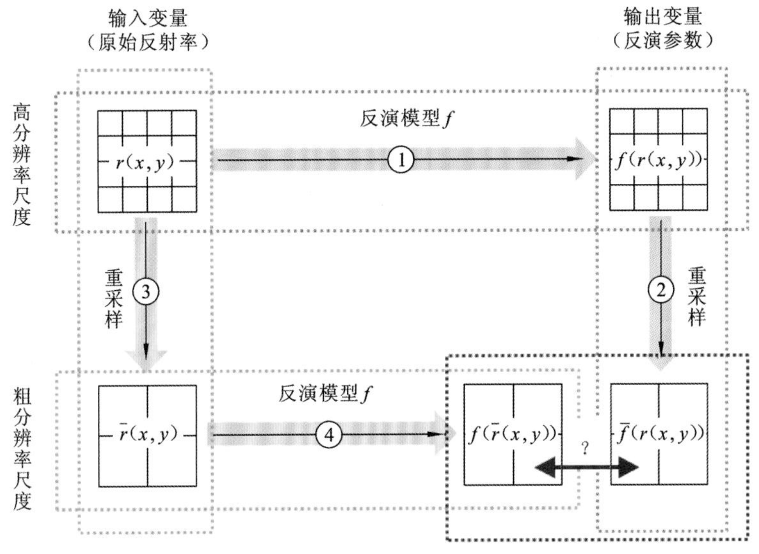

图 8.3　尺度效应示意图(Jiang et al.,2006)

为了更好地理解这个问题，以广泛应用的植被指数 NDVI 为例，详细解释归一化中的尺度效应。NDVI 是由近红外波段与红光波段的非线性运算得到的，因此以下两种方式得到的粗分辨率 NDVI 之间存在差异(Quattrochi et al.,1997)：①对红光波段和近红外波段的反射率分别降采样，再计算得到的 $NDVI_1$；②由原分辨率的红光波段和近红外波段的反射率计算 NDVI，再降采样得到的 $NDVI_2$。如式(8.1)和式(8.2)所示：

$$NDVI_1 = V[A(\rho_{NIR}, \rho_{Red})] \tag{8.1}$$

$$NDVI_2 = A[V(\rho_{NIR}, \rho_{Red})] \tag{8.2}$$

式中：A 为降采样操作(像元平均法)；V 为 NDVI 的计算操作；ρ_{NIR} 和 ρ_{Red} 分别为地物在近红外波段和红光波段的反射率。这两个 NDVI 虽然由同样的 V 和 A 运算得到，但是 V 是对变量的非线性运算过程，而 A 是对变量的线性运算过程，这两个运算过程顺序的置换会造成差异，即尺度差异。

在基于粗分辨率参考的归一化方法中，粗分辨率尺度上所建立的模型需要被应用到其他分辨率。因而有必要验证所建立的模型是否是尺度不变的，即在不同分辨率上所建立的模型是否是一致的。如式(8.3)所示，在高分辨率上建立的两传感器关系为

$$\mathrm{NDVI}_{S1}=f(\mathrm{NDVI}_{S2}) \tag{8.3}$$

式中：NDVI_{S1}为待归一化的数据；NDVI_{S2}为参考数据；f为两者之间的线性转换规则。将这一关系降采样到粗分辨率的过程可以表达为

$$A(\mathrm{NDVI}_{S1})=A(f(\mathrm{NDVI}_{S2})) \tag{8.4}$$

因为A和f都是线性操作，因此运算具备交换性，式(8.4)可以表达为

$$A(NDVI_{S1})=f(A(\mathrm{NDVI}_{S2})) \tag{8.5}$$

式中：$A(\mathrm{NDVI}_{S2})$为对高分辨率NDVI进行降采样操作所得的粗分辨率参考NDVI数据，即如式(8.2)所示的NDVI_2。但是参考所用的粗分辨率NDVI数据，通常是首先对反射率数据进行降采样，然后再计算得到NDVI，如MODIS产品等，即所采用的粗分辨率参考数据通常是式(8.1)所示的NDVI_1。而受到尺度效应的影响，通常所用的粗分辨率参考NDVI产品就不是式(8.5)中所期望的数据。因此，在基于粗分辨率参考的归一化模型中，不考虑尺度效应将给结果带来的巨大不确定性。

大量研究表明，当地物几乎为同质区域，即地表非常均一时，基本不存在尺度效应，式(8.1)和式(8.2)中的NDVI_1与NDVI_2会趋于相等(Jiang et al.,2006)。在这种情况中，所使用的粗分辨率参考数据也就会趋于满足式(8.5)中的期望，从而在粗分辨率尺度上所求得的关系具备尺度不变性，能够适用于高分辨率尺度。为验证该理论，本节分析了像元同质性与尺度差异之间的关系。图8.4为由式(8.1)和式(8.2)所计算得到的粗分辨率NDVI的散点图，图中数据点的颜色从浅到深代表着像元的纯净度由高到低，可以发现具备较高纯净度的点紧密围绕在1∶1线周围，而低纯净度的点则相对偏离1∶1线，这意味着高纯净度的像元点的尺度误差更小。

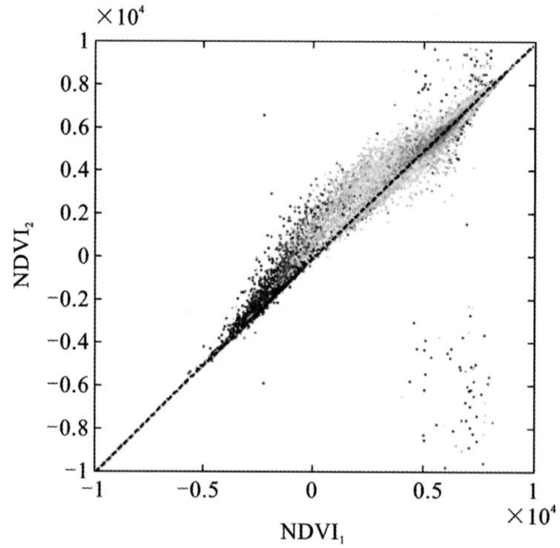

图8.4　两种方式计算得到的粗分辨率NDVI散点密度图

因此，为保证归一化结果的稳定性，在本章所提出的局部类内拟合归一化方法中，就通过在粗分辨率尺度上寻找纯净像元来建立多传感器之间的关系，使得该关系具备尺度不变性，可以用于高分辨率数据。

8.2.3　多源遥感数据归一化模型

1. 全局拟合归一化模型

全局拟合归一化模型（the global linear model，GloLM），是出现最早的基于参考的归一化模型，其在全局上构建模型对多源遥感数据进行归一化校正，模型通常假设参考数据（u）与原始数据（g）之间存在线性关系式，如式（8.6）所示，将待归一化数据重采样至参考数据所在的分辨率后，根据粗分辨率样本点对，求解得到模型的参数（a，b），而后使用这一关系逐像元计算原始数据的归一化结果：

$$u = a \times g + b \tag{8.6}$$

虽然线性关系被广泛地用于建立传感器观测数据之间的关系，但是这一关系并不能很好地反映一些遥感产品（如 NDVI）之间的复杂关系，尤其是当这些产品的计算数据来源不同时，如 DN 值、TOA 反射率、地表反射率（surface reflectance，SR）。

2. 全局类内拟合归一化模型

全局类内拟合归一化模型（the global cluster-specific linear model，GCLM）相比于全局拟合归一化模型，其差别在于为不同类别分别建立归一化模型。这种分类别的方法最早出现在对反射率的归一化中（Gao et al.，2010），为了考虑当传感器所获取时间不同时，反射率数据的差异与类别有较大关系。而在进行遥感产品归一化时（如 NDVI 等），全局类内拟合归一化方法认为多源遥感产品之间显现的复杂关系可以用不同类别之间的线性关系来进行描述（Gan et al.，2013）。该模型对每种类别 i 分别建立参考数据（u_i）与待归一化数据（g_i）之间的关系，并且对各类别均求解出一套相应的系数：

$$u_i = a_i \times g_i + b_i \quad i = 1, 2, 3, \cdots, n \tag{8.7}$$

该模型考虑了类别之间的差异，通过归一化的实验发现由 DN 值、TOA 反射率、SR 计算得到的 NDVI 均可以被分类别线性关系很好地进行描述。但是，遥感数据成像过程中受到成像环境的影响，如大气中气溶胶含量、水汽含量、气温、气压等，而这些因素通常表现采集空间异质的特性（Zender et al.，2003），该特点也毫无疑问地会影响多源数据的归一化。

3. 局部类内拟合归一化模型

现有模型对归一化过程中的不确定因素考虑尚不充足，因此，顾及多源遥感产品不一致性与地物类别之间的联系，以及大气状态等影响因素的空间不一致性，本节提出了局部类内拟合归一化模型（the local cluster-specific linear model，LCLM）。利用局部分块处理的方式对影响因素的空间异质性进行描述；利用分类别线性关系拟合多源数据之间不同地物的转换关系(Gan et al.,2014)。模型通过分块求解不同类别的转换关系,并将其应用于待归一化的高分辨率数据中。例如,对于分块 j 里面的类别 i 建立一个线性关系并求解出对应的系数,然后循环对每块的每个类别均求解出其相应的回归系数,最后将这些系数应用到高分辨率数据中对应位置块和对应类别的像元中。

$$u_{i,j}=a_{i,j}\times g_{i,j}+b_{i,j},\quad i=1,2,3,4,\cdots,n;j=1,2,3,4,\cdots,m \tag{8.8}$$

局部类内拟合归一化模型不仅考虑了传感器间差异在不同地物类别之间的变化,还顾及了这些差异的空间异质特性,因此能够更加准确地建立不同传感器之间的关系,得到更优的归一化结果。

8.2.4 局部类内拟合归一化处理流程

基于以上分析,LCLM 方法相比于其他两个方法更具有优势,因此本节将详细介绍该方法的处理流程。首先将待归一化数据重采样至参考数据的粗分辨率上,根据分类数据确定各类别的纯净像元;然后在粗分辨率上,利用纯净像元分块求解不同类别的转换关系,并将其应用于待归一化的高分辨率数据中。该方法的两个核心是分类别处理策略和局部处理思想。方法所需要的输入数据主要有:①待归一化高分辨率 NDVI 数据;②待归一化数据对应的地表分类数据(这一数据可以来自其他分类数据产品,也可以基于原始数据进行分类获得);③粗分辨率参考数据。

方法的具体流程(图 8.5)如下。

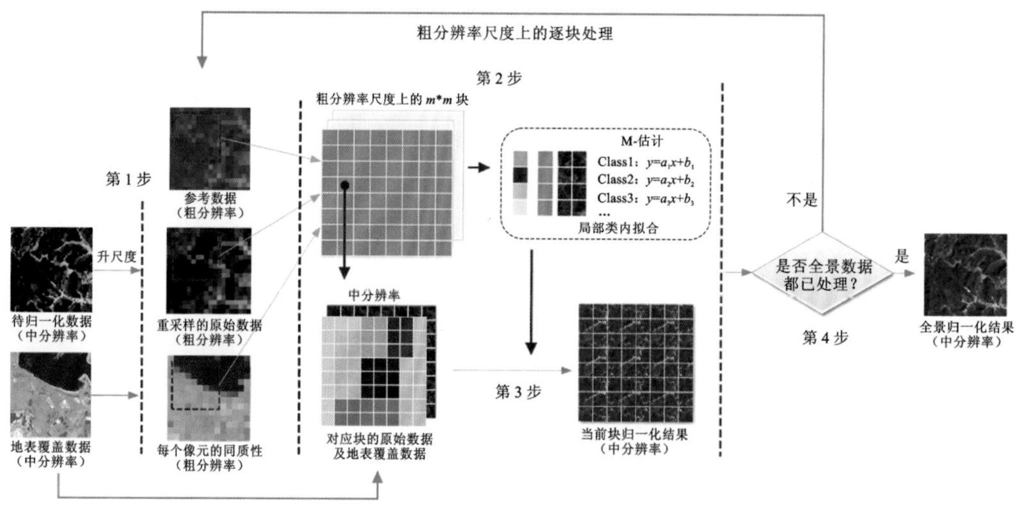

图 8.5 局部类内拟合归一化流程

(1) 对归一化前的待归一化数据降采样(升尺度)至参考数据所在粗分辨率。

(2) 基于分类数据,确定每个粗分辨率数据的纯净度 r,根据给定阈值确定纯净像元及纯净像元所属类别。像元纯净度 r 是基于高分辨率分类图,通过统计每一个粗分辨率像元对应范围内比重最大的地物类别所占比例来衡量,如式(8.9)所示:

$$r=\frac{k_c}{m\times m} \tag{8.9}$$

式中：k_c 为最大比重地物类别 c 的像元数；m 为粗分辨率与高分辨率数据的分辨率之比；$m\times n$ 为粗分辨率像元所对应的高分辨率像元总数。

(3) 对影像进行分块处理，对于任一大小为 $p\times p$ 的影像块 j，查找出当前块内所有纯净像元，以此作为基础，根据式(8.10)求解各个类别的归一化转换关系：

$$u_{i,j}=a_{i,j}\times g_{i,j}+b_{i,j},\quad i=1,2,3,\cdots,n;j=1,2,3,\cdots,m \tag{8.10}$$

式中：$g_{i,j}$ 和 $u_{i,j}$ 分别为当前影像块 j 中类别 i 所对应的降采样待归一化数据与粗分辨率参考数据；$a_{i,j}$ 和 $b_{i,j}$ 为类别 i 的归一化转换式的系数。为保证求解的归一化模型的准确性，对求解所需要的样本点数量会进行要求。

(4) 将所求的转换关系式应用于待归一化数据，求取归一化输出值。对每一个待处理像元，依据对应的块及类别情况，查找其相应的归一化转换系数，并依式(8.11)计算得到归一化结果：

$$u_{i,j}^{*}=a_{i,j}\times g_{i,j}+b_{i,j},\quad i=1,2,3,\cdots,n;j=1,2,3,\cdots,m \tag{8.11}$$

式中：$g_{i,j}$ 为待归一化数据的某一个像元，其对应的类别为 i，隶属于块 j；$u_{i,j}^{*}$ 为其对应的归一化输出值。

(5) 当块内所有像元都计算完毕后，以步长 s，移动到下一个块，重复步骤(3)与步骤(4)的操作。按照从左到右、由上至下的顺序进行块的移动，直到整景影像被处理完毕。步长 s 可以设置在1到 p 之间，如果被设置为1，意味着块中心逐像元移动，每个像元都属于多个块；如果设置为 p，则表示每个高分辨率像元仅可能属于一个块。当像元隶属于多个块时，将所有可能的输出值取平均作为最终归一化结果。

除上述步骤外，在整景数据内，分别求取了全局分类别转换关系(GCLM)及全局转换关系(GloLM)作为补充(Gan et al.,2013,2014)。当步骤(3)中因为像元所在类别缺少样本点而无法求解转换关系时，在步骤(4)中采用GCLM所求的该类别转换关系作为替代；若GCLM也因为这一原因而缺少该类别转换关系时，则使用GloLM所求解的关系作为替代。

在归一化模型的转换系数求解时，一般可以采用简单的最小二乘法，但是其对噪声和误差较大的离群点比较敏感。而重采样、几何及分类误差等因素的存在，不可避免会为归一化带来噪声和离群点，影响系数求解。因此可采用更为稳健的Huber型M估计来求解转换系数(Fox et al.,2011)，以消除这些影响：

$$e=a\times g+b-u \tag{8.12}$$

式中：e 为模型计算的误差，即模型计算值与真实值之间的差异。在最小二乘法中，通过最小化 $\sum e^2$ 来进行系数求解，而M估计则是考虑了噪声和离群点的影响，用新的代价函数来替代 $\sum e^2$：

$$\min\sum\rho(e) \tag{8.13}$$

式中：$\rho(\cdot)$ 为一个非负的函数，可以选择不同的代价函数，如Huber型代价函数：

$$\rho(e)=\begin{cases}e^2/2, & |e|\leqslant k\\ k|e|-k^2/2, & |e|>k\end{cases} \tag{8.14}$$

式中：k 为 Huber 参数，根据残差的绝对值与该参数的大小关系来确定代价函数的形式。为了加速最优化处理，将最小化问题转化为迭代加权最小二乘问题：

$$\min \sum (w(e) \times e)^2 \tag{8.15}$$

$$w(e) = \frac{\rho'(e)}{e} \tag{8.16}$$

式中：$w(e)$ 为每个点的权重，通过迭代加权最小二乘方法进行求解（Fox et al.，2011）。

8.3 归一化校正的评价方法

基于参考的归一化方法，要求归一化结果保持原始数据的空间分辨率，而同时与参考数据在辐射上保持一致，即应当保持归一化前的空间特性且具备参考数据的辐射特性。实际应用中并不存在这一数据，因此归一化方法的评价缺少"标准"数据，而成为了一个难题。本节将针对该问题，介绍了 4 种通用评价方法并以 NDVI 为例阐述了 3 种多指标评价方法，能够对基于粗分辨率参考数据的归一化方法进行全面的评价（Gan et al.，2014）。

8.3.1 大气校正评价方法

基于大气校正的评价方法（emCAC），通过对比归一化结果与物理大气校正方法所获取的反射率数据，进行归一化方法的评价。如图 8.6 中精度评价 1 所示，方法使用粗分辨率参考数据对中分辨率原始数据进行归一化获取地表反射率归一化结果，同时，对中分辨率原始数据进行大气校正，认为得到真实的地表反射率，通过对比两者之间的差异来对归一化方法进行评价。这一评价方法在 Gao 等使用 MODIS 反射率产品作为参考数据对 Landsat ETM＋数据进行归一化时使用过（Gao et al.，2010）。

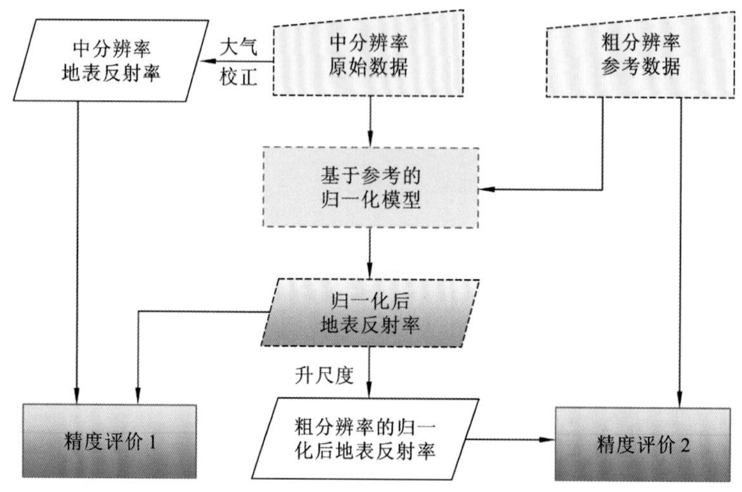

图 8.6 大气校正评价方法和结果升尺度评价方法流程

该方法可以对归一化处理消除大气影响的有效性给予粗略评价。但是，基于参考的归一化结果在辐射特性上与粗分辨率参考数据保持一致，而评价数据是大气校正得到的结果，使得比较对象之间存在内在差异的干扰，因而该方法并不适用于单独使用进行评价，而应当作为辅助评价手段，从侧面衡量归一化方法的有效性。

8.3.2　结果升尺度评价方法

结果升尺度评价方法(emCUS)，首先对归一化结果进行降采样(升尺度)，并将之与粗分辨率参考数据进行对比从而实现归一化方法的评价(Gan et al.，2014；Gao et al.，2010)。如图 8.6 中精度评价 2 所示，将归一化的结果降采样至与参考数据一致的分辨率，然后与参考数据进行对比。这种思路在缺乏标准评价数据的领域中比较常见，如影像融合(Zhang et al.，2012)。该方法能够评价归一化结果与参考数据之间的一致性，可以用于产品的精度评价，并且不需要其他辅助数据。但是，重采样的数据在建模和评价中的同时使用，缺乏严密性，并且这一方法在粗分辨率上进行比较，尺度误差会不可避免的影响评价精度。

8.3.3　交叉验证评价方法

基于交叉验证思想的评价方法(emCV)借鉴了交叉定标的思想，如图 8.7 所示。将归一化前的数据进行重采样，与粗分辨率参考数据形成样本点集，再将样本点集切分成为两个部分，其中一部分用于构建归一化模型，并应用于另一部分样本点进行归一化，然后将归一化结果重采样至与粗分辨率参考数据一致，比对其与预留的粗分辨率参考数据真值之间的差异，从而进行归一化评价。在较早的基于参考的归一化方法研究中，Olthof 等使用 SPOT VEGETATION(VGT)反射率数据对多景 Landsat ETM+数据进行空间归一化，选用了大约 3%的粗分辨率样本数据求解归一化转换系数，并将这一系数用于重采样后的 Landsat ETM+数据，然后对归一化结果与预留参考数据 VGT 样本点进行比较和评价(Olthof et al.，2005)。

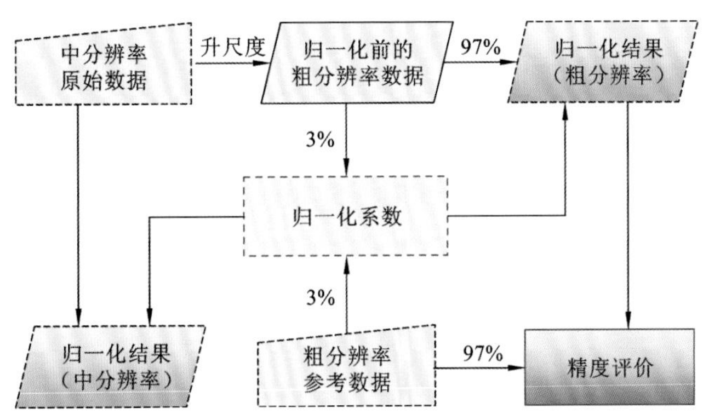

图 8.7　交叉验证评价方法

该方法能够简单直接地进行归一化精度评价。但是其问题在于只评价了重采样归一化结果与参考数据之间的一致性，通过对归一化系数的验证间接证明归一化模型的有效性，而非对归一化结果直接评价。此外，将这一方法应用于尺度依赖的遥感参数时，如NDVI等，需要注意尺度效应的影响，避免模型在粗分辨率上有较高精度，但用于高分辨率数据时出现偏差。

8.3.4 多源数据对比评价方法

多源数据对比评价方法(emCMS)，通过多传感器数据之间的归一化结果比较进行评价，可以用于多源数据归一化后的精度评价。如图8.8所示，方法选择合适的参考数据对来自不同传感器的数据分别进行归一化，认为归一化结果在重叠区域理论上应当相等，以此作为依据，通过逐像元统计重叠区域的差异，进行归一化精度评价。

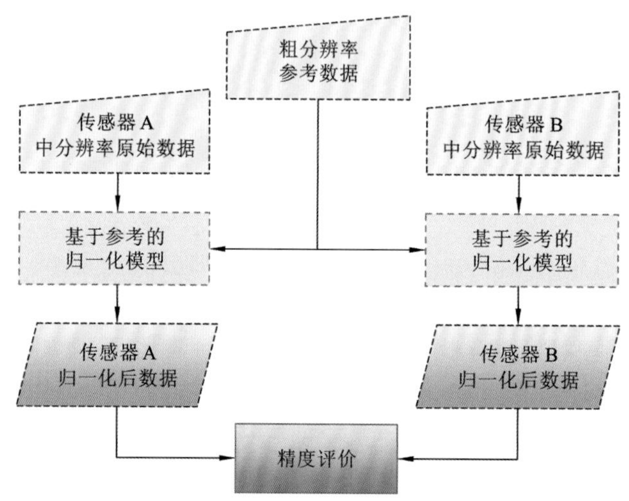

图8.8 多源数据对比评价方法流程图

这种方法能够有效地分析不同传感器数据归一化结果的一致性，在各类算法研究中应用广泛(Gao et al.,2010)。但该方法只评价了多源数据归一化后在重叠区域的一致性，并没有评价归一化结果与粗分辨率参考数据之间的一致性。举例来说，如果来自两个传感器的数据归一化后结果都为常数(即归一化后丢失了所有信息)，与原始数据和参考数据均相差迥异，那么该评价方法将会给出非常高的精度指标值，不能反映实际的精度。因此，这种方法在具体使用时也应当与其他方法相结合，以对归一化算法做出全面而准确的评价。

8.3.5 单景数据评价方法

单景数据评价方法(emOMRI)，仅需要单景中分辨率影像，就可以评价归一化对于消除大气影响的能力和效果。该方法通过对大气校正后的中分辨率数据进行降采样，生成粗分辨率参考数据，再对数据进行归一化处理，采用大气校正后的中分辨率数据作为“标准”数据进行评价。其具体实施流程(图8.9)如下。

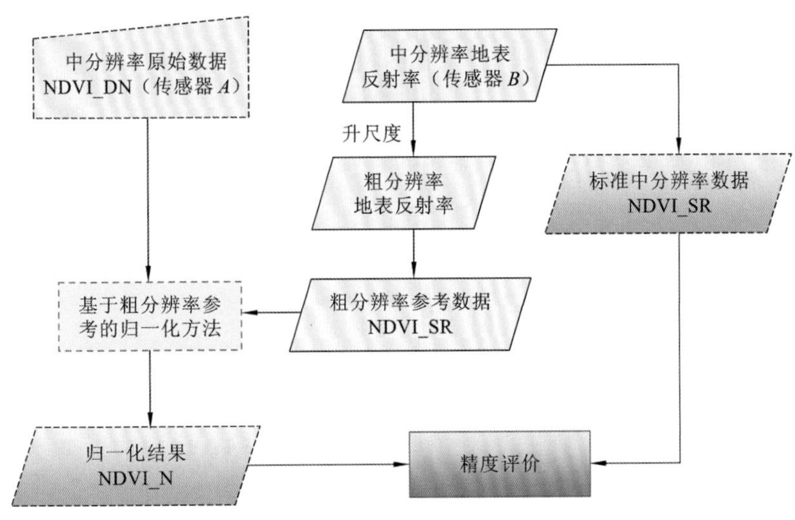

图 8.9　基于单景数据的评价方法流程图

（1）对选择的中分辨率原始数据进行大气校正，获取其中分辨率地表反射率。

（2）对中分辨率地表反射率数据进行降采样，获取粗分辨率地表反射率数据，计算粗分辨率参考数据 NDVI_SR。

（3）通过基于粗分辨率参考的归一化方法，以上一步所获取的粗分辨率参考数据 NDVI_SR作为参考，对中分辨率原始数据 NDVI_DN 进行归一化，得到归一化结果 VDIV_N。

（4）根据第一步所获取的中分辨率地表反射率计算 NDVI，以其作为"标准"数据，对归一化结果进行精度评价。

这种方法可以用来评价归一化方法在消除大气影响上的表现，并且目标专一、排除了其他因素的影响，如光谱响应函数、观测角度差异、几何配准误差等。而且，该方法对数据的需求比较简单，容易满足。但是，对于归一化这一处理而言，消除大气的影响只是其部分功能，其应当还能消除传感器光谱特性差异、观测几何差异等因素的影响，该评价方法在这些方面仍有所缺乏。

8.3.6　同步中分辨率数据评价方法

同步中分辨率数据评价方法（emSMRI），采用多源、同步的中分辨率数据对归一化结果进行评价，可以在粗分辨率参考数据与归一化数据之间同时存在大气影响、传感器差异、观测角度差异时，对归一化方法的表现给予评价。方法需要用到不同传感器的同步观测数据，如图 8.10 所示，以其中一景数据为基础生成参考数据，对另外一景数据进行归一化，最后通过两个数据之间的比较进行评价。为了便于描述，分别以传感器 A 和传感器 B 代表原始数据和参考数据，对这一方法的步骤进行描述，具体步骤如下。

（1）选定研究区域内，来自不同传感器的一对同步观测数据。

（2）对两景数据进行重采样、几何配准预处理，尽量消除几何配准差异。

（3）对传感器 B 数据，即参考数据，进行辐射定标、大气校正，获取其对应的地表反射

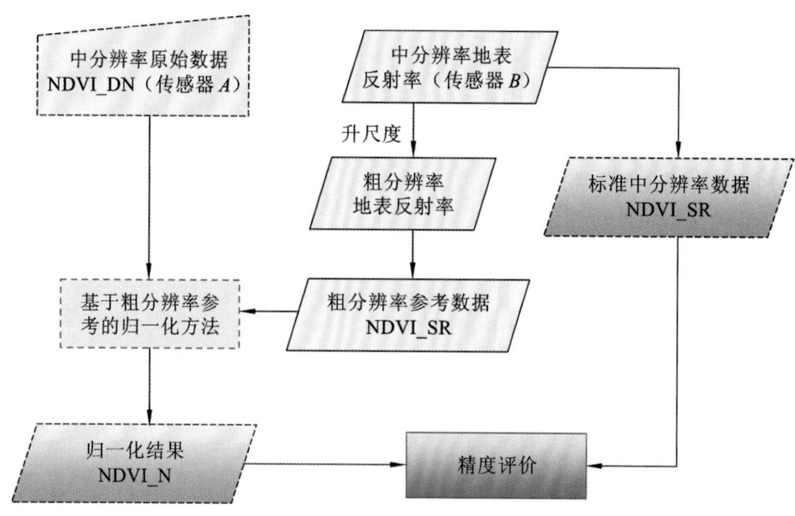

图 8.10　同步中分辨率数据评价方法流程图

率数据(SR)。

(4) 对传感器 B 的地表反射率数据进行降采样，获取粗分辨率地表发射率，并计算得到粗分辨率参考数据 NDVI_SR。

(5) 以传感器 B 的粗分辨率参考数据 NDVI_SR，对传感器 A 的 NDVI_O 数据进行归一化。

(6) 对比传感器 B 原中分辨率的 NDVI 数据与传感器 A 的归一化结果 NDVI_N，对归一化方法进行评价。

在这一方法中，模拟所得的粗分辨率参考数据与待归一化数据之间存在大气影响、传感器差异、传感器观测几何等多种因素造成的差异，这意味着该方法相比前一方法考虑的更为全面，能够评价复杂情况下的归一化方法精度。但其对数据的要求相对严格，通常无云同步数据较难获取，并且无法避免几何配准误差的影响。

8.3.7　联合降采样评价方法

联合采样评价方法(emSCU)，通过对粗分辨率参考数据和待归一化数据进行同步降采样(升尺度)，构建“标准”数据进行评价。方法需要的数据为中分辨率待归一化数据和其对应的粗分辨率参考数据，数据需求比较容易满足。如图 8.11 所示，其具体实施步骤如下。

(1) 将原始中分辨率数据进行降采样，从原分辨率 R_M 降采样至粗分辨率数据的分辨率 R_C，将粗分辨率参考数据由 R_C 降采样至 $R_C \times R_C / R_M$，保持两者之间的分辨率比例不变(非必要要求)。

(2) 基于重采样后的参考数据波段反射率计算 NDVI，作为新的归一化参考数据。

(3) 对中分辨率数据降采样后的 NDVI 进行归一化，获得分辨率为 R_C 的归一化结果。

(4) 使用未降采样的原粗分辨率参考 NDVI 数据(分辨率为 R_C)作为标准数据，进行归一化精度评价。

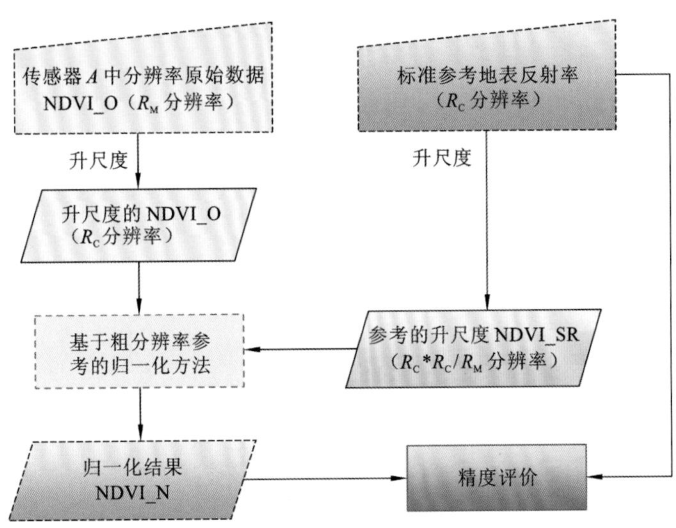

图 8.11　同步降采样评价方法流程图

该方法易于实现，巧妙地借助了降采样这一数据处理过程，其内在的假设是认为归一化方法在粗分辨率和原分辨率上的精度表现是一致的。此外，该方法要求数据足够大，以保证有充足的同质像元数据用于模型求解。另外，重采样过程会造成信息损失并带来误差，从而可能影响评价效果。

8.3.8 评价方法的总结

上述各评价方法各有其优势和劣势，适用于不同目的。其中，emCV、emCAC、emCUS、emOMRI、emSMRI 和 emSCU 对方法是否成功地消除待归一化数据与参考数据之间的辐射差异进行了评价，而 emCMS 则衡量了归一化方法在消除多个数据之间差异方面的能力。根据对归一化方法的评价需求，这些方法可以单独使用，也可以组合使用，实现对归一化方法进行全面综合的评价。但是，归一化方法的评价过程中不可避免会受到尺度效应的影响，并且归一化方法永远无法完全地揭示和描绘数据之间的内部关系。因此，在这些评价方法的具体实施案例中，无法获得与标准数据完全相同的“完美”归一化结果。后续本章选用了四种评价方法对提出的归一化方法进行全面综合的评价，选用的方法及其评价目的见表 8.1。

表 8.1　本章所采用的评价方法及评价目的

评价方法	目的
emOMRI	评价方法在消除大气效应导致的多源数据差异时的能力
emSMRI	评价方法在消除大气效应、传感器差异等多因素造成的差异时的能力
emSCU	评价方法在消除大气效应、传感器差异等多因素造成的差异时的能力
emCMS	评价方法在对多源数据进行归一化时的精度

在以上方法中，涉及了归一化结果与标准数据之间的差异比较，所采用的评价指标有：决定系数 R^2、平均绝对误差（mean absolute difference，MAD）和平均相对误差（mean relative difference，MRD）。MAD 和 MRD 的计算公式如下：

$$\mathrm{MAD} = \frac{1}{n}\sum_{i=1}^{n} |u_i - u_i'| \tag{8.17}$$

$$\mathrm{MRD} = \frac{1}{n}\sum_{i=1}^{n} \left|\frac{u_i - u_i'}{u_i}\right| \tag{8.18}$$

式中：n 为样本总数量；u 为真实数据；u' 为模拟数据。

8.4 实验与分析

本节通过四组实验验证 8.3 节所介绍的多源遥感数据局部类内拟合归一化方法，用不同评价方法进行对比分析。

8.4.1 单景数据评价实验

1. 实验数据及方法

本实验选用基于单景数据的评价方法（emOMRI）来评价归一化方法在消除大气影响时的能力。选取 Landsat-7 ETM＋数据进行实验，其对应区域是位于中国与俄罗斯边界的兴凯湖及其周边区域（图 8.12），数据的行列号为 WRS-2 path 114/29，获取时间为 2011 年 9 月 25 日。

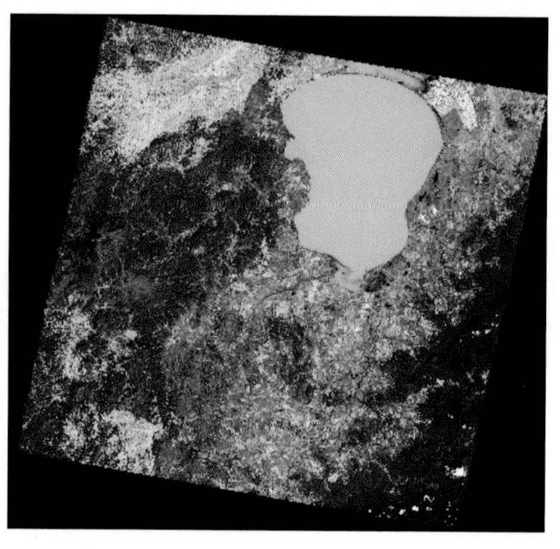

图 8.12　ETM＋数据假彩色合成图

根据 emOMRI 方法的流程，首先对数据进行基于物理方法的大气校正，获得地表反射率 SR。再将红光和近红外波段的地表反射率重采样（取平均）至 250 m 分辨率，以此为基础计算得到粗分辨率数据 $NDVI_{SR\_C}$ 作为归一化所需要的参考数据。同时，基于原始 ETM＋数据 DN 值计算得到归一化前的数据 NDVI_O，使用粗分辨率数据 $NDVI_{SR\_C}$ 进行归一化得到归一化结果 NDVI_N。此外，基于大气校正后获得的 SR 数据，计算得到高分辨率数据 $NDVI_{SR}$ 作为评价用的标准数据，用于对归一化结果的评价。

2. 评价结果

如图 8.13 所示，归一化结果从视觉上看，相比归一化前发生了较大的变化，表现出与标准数据 $NDVI_{SR}$ 非常相似的空间分布。图 8.14 为归一化结果与标准数据之间的散点图，可以看到，归一化之后，两者之间表现出很强的线性关系，并且散点图紧紧围绕在 1：1 线周围。

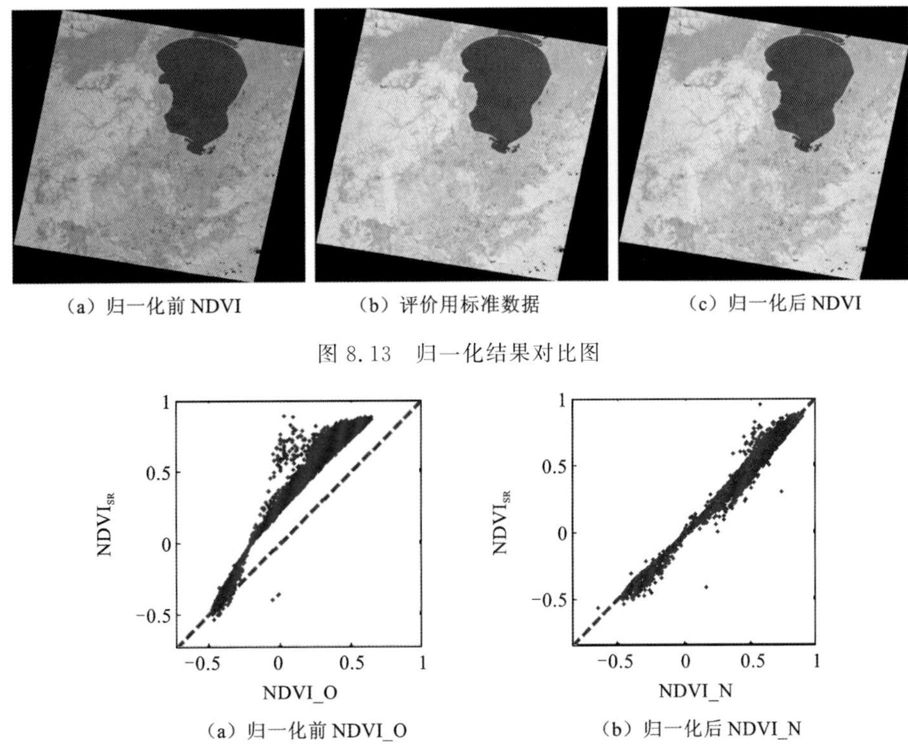

（a）归一化前 NDVI　（b）评价用标准数据　（c）归一化后 NDVI

图 8.13　归一化结果对比图

（a）归一化前 NDVI_O　（b）归一化后 NDVI_N

图 8.14　归一化前后的 NDVI 与标准数据（$NDVI_{SR}$）之间的散点图

从表 8.2 可以看到，三种基于参考的归一化方法均能够有效地消除大气影响，较好地校正待归一化数据与标准数据之间的差异。归一化后的结果平均相对误差均在 0.066 5 以下，远低于归一化之前的 0.515 3。其中，GCLM 和 LCLM 相比于 GloLM 表现出了明显的优势，平均相对误差低至 0.028 1 和 0.027 0，且 R^2 达到了 0.996 3 以上。这表明分类别建立归一化转换关系能够提高归一化效果。而 LCLM 则表现出了略优于 GCLM 的结果，这证明了考虑影响因素的空间异质性，进行分块处理的正确性和必要性。而由于实验区域的关系，LCLM 相比 GCLM 的精度提升并不特别显著，因为这景 ETM＋数据的

表 8.2　归一化结果评价指标

评价指标		$\overline{R}^2$	MAD	MRD
归一化前		0.985 0	0.263 5	0.515 3
归一化后	GloLM	0.985 2	0.032 2	0.066 5
	GCLM	0.996 3	0.014 1	0.028 1
	LCLM	0.996 8	0.012 6	0.027 0

幅宽较小(约 185 km),并且其数据质量非常高(云量仅约 3%),成像非常清晰。这意味着整景数据的大气状况较为均衡,从而分块处理所能带来的作用并不十分显著,对结果的提升作用有限。

虽然从散点图及评价指标结果来看,归一化结果与标准数据非常接近,但是仍然存在偏差,这表明归一化方法并不能完美地反演出 $NDVI_{SR}$,这一问题的原因可能是粗分辨率参考数据(250 m 空间分辨率)相比于 30 m 空间分辨率的 $NDVI_{SR}$,不可避免地会受到尺度效应的影响,而存在信息的丢失。同时,分类别线性关系只是近似,而不能完全反映 $NDVI_{DN}$ 和 $NDVI_{SR}$ 之间的复杂关系。

8.4.2　同步中分辨率数据评价实验

1. 实验数据及方法

本实验选用同步中分辨率数据评价方法(emSMRI)来评定归一化方法在数据之间存在多因素影响时的表现。实验数据选用一对 Landsat ETM+ 与 Terra ASTER 同步数据,数据的获取时间为 2000 年 8 月 16 日,对应的区域是美国肯塔基州霍普金斯维尔附近。图 8.15 分别显示了两景数据的覆盖区域。这两景数据获取于同一天,地表并未发生明显的变化,因此其对应的 NDVI 理论上应当相等。但是,由于传感器特性、成像几何及大气效应等的影响,两者之间存在差异,而这种差异在归一化后应当被消除。

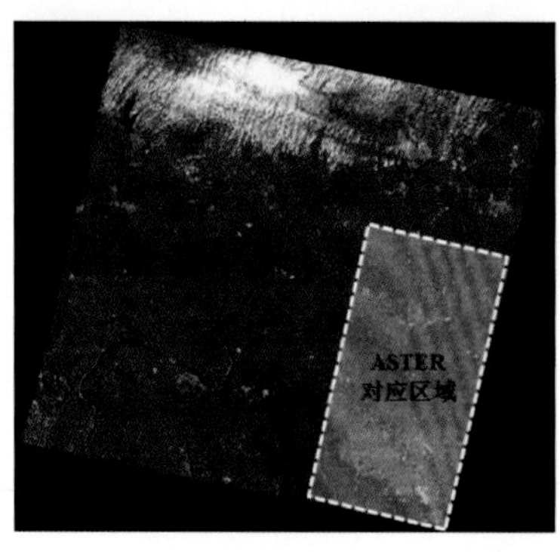

(a) ETM+ 数据

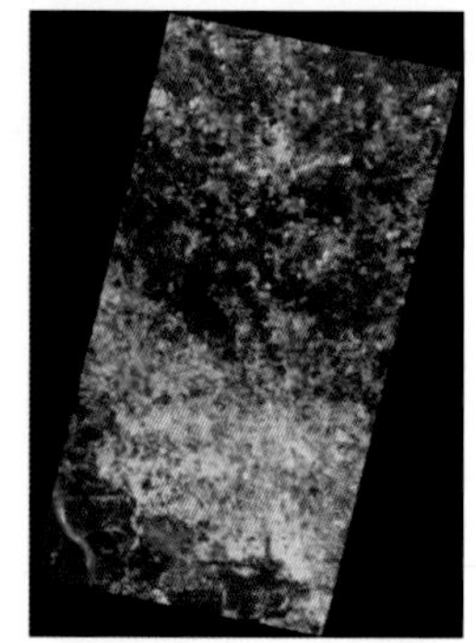

(b) 同步 ASTER 数据

图 8.15　实验数据假彩色合成图

根据 emSMRI 的原理,首先将 ASTER 数据重采样至 30m 的空间分辨率以保持与 ETM+的一致,并且对两者进行了几何配准,尽量消除几何配准误差。并利用 ASTER 的 DN 值计算得到待归一化数据 NDVI_O,采用 LEDAPS 进行 ETM+数据的大气校正获得了相应的地表反射率数据,将 ETM+ SR 数据进行降采样获得粗分辨率反射率数据,计算得到 $NDVI_{SR\_C}$ 作为 ASTER NDVI 归一化的参考数据。使用原空间分辨率的 ETM+ SR 数据计算得到 $NDVI_{SR}$,作为归一化结果 NDVI_N 评价的标准数据。

2. 评价结果

这一实验中,ASTER NDVI 经过归一化后,亮度和对比度发生了较大的变化,表现出与 ETM+ $NDVI_{SR}$ 非常一致的空间分布特征。通过归一化基本消除了待归一化数据与参考数据之间的差异,两者之间表现出很强的线性关系,散点图紧密分布在 1∶1 线的周围。归一化之前的两数据之间表现出较大的差异,并且这种差异是明显的非线性特征(图 8.16,图 8.17)。

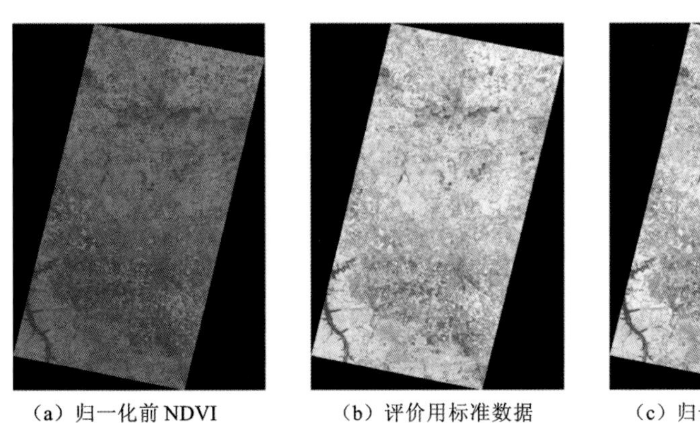

(a) 归一化前 NDVI　(b) 评价用标准数据　(c) 归一化后 NDVI

图 8.16　归一化结果对比图

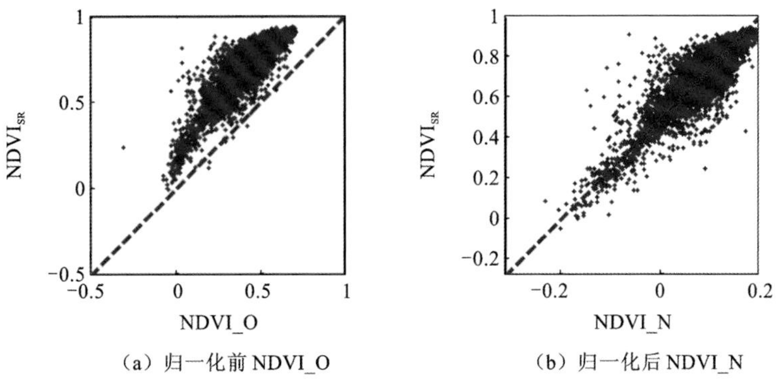

(a) 归一化前 NDVI_O　(b) 归一化后 NDVI_N

图 8.17　归一化前后 NDVI 与标准数据($NDVI_{SR}$)之间的散点图

同时,从表 8.3 的统计指标上看,归一化后两者之间的相关性提高到了 0.835 1,而平均相对误差则从归一化前的 0.402 1 降低到了 0.059 1。这表明通过归一化能较好地消除大气效应及传感器光谱特性差异对多传感器 NDVI 数据的影响。

表 8.3 归一化结果评价指标

评价指标		R^2	MAD	MRD
归一化前		0.812 6	0.293 2	0.402 1
归一化后	GloLM	0.812 6	0.040 5	0.076 2
	GCLM	0.831 4	0.036 2	0.060 6
	LCLM	0.835 1	0.035 0	0.059 1

需要注意的是，本实验的归一化结果与标准数据之间的相似度(R^2＝0.835 1)相比前一个实验(R^2＝0.996 8)差距较大。经过观察发现，偏差较大的点绝大多数分布在地物边缘，这可能是几何配准误差造成的(图 8.18)。在这样的情况下，LCLM 仍能获取一致性更好的归一化结果，其结果的相关性(R^2＝0.835 1)、平均绝对误差(MAD＝0.035 0)、平均相对误差(MRD＝0.059 1)均优于其他两种方法，表明 LCLM 在存在几何配准误差的情况下，相比其他两种方法依然能有相对更好的表现。

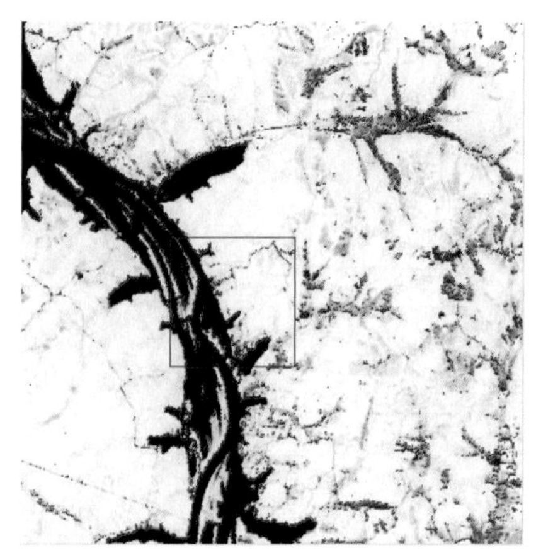

(a) 归一化结果误差分布

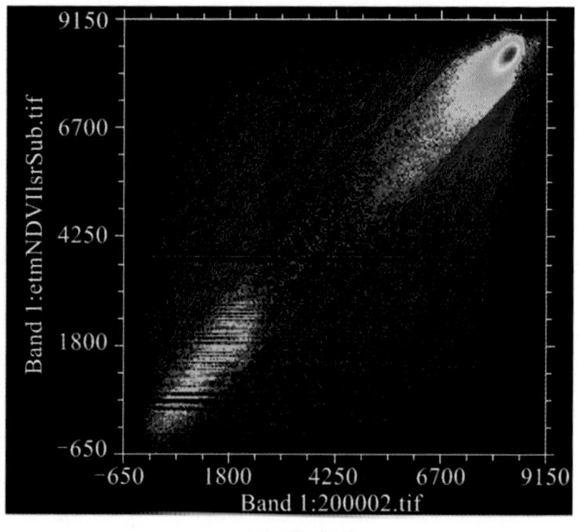

(b) 散点图

图 8.18 归一化结果误差分布图

红色点对应散点图中所选误差较大的点

8.4.3 联合降采样评价实验

1. 实验数据与方法

利用联合降采样的评价方法(emSCU)进行归一化评价，实验采用 8.4.1 节中所使用的 Landsat ETM+数据作为高分辨率数据，同时还获取了同步的 MODIS 地表反射率产品作为参考数据。在实验中，首先基于 Landsat ETM+ DN 值影像计算得到 NDVI，然后将其重采样至 250 m 空间分辨率，与 MODIS 地表反射率数据的分辨率保持一致；将

MODIS 地表反射率数据以相同的分辨率比例重采样至 2 000 m，并计算得到粗分辨率 MODIS $NDVI_{SR_C}$数据。前者为待归一化的数据 NDVI_O，而后者为参考数据，通过归一化得到结果 NDVI_N。与此同时，利用重采样前的 MODIS 地表反射率数据计算得到 $NDVI_{SR}$，并使用这一数据作为标准数据对归一化结果进行评价。

2. 评价结果

如图 8.19 所示，归一化结果相比归一化前的 NDVI，其灰度值发生了非常大的变化，与标准数据之间的差异得到大幅减小，从而表现出与标准数据非常一致的空间分布。从散点图(图 8.20)上可以看到归一化结果与标准数据之间表现出较强的线性关系，并且样本点紧密地集中在 1∶1 线附近。相关系数 R^2 高达 0.950 8，同样显示出两者之间的高度一致性。这表明通过归一化较好地消除了参考数据与待归一化数据之间的差异。

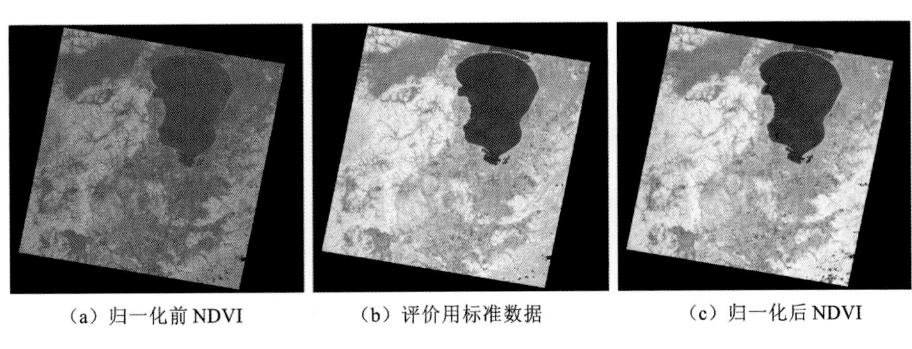

(a) 归一化前 NDVI　　(b) 评价用标准数据　　(c) 归一化后 NDVI

图 8.19　归一化结果对比图

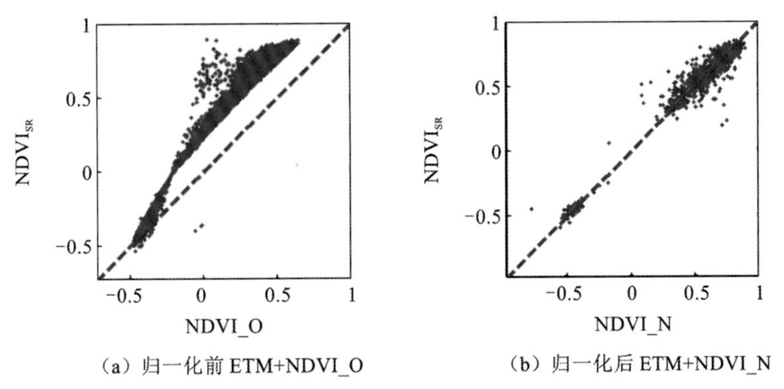

(a) 归一化前 ETM+NDVI_O　　(b) 归一化后 ETM+NDVI_N

图 8.20　归一化前后 NDVI 与标准数据之间的散点图

如表 8.4 所示，与前面实验类似，从各评价指标上可以看到，LCLM 相对 GCLM 和 GloLM，均有更优的归一化结果。说明 LCLM 可以很好地抓住待归一化数据与归一化参考数据之间的差异与关系，成功得到与参考数据更为一致的归一化结果，并保持原有空间分辨率。

表 8.4 归一化结果评价指标

评价指标		R^2	MAD	MRD
归一化前		0.909 0	0.274 5	0.506 7
归一化后	GloLM	0.909 2	0.083 8	0.179 5
	GCLM	0.948 9	0.052 2	0.125 7
	LCLM	0.950 8	0.050 8	0.123 7

8.4.4 多源数据对比实验

1. 实验数据及方法

本实验选用多源数据对评价方法(emCMS)对来自不同传感器数据的归一化结果进行评价。实验选用的数据是 2005 年 5 月 21 日的一对同步 Landsat ETM＋ 与 ASTER 数据,其中 Landsat 数据对应的行列号为 19/33,两景数据的重叠区域在美国俄亥俄州与弗吉尼亚州之间的朴茨茅斯港附近。同时获取的还有同一天的 MODIS 地表反射率产品(图 8.21)。

(a) ETM+ 数据

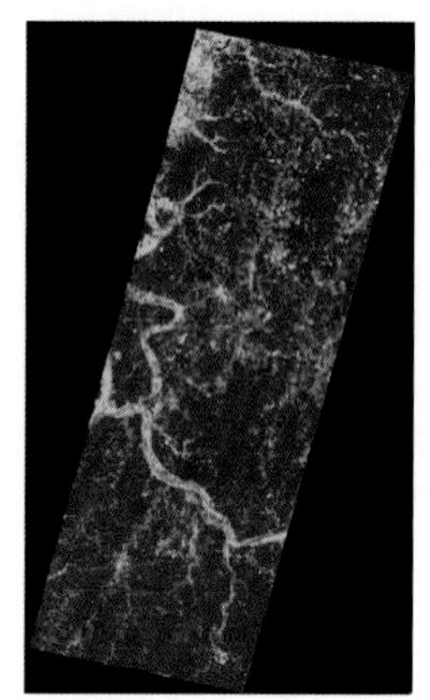

(b) 同步 ASTER 数据

图 8.21 实验数据假彩色合成图

首先对数据进行几何配准和云掩膜等预处理,将 ETM＋数据作为基准,分别对 MODIS 和 ASTER 数据进行几何配准,同时将 ASTER 数据重采样至与 ETM＋一致。然后分别利用 ETM＋与 ASTER 数据的 DN 值计算得到原始 NDVI 数据 NDVI_O,并基于 MODIS 地表反射率数据,计算得到 MODIS $NDVI_{SR}$作为参考数据;分别对前两者进行归一化得到 ETM＋NDVI_N 和 ASTER＋NDVI_N。最后将根据 emCMS 的要求,对 ETM＋与 ASTER 两者重叠区的归一化结果 NDVI_N 进行比较。这一实验除了可以用于方法评价外,还可以是多源 NDVI 数据空间归一化的实际案例。

2. 评价结果

归一化之后，来自不同传感器的两景 NDVI 数据表现出很好的一致性。图 8.22 为两者之间的散点密度图，暖色代表较高的密度，冷色代表较低的密度。从散点图上可以看到，对于大部分的点而言，ETM＋与 ASTER 数据之间的差异较小，其散点围绕在 1∶1 线周围；而误差较大的点，与前一节类似，主要集中在地物边缘区域。此外，对重叠区域(无云，无条带)的归一化结果进行比较，作为对这一实例的精度评价(表 8.5)，经过归一化后，两传感器 NDVI 数据之间的误差从 0.187 5 降低到 0.023 5，平均相对误差从 0.629 4 降低到 0.037 5，这表明归一化方法能够非常有效地消除两数据之间的差异。同时，通过比较不同方法的表现，发现 LCLM 相比 GCLM 和 GloLM 精度均有所提高。

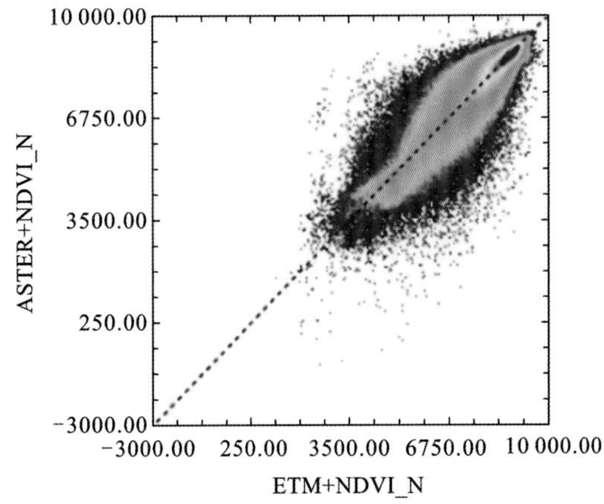

图 8.22　归一化后的 ASTER 结果与归一化后 Landsat 结果之间的散点图

表 8.5　归一化结果评价指标

评价指标		R^2	MAD	MRD
归一化前		0.898 2	0.187 5	0.629 4
归一化后	GloLM	0.898 2	0.028 0	0.041 2
	GCLM	0.870 6	0.028 4	0.039 6
	LCLM	0.875 4	0.023 5	0.037 5

为了进一步比较多源数据归一化的效果，进行两景数据的镶嵌实验，针对 ETM＋ NDVI 数据由 SLC off(行校正器误差)问题所导致的条带区域，使用 ASTER NDVI 进行填补，分别对归一化前后的两组 NDVI 进行实验。图 8.23(a)显示了归一化之前的整体镶嵌图，红色框表示 ETM＋数据与 ASTER 数据之间的重叠区域，中间的红色线条圈出的不规则区域为有云区域。为了更仔细地观察归一化的结果，选择了一小块区域放大后

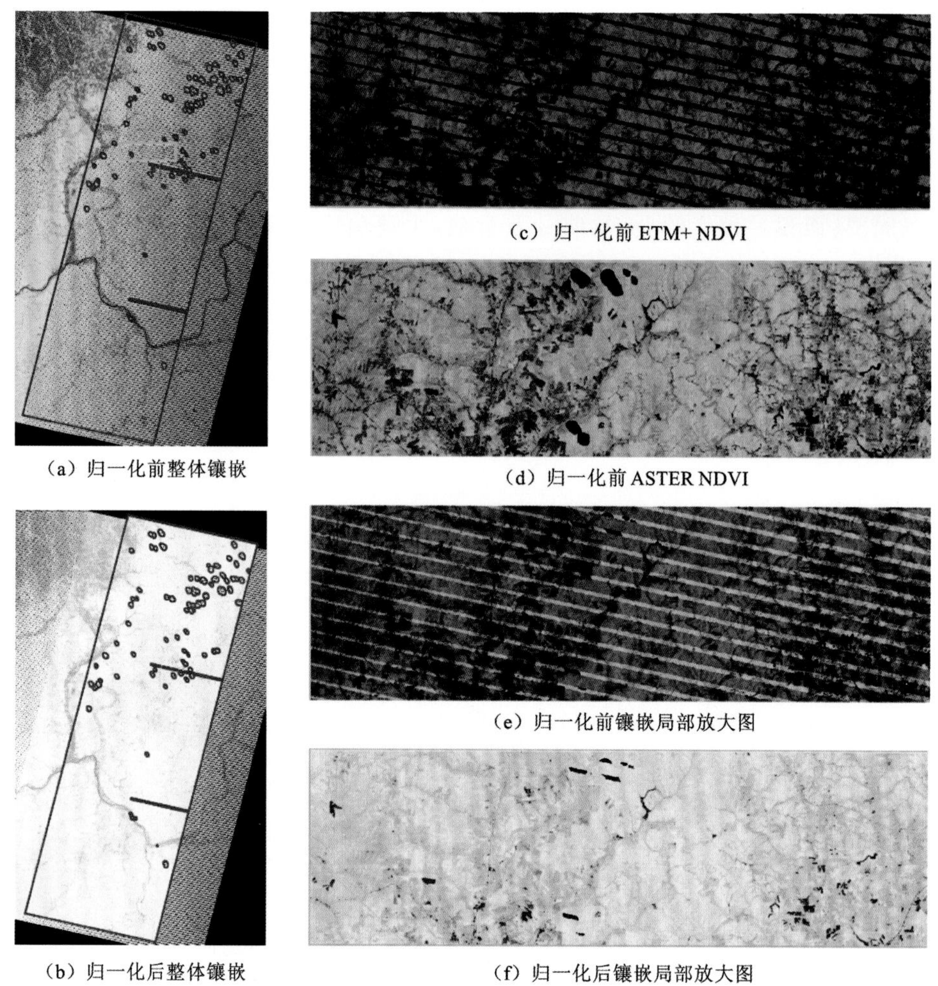

图 8.23 归一化前后 ASTER 与 ETM+ NDVI 镶嵌对比图

进行观察比较，范围如图 8.23(a)中绿色方框所示。图 8.23(c)为归一化前的 ETM+ NDVI；图 8.23(d)为归一化前的 ASTER NDVI 数据；图 8.23(e)为归一化前两个传感器的 NDVI 镶嵌结果；而图 8.23(f)显示了归一化后两者的镶嵌结果。从图 8.23 中可以发现归一化前两个传感器的 NDVI 存在较大的差异，并且两 NDVI 的镶嵌结果图在条带区域能看到巨大的灰度值变动；而归一化后两 NDVI 的镶嵌结果图在空间上过渡自然、连续，没有明显的条带缝隙。这表明归一化很好地消除了两者之间的差异性，这个实验也能成为多源 NDVI 数据空间集成的示例。

除此之外，在四个实验之间，从各个指标上看，实验 2 与实验 4 的归一化精度低于实验 1 与实验 3，这一结果的原因是几何配准精度。参考数据与待归一化数据之间的几何配准误差会影响归一化精度，而待归一化数据之间的相对配准精度(即各自与归一化数据之间的配准)还会影响不同数据归一化结果之间的比较。

8.5 小　　结

针对多源遥感数据的辐射不一致问题，本章介绍了基于粗分辨率参考数据的归一化方法和评价体系，并基于此介绍了一种多源遥感数据局部类内拟合的归一化方法。该方法通过分类别、局部拟合，顾及了参量转换关系的类别差异性与空间异质性，更好地捕捉了多源数据之间复杂的非线性转换关系。通过多方法综合评定，证明局部类内拟合方法能够有效地消除多源遥感数据之间的差异，获得较好的归一化效果。

参考文献

甘文霞，沈焕锋，张良培，等，2014. 采用 6S 模型的多时相 MODIS 植被指数 NDVI 归一化方法. 武汉大学学报(信息科学版)，39(3)：300-304.

黄启厅，覃泽林，曾志康，2016. 多源多时相遥感影像相对辐射归一化方法研究. 地球信息科学学报，18(5)：606-614.

黄微，张良培，李平湘，2005. 一种改进的卫星影像地形校正算法. 中国图象图形学报，10(09)：1124-1128.

唐勇，2004. MODIS 植被指数角度归一化与地表参数遥感反演系统实现. 北京：中国科学院遥感应用研究所.

汪小钦，叶炜，江洪，2011. 基于光谱归一化的阔叶林 LAI 遥感估算模型适用性分析. 福州大学学报(自然科学版)，(5)：713-718.

王璟睿，魏辛源，李明诗，等，2016. 多时相 Landsat 影像地表亮温辐射归一化方法. 遥感信息，31(2)：86-92.

徐涵秋，张铁军，2011. ASTER 与 Landsat ETM＋植被指数的交互比较. 光谱学与光谱分析，31(7)：1902-1907.

余晓敏，邹勤，2012. 多时相遥感影像辐射归一化方法综述. 测绘与空间地理信息，(6)：19-23.

张杰，郭铌，王介民，2007. NOAA/AVHRR 与 EOS/MODIS 遥感产品 NDVI 序列的对比及其校正. 高原气象，26(5)：1097-1104.

BECK H E，MCVICAR T R，DIJK A I J M V，et al.，2011. Global evaluation of four AVHRR-NDVI data sets：Intercomparison and assessment against Landsat imagery. Remote Sensing of Environment，115(10)：2547-2563.

CAVALIERI D J，PARKINSON C L，DIGIROLAMO N，et al.，2012. Intersensor calibration between F13 SSMI and F17 SSMIS for global sea ice data records. IEEE geoscience and remote sensing letters，9(2)：233-236.

FOX J，WEISBERG S，2011. An R companion to applied regression. New York：SAGE Publications.

GAN W，SHEN H，GONG W，et al.，2013. Normalization of NDVI from different sensor system using MODIS products as reference. Beijing，China：the 35th international symposium on remote sensing of environment：21-26.

GAN W，SHEN H，ZHANG L，et al.，2014. Normalization of medium-resolution NDVI by the use of coarser reference data：method and evaluation. International journal of remote sensing，35(21)：

7400-7429.

GAO B C, 2000. A practical method for simulating AVHRR-consistent NDVI data series using narrow MODIS channels in the 0.5-1.0 μm spectral range. IEEE transactions on geoscience and remote sensing, 38(4): 1969-1975.

GAO F, KUSTAS W P, 2012. Simple method for retrieving leaf area index from Landsat using MODIS leaf area index products as reference. Journal of applied remote sensing, 6(1): 171-171.

GAO F, WOLFE R E, 2010. Building a consistent medium resolution satellite data set using moderate resolution imaging spectroradiometer products as reference. Journal of applied remote sensing, 4(1): 279-293.

JIANG Z, HUETE A R, CHEN J, et al., 2006. Analysis of NDVI and scaled difference vegetation index retrievals of vegetation fraction. Remote sensing of environment, 101(3): 366-378.

LEEUWEN W J D V, ORR B J, MARSH S E, et al., 2006. Multi-sensor NDVI data continuity: Uncertainties and implications for vegetation monitoring applications. Remote sensing of environment, 100(1): 67-81.

LI Z, CIHLAR J, ZHENG X, et al., 1996. The bidirectional effects of AVHRR measurements over boreal regions. IEEE transactions on geoscience and remote sensing, 34(6): 1308-1322.

MIURA T, HUETE A, YOSHIOKA H, 2006. An empirical investigation of cross-sensor relationships of NDVI and red/near-infrared reflectance using EO-1 Hyperion data. Remote sensing of environment, 100(2): 223-236.

MIURA T, TURNER J P, HUETE A R, 2013. Spectral compatibility of the NDVI across VIIRS, MODIS, and AVHRR: An analysis of atmospheric effects using EO-1 Hyperion. IEEE transactions on geoscience and remote sensing, 51(3): 1349-1359.

OLTHOF I, POULIOT D, FERNANDES R, et al., 2005. Landsat-7 ETM+ radiometric normalization comparison for northern mapping applications. Remote sensing of environment, 95(3): 388-398.

QUATTROCHI D A, GOODCHILD M F, 1997. Scale in remote sensing and GIS. Boca Raton: Lewis Publishers.

SADEGHI V, EBADI H, AHMADI F F, 2013. A new model for automatic normalization of multitemporal satellite images using Artificial Neural Network and mathematical methods. Applied mathematical modelling, 37(37): 6437-6445.

STEVEN M D, MALTHUS T J, BARET F, et al., 2003. Intercalibration of vegetation indices from different sensor systems. Remote sensing of environment, 88(4): 412-422.

TEILLET P M, BARKER J L, MARKHAM B L, et al., 2001. Radiometric cross-calibration of the Landsat-7 ETM+ and Landsat-5 TM sensors based on tandem data sets. Remote sensing of environment, 78(1): 39-54.

TRISHCHENKO A P, CIHLAR J, LI Z, 2002. Effects of spectral response function on surface reflectance and NDVI measured with moderate resolution satellite sensors. Remote sensing of environment, 81(1): 1-18.

WU H, TANG B, LI Z, 2013. Impact of nonlinearity and discontinuity on the spatial scaling effects of the leaf area index retrieved from remotely sensed data. International journal of remote sensing, 34(9-10):

3503-3519.

YOSHIOKA H, MIURA T, HUETE A R, 2003. An isoline-based translation technique of spectral vegetation index using EO-1 Hyperion data. IEEE transactions on geoscience and remote sensing, 41 (6): 1363-1372.

ZENDER C S, NEWMAN D, TORRES O, 2003. Spatial heterogeneity in aeolian erodibility: Uniform, topographic, geomorphic, and hydrologic hypotheses. Journal of geophysical research, 108(D17): AAC2-1-15.

ZHANG H, HUANG B, 2013. Support vector regression-based downscaling for intercalibration of multiresolution satellite images. IEEE transactions on geoscience and remote sensing, 51 (3): 1114-1123.

ZHANG L, SHEN H, GONG W, et al., 2012. Adjustable model-based fusion method for multispectral and panchromatic images. IEEE transactions on systems, man, and cybernetics, part B (cybernetics), 42(6): 1693-1704.